U0298863

氮素和盐碱胁迫下作物与土壤光谱特征研究

张俊华　张佳宝　贾科利　著

黄河出版传媒集团
宁夏人民出版社

图书在版编目(CIP)数据

氮素和盐碱胁迫下作物与土壤光谱特征研究 / 张俊华，张佳宝，贾科利著. —银川：宁夏人民出版社，2016.5

ISBN 978-7-227-06357-5

Ⅰ. ①氮… Ⅱ. ①张… ②张… ③贾… Ⅲ. ①光谱分辨率—光学遥感—应用—作物—氮素营养—营养诊断—研究 ②光谱分辨率—光学遥感—应用—盐碱土—盐化—预测—研究 Ⅳ.①S143.1-39 ②S156.4-39

中国版本图书馆CIP数据核字（2016）第128613号

氮素和盐碱胁迫下作物与土壤光谱特征研究 张俊华 张佳宝 贾科利 著

责任编辑 杨敏媛
封面设计 赵 倩
责任印制 肖 艳

黄河出版传媒集团 宁夏人民出版社 出版发行

出版人 王杨宝
地 址 宁夏银川市北京东路139号出版大厦（750001）
网 址 http://www.nxpph.com http://www.yrpubm.com
网上书店 http://shop126547358.taobao.com http://www.hh-book.com
电子信箱 nxrmcbs@126.com renminshe@yrpubm.com
邮购电话 0951-5019391 5052104
经 销 全国新华书店
印刷装订 宁夏凤鸣彩印广告有限公司
印刷委托书号 （宁）0001321

开 本 787mm×1092mm 1/16
印 张 15.25 字 数 270千字
版 次 2016年6月第1版
印 次 2016年6月第1次印刷
书 号 ISBN 978-7-227-06357-5/S·359
定 价 32.00元

前　言

N是作物生长的重要营养元素之一，其丰缺程度直接影响作物产量，农业上施肥也主要为了满足作物对养分的需求。20世纪内，世界人口增长了375%，耕地面积仅增长152%，但全球谷物产量却增长了400%，这主要依赖于化学肥料的大量施用。“绿色革命”之父Stewart说：20世纪全世界作物产量增加的30%~50%归功于化肥的施用。也正是因为化肥对增产的重要作用，引起了肥料的过量施用，由此导致巨大的经济损失和环境污染。施用氮肥是提高作物产量的重要措施，但不合理施用是导致氮肥利用率偏低的主要原因之一，减少农田中氮肥的损失是提高利用率和降低环境污染的共同基础。寻求一种快速、可靠、廉价、非破坏性的作物氮素营养水平田间诊断方法，对指导作物氮肥管理具有重要意义。

土壤盐碱化是在特定气候、地形、水文、地质及土壤等自然因素综合作用下，以及人为引水灌溉不当引起土壤盐化与碱化的土地质量退化过程。盐碱地分布十分广泛，其范围遍及除南极洲以外的五大洲。联合国粮农组织的资料表明，其总面积约达9.5×10^8 hm^2，占地球陆地面积的7.26%，土壤盐碱化及次生盐碱化现象日趋加重，已成为严重的环境问题之一。盐碱化又是一种动态现象和过程，因此，如何及时掌握有关盐碱地的性质、范围、盐碱化程度等方面的信息，及时采取应对措施，对治理盐碱地、保护生态环境、维护干旱区绿洲的稳定与安全、促进经济发展和进行农业可持续发展规划至关重要。

遥感是在不接触被测物体的情况下，使用一定的仪器设备，接收、记录物体反射或发射的电磁波信息，经过对信息的传输、加工处理及分析与解译，对物体的性质及其变化进行探测和识别的理论与技术。只要物体温度高于绝对零度就会不断向外发射电磁波(热辐射)，物体组成和结构不同，其反射、吸收、透射以及发射电磁波的特性差别也很大，物质的这种对不同波段光谱的响应特性叫光谱特性。利用遥感技术对作物和土壤进行快速诊断和实时监测，使得建立基于地物光谱特征的作物氮素诊断–施氮模型和盐碱化土壤的盐渍化信息成为可能，从而达到减少施肥量、提高了肥料利用率以及实时掌控土壤盐渍化程度并及时采取改良措施的目的。

小麦是世界上最重要的粮食作物，其种植总面积、总产量及总贸易额均居于粮食作物的第一位。以小麦为主要粮食的人口占全世界总人口的1/3以上。小麦分布极广，但主要分布在67° N到45° S之间。玉米是重要的饲料、工业原料和粮食作物，在国民经济中占有非常重要的地位，而且随着社会经济的发展，全球的玉米需求量持续增长。施肥是增加作物产量的有效途径，长期以来，农民为了获得高产稳产，大量施用化肥。此外，银川平原土壤虽然理化性状不良，多为低产田或撂荒地，但地势平坦，土层深厚，是主要的耕地后备资源。因此，我们分别选择黄淮地区春小麦和夏玉米、宁夏银北地区平罗的龟裂碱土为研究对象，研究作物和土壤光谱特征，进而构建氮素胁迫下作物氮素诊断和施氮模型以及盐碱地盐碱化程度的反演模型，为快速、实时诊断作物养分以及土壤的盐碱化信息提供依据。本研究成果能够为当地提高耕地质量、增加耕地面积、增加农民收入服务。

张俊华

2015年10月于银川

目　录

1　氮素和盐碱胁迫下作物与土壤的光谱特征研究进展

遥感的优势在于可频繁和持久地提供地表特征的面状信息，这对于传统的以稀疏离散点为基础的对地观测手段是一场革命性的变化（李小文和王祎婷，2013）。

不同地物（植被、干土、水体）的反射波谱不同，因此不同地物在遥感影像上形成不同的纹理、形状，从而可以通过遥感判断、解译图像来识别不同地物。与干土和水体的反射光谱曲线相比，植物冠层反射光谱的规律性明显而独特，所以可以根据植物冠层光谱反射率来诊断作物养分丰缺状况。植物冠层反射光谱具有上述基本特征，但仍有不同程度的差别，这种差别与植物种类、养分丰缺、盐碱胁迫、病虫害、含水量等有关，是作物光谱特性与背景土壤光谱特性的综合。土壤盐渍化是指易溶性盐分在土壤表层积累的现象或过程，主要发生在干旱、半干旱和半湿润地区。一般高土壤盐分会造成植物细胞脱水、植物生长减缓、产量降低，严重的会导致植物死亡。为了适应土壤盐分胁迫，植物往往会改变自身属性，如叶变多肉汁、颜色变暗绿等。这些差别往往会夸大植物在某些光谱区域的光谱响应，因而可以利用植被光谱信息来推断下覆土壤盐渍化程度。

许多国家已普遍重视过量施肥对环境的危害（张宏威等，2013）。当施肥水平为资源、环境所不容许时，应谋求减少肥料施用量，采用新型施肥方法及农业综合措施达到增产的目的。其重要途径之一就是寻求简便、廉价、快速、无破坏地监测作物氮素营养状况的方法，进而指导作物氮肥管理，在提高生产效率、降低生产投入的同时减少化肥对环境的污染。此外，通过遥感技术获取土壤反射光谱可以便捷、无破坏地对土壤进行快速诊断和实时监测，而上覆植被生长状况和土壤特性密切相关，通过上覆植被冠层光谱特征反映土壤的盐碱化程度，为土壤盐碱化程度的估测提供了另外一条途径，这样可以基于土壤或其上覆植被光谱特征来估测土壤盐碱化程度，进而进行盐碱地的改良，达到提高盐碱地资源的利用率，使经济效益、社会效益与生态效益相统一的目的。

1.1 氮素胁迫下作物光谱特征研究进展

1.1.1 作物氮素营养的重要性及存在问题

植物所必需的营养元素虽然多达 16 种，但并不是等量地被植物所吸收。植物是按照其生物学特性根据生长发育的需要来吸收这些元素的。所以，植物所吸收的各种营养元素的总量及不同生育阶段内所吸收的营养元素的种类和数量都是不同的。氮是植物生长发育所必需的营养元素之一，也是土壤肥力中最活跃的因素。在农业生产中氮是重要的限制因子，人们常常称氮为生命元素，因为：(1)氮是蛋白质的重要成分。没有蛋白质，作物体内新细胞的形成会受到抑制，生长发育缓慢，以致停滞。(2)氮是核酸和核蛋白的成分，而核酸和蛋白质是一切作物生命活动和遗传变异的基础。(3)氮是叶绿素的成分。高等植物的叶片含有 20%~30%的叶绿体，而叶绿体又含有 45%~60%的蛋白质。叶绿素是作物进行光合作用的场所。供氮水平的高低与叶片中叶绿素的含量呈正相关，而叶绿素含量的多少，又直接影响到光合作用的产物——碳水化合物的形成。(4)氮是作物体内许多酶、多种维生素和一些植物激素的成分。总之，氮对作物的长势、产量的形成与品质的好坏有着极为重要的作用（张继澍，1999）。植物缺氮时，叶片中的叶绿素含量下降，叶色呈浅绿或黄色，光合作用也随之减弱，从而使碳水化合物的合成量减少，导致植物生长缓慢，植株矮小；但植物吸收氮过多时，常常表现为组织柔软，叶色浓绿，茎叶徒长，贪青晚熟，并容易遭病虫危害，最终也会造成减产。

由于氮素与作物长势息息相关，使得氮肥在农业生产中具有举足轻重的地位（李金梦等，2014）。20 世纪内，世界人口从 16 亿增至 60 亿（增长 375%），耕地面积仅由 9 亿 hm^2 增至 13.7 亿 hm^2（增长 152%），但全球谷物产量却由 5 亿 t 增至 20 亿 t（增长 400%），这主要依赖于化学肥料的大量施用。

“绿色革命”之父，诺贝尔奖金获得者 Stewart（2005）在全面分析了 20 世纪农业生产发展的各相关因素后得出结论：20 世纪全世界作物产量增加的 30%~50%归功于化肥的施用。在过去 30 多年里，全世界农业增施了 6.87 倍的氮肥、3.48 倍的磷肥，增加了 1.68 倍的灌溉农田和 1.1 倍的耕地面积才使产量增加了 1 倍。如果按照这种关系进行简单的线性延伸，下一个产量翻番将会增加 3 倍的氮肥和磷肥、双倍的灌溉面积和 18%的耕地面积（Tilman，1999）。

也正是因为化肥对增产的重要作用，引起了肥料的过量施用，由此导致巨大的经济损失和环境污染。美国密西西比河入口附近海域，存在 2 万 km^2 的缺氧死区，影响了每年 28 亿美元产值的渔业。究其原因与美国中西部农场每年有 160 万 t 氮流入密西西比河有关。2000~2001 年度世界和我国氮肥消费量分别为 8163 万 t、2269 万 t，通过气态、淋洗和径流离开农田的损失量分别为 35%和 45%，折合约 143 亿美元和 400 亿人民币。我国长江流域过量施用氮肥（江苏南部水稻田每公顷施氮 270~300 kg），已使长江河口硝酸盐含量高达 0.49~0.95 mg L^{-1}，而世界河口平均值为 0.1 mg L^{-1}，致使水域底层水溶氧低于 3 mg L^{-1}（正常值为 7 mg L^{-1}）造成鱼虾因缺氧而死亡（许秀成，2004）。

施用氮肥是提高作物产量的重要措施，但不合理施用是导致氮肥利用率偏低的主要原因之一，减少农田中氮肥的损失是提高利用率和降低环境污染的共同基础。寻求一种快速、可靠、廉价、非破坏性的作物氮素营养水平田间诊断方法，对指导作物氮肥管理具有重要意义。

1.1.2　精准农业与精准变量施肥

随着一系列农业和环境问题的提出，“精准农业”的概念和技术应运而生。精准农业（precision agriculture，precision farming，site-specific agriculture，site-specific crop management，prescription farming）首先是美国农业工作者于 20 世纪 90 年代初倡导并实施的。通俗地讲就是综合应用现代高新科技，以获得农田高产、优质、高效的现代化农业生产模式和技术体系。具体说就是利用遥感（RS）、卫星定位系统（GPS 或 WWPS）等技术实时获取农田每一平方米或几平方米为一个小区的作物生产环境、生长状况和空间变异的大量时空变化信息，及时对农业进行管理，并对作物苗情、病虫害、墒情的发生趋势进行分析、模拟，为资源有效利用提供必要的空间信息（戎恺等，2000）。在获取上述信息的基础上，利用智能化专家系统、决策支持系统，按每一地块的具体情况做出决策，准确地进行灌溉、施肥、喷洒农药等。遥感是精准农业技术体系中支持大面积快速获得田间数据的重要工具，是获取农作物信息的重要手段。它可以利用高分辨率空间定性、定位分析，为定位配方农作提供大量的田间时空变化信息。

精准变量施肥是精准农业的重要组成部分，它是以不同空间单元的产量数据与其他多层数据（土壤理化性质、病虫草害、气候等信息）的叠合分析为依据，以作物生长模型、作物营养专家系统为支持，以高产、优质、环保为目的的变量处方施肥理论和技术（金之庆等，2003）。这种按需施肥的方法与当今实行的按村平均施肥完全不同，因而大大地提高了肥料利用率，同时也减少了肥料的浪费以及多余肥料对环境的不良影响。

1.1.3 作物氮素营养诊断的常规方法及存在问题

1.1.3.1 化学诊断法

作物氮素营养诊断的化学方法包括对植株和土壤氮素含量的测定。作物体内养分状况是土壤养分供应、作物对养分需求和作物对养分吸收能力的综合反映。因此，通过对作物体内养分状况进行诊断完全可以反映作物当时的营养状况，并以此来进行施肥决策（张金恒，2003）。植物对氮素的吸收主要是通过根系从土壤中获得，氮肥的施用也主要是针对土壤进行的，因此，土壤氮素的丰缺也可以直接反映植株的氮素营养状况。主要的实验室化学分析方法有杜马氏（Dumas）方法，该法的主要仪器是全自动定氮仪，通过计算氮气的体积来计算样本的全氮量。该方法的主要缺点是仪器太贵，不能普及。另一种实验室常用的方法是开氏法（Kjedahl），即用浓硫酸和混合的加速剂或者氧化剂消煮样本，将有机氮转化为 NH_4-N 后用蒸馏滴定法测定（鲁如坤，1999）。植株全氮诊断研究的最早、最充分，大多数作物的不同生育期和不同部位器官的氮诊断临界浓度已基本清楚，植株全氮含量可以很好地反映作物氮营养。但化学分析方法普遍要求破坏性样本。从采集大量的样本、烘干、称重、研磨直到测定，需要耗费大量的时间、人力和物力。而且由于花费时间过长，以至于结果不具有适时性，实验室化学分析需要有经验的专业人员和大量的分析试剂和设备，在很多情况下不具有这些条件，尤其是发展中国家（Carlos & Lianne，2001；郭燕等，2013）。

植株氮素诊断化学方法还包括植株茎基部 NO_3–N 含量、NH_4–N 以及作物的氮吸收（植株全氮含量与干重的乘积）等的测定。茎 NO_3–N 含量对作物氮素营养状况的变化很敏感，植株 NIL_4–N 也可作为作物氮营养的诊断指标，预测作物氮缺乏较为可靠，但氮临界值在地点间的变异很大，且随时间变化迅速，因此在实际应用中存在一定的局限性。土壤氮素诊断除了全氮的测定之外，还包括土壤有效氮、土壤无机氮（NO_3–N 和 NH_4–N）的测定等。

1.1.3.2 肥料窗口诊断法

此法是在大田中留出施氮水平稍低的微区，当微区中作物表现缺氮时，即表明大田作物处在缺氮边缘。此法简单实用，可对土壤变异不明显的区域的下一次追肥做出判断，但不能量化追肥量，还需进行常规测试。

1.1.3.3 长势诊断法

长势，即作物生长的状况与趋势。作物的长势可以用个体与群体特征来描述。发育健壮的个体所构成的合理群体，才是长势良好的作物区。群体特征可用生物量、群体密度、叶面积指数（Leaf area index，LAI）、布局与动态来描述（杨邦杰和裴志远，1999）。通过作物长势的动态监测可以及时了解农作物的生长状况、土壤墒情、肥力及植物营养状况，便于采取各种管理措施，从而保证农作物的正常生长。同时可以及时掌握大风、降水等天气情况对农作物生长的影响以及自然灾害、病虫害将对产量造成的损失等，为农业政策的制订和粮食贸易提供决策依据，也是作物产量估测的必要前提。

但是，这种诊断方法通常只在植株仅缺一种营养元素的状况下有效，在植株同时缺乏 2 种或 2 种以上营养元素，或出现非营养因素（如病虫害、药害、生理病害）而引起的症状时，易于混淆，造成误诊。再者，植株出现某种缺素症状时，表明植物缺素状况已相当严重，此时再采取补救措施为时已晚，而且由于近年来作物品种更新换代频繁，它们外观的长势长相变化多端，没有固定的模式，应用受到限制。因此，该方法在实际应用上存在明显的局限性。

1.1.3.4 叶色诊断法

另外一种传统的氮素诊断方法是根据叶色来判断作物是否缺氮。由于作物叶色级与叶片全氮含量间存在很好的线性关系，因此可用叶色级来表征叶片的氮素营养状况（张俊华和张佳宝，2010）。我国农民素有看作物叶色施肥的传统经验，但是这种方法缺乏定量标准，很难推广应用。有研究者用比色卡目力比色测定水稻叶色级，根据均匀颜色空间及色差公式研制了水稻标准叶色卡（陶勤南等，1990），总体来说，叶色卡法简单、方便、营养诊断半定量化，但是不能区分作物失绿是由于缺氮引起的还是由于其他因素引起的。该法还受到品种、植被密度等的影响（Balasubramanian et al.，1999）。另外人们对颜色的视觉在不同的个体之间存在差异，这些都制约着叶色卡法诊断作物氮素营养的应用和精度。

20 世纪 90 年代出现了一种量化叶片叶绿素含量的仪器——叶绿素计，它是既简单又方便的诊断工具，是光谱诊断作物氮素营养方法的一种特例。叶绿素计的读数是基于特定光谱波段叶绿素对光的吸收测定获得的（Saberioon et al.，2014）。许多学者对此都进行了研究（Ploschuk et al.，2014）。叶绿素计的读数受到太阳辐射的影响，其测定的最高值出现在辐射最弱的凌晨和黄昏，而最低值出现在中午辐射最强的时候，对于小麦，随太阳辐射的不同，测定值会有 8%的变异（Hoel & Solhaug，1998）。由于环境和其他胁迫因素的作用，或者是由于叶绿素浓度及光吸收能力的变化，仅在一定的品种范围内，叶绿素计测量值和叶绿素总含量之间存在正相关关系，然而就在这一定的品种范围内还需要计算每一个品种特定生长条件和叶绿素之间的相关性。另外，叶绿素值的影响因素除了品种（基因型）、生育期、植株密度、环境条件、营养状态和测量的叶片部位等外，还有导致植株枯黄的各种生物和非生物胁迫以及其他养分亏缺，这都妨碍了叶绿素计用于适时监测氮素状况的潜力（张金恒，2003）。

1.1.4 基于作物光谱特征的氮素营养遥感诊断方法

1.1.4.1 诊断原理

遥感是指在不接触被测物体的情况下，使用一定的仪器设备，接收、记录物体反射或发射的电磁波信息，经过对信息的传输、加工处理及分析与解译，对物体的性质及其变化进行探测和识别的理论与技术（常庆瑞等，2004）。物体组成和结构不同，其反射、吸收、透射以及发射电磁波的特性差别也很大。物质这种对不同波段光谱的响应特性叫光谱特性。植物光谱诊断便是基于植物的光谱特性来进行的，其原理是植物不同化学组分分子结构中的化学键在一定辐射水平的照射下发生振动，引起某些波长的光谱发射和吸收产生差异，从而产生了不同的光谱反射率，且该波长处光谱反射率的变化对该化学组分的多少非常敏感（故称敏感光谱）（薛利红，2003）。作物的光谱特征是作物遥感识别、遥感长势监测和估产、遥感品质监测的重要依据。作物在可见光、近红外、热红外和微波波长的光谱反射率与作物品种、生物量、氮素含量、植株密度、冠层结构、叶片形状、叶片组织结构、作物生化组分及比例、作物生长时期、土壤水分、盐碱、杂草、病虫害、光谱测量条件（如气象条件、光谱仪分辨率、测量日期、背景）等因素有关（唐延林，2004；邹维娜等，2012；Lausch et al.，2013）。在可见光与近红外波段（380~3000 nm），地表物体自身的热辐射几乎等于零。地物发出的波谱主要以反射太阳辐射为主。然而根据典型地物（植被、干土、水体）的反射波谱的特性（图 1-1）可以看出：不同地物的反射波谱不同。因此不同地物在遥感影像上形成不同的纹理、形状，从而可以通过遥感判断、解译图像来识别不同地物。与干土和水体的反射光谱曲线相比植物反射光谱的规律性明显而独特：可见光波段（400~700 nm）550 nm 处有一个小的反射峰，两侧有两个吸收带，原因是叶绿素对蓝光和红光吸收作用强，而对绿光反射作用强；在近红外波段（700~800 nm）有一反射的“陡坡”，至 1100 nm 附近有一峰值，形成植被的独有特征，原因是由于植被叶细胞结构的影响，除了吸收和透射的部分，形成的高反射率；中红外波段（1300~2500 nm）受到绿色植物含水量的影响，吸收率大增，反射率大大下降，特别是在水的吸收带形成低谷。植物波谱具有上述的基本特征，但仍有细微差别，这种差别与植物种类、季节、盐碱胁迫、病虫害、含水量多少等有关（邵咏妮，2010）。

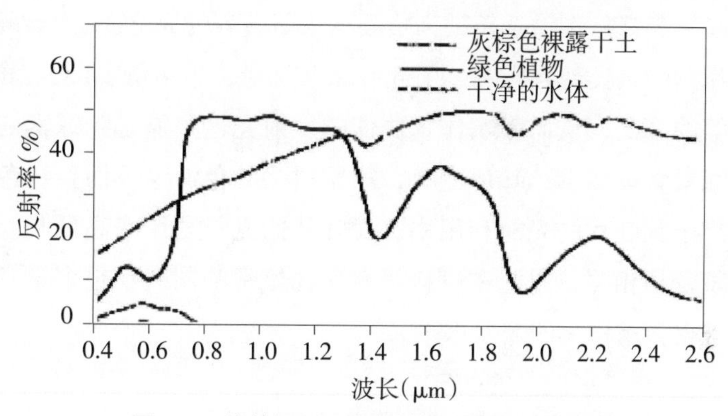

图 1-1　植被、干土、水体的典型反射波谱曲线

辐射计或光谱仪是常用的探测作物光谱信息的仪器。该仪器由一个固定的滤波器和一系列探测器或一个扫描滤波器和单个探测器元件组成，典型的探测器包括一个电荷耦合器件（CCD）和互补金属氧化物半导体（CMOS）或光电二极管，辐射计产生电流，该电流与扫描的光能力呈一定比例。光通过滤波器过滤，只有研究者感兴趣的特定波长的光才能通过探测器被检测到，据此测定植物的光谱发射率。作为辐射计的替代品，也有许多学者运用装有通过滤波器的数码相机来测定光谱反射率，以此捕获代表作物或土壤表层的特定波长波段反射率的影像（Scotford & Miller，2005）。

1.1.4.2 研究进展

1.1.4.2.1 作物氮素诊断方法

氮素是作物生长最为重要的大量营养元素之一，当作物受到氮肥胁迫时，作物的生长受到影响，引起叶绿素含量、生物量、LAI、覆盖度、蛋白质含量等的降低，从而影响作物群体的反射光谱。氮是叶绿素的成分，缺氮会使叶绿素含量减少，叶色变黄，氮肥过多叶色深绿，而且绿色植物的产量形成取决于其叶片的光能利用率，而叶片的光能利用率高低与叶片叶绿素含量的多少密切相关，因此在直接研究作物氮素的同时，很多学者也用叶绿素含量来间接指示植物的氮素水平。

(1)敏感波段的确定

作物冠层在不同波段的反射率随作物含氮量的变化而变化，但变化幅度不尽相同（Yao et al.，2014）。早在 1961 年，Benedict & Swinder 就发现正常大豆和柑橘叶片与其发黄叶片在 665 nm 和 465 nm 波段处的反射率差异较小，而在 570 nm 处差异最大；625 nm 处的反射率与叶片叶绿素含量存在负相关关系，但未给出具体关系式。Al-Abbas et al.（1974）指出不同氮素水平下可见光波段（500~750 nm）的冠层反射率与叶绿素含量呈负相关。Sanger（1972）发现在作物逐渐衰老时，叶绿素浓度比类胡萝卜素下降更快。Saberioon et al.(2014）指出叶绿素 a、叶绿素 b、类胡萝卜素（β-胡萝卜素）的吸收峰分别为 470 nm、550 nm、450 nm，而且类胡萝卜素在 550 nm 处和总叶绿素一样也有一个吸收峰。Tucker et al.（1975）发现矮小草原牧草在 450 nm 和 680 nm 的反射率对叶绿素浓度比 550 nm 更敏感，只是结果会受到土壤背景和干枯草地光谱反射率的影响。但是，Thomas & Gausman（1976）研究了哈密瓜、玉米、棉花、黄瓜、大头菜、高粱、双色高粱和烟草八种作物在 400~750 nm 的反射率特征，认为 550 nm 波段反射率在关于叶绿素或类胡萝卜素方面都比 450 nm 和 670 nm 更理想，大多数作物的叶绿素在该波段是最重要且独立的影响因素。然而，在作物生育后期，类胡萝卜素对光谱反射率的影响逐渐增强。

Thomas & Oerther（1972）利用 550 nm 和 675 nm 这两个波段定量估算甜椒的氮素含量，精度分别高达 93%和 90%。Thomas & Gausman（1976）还研究了棉花等 8 种作物在不同氮素营养水平下的叶片光谱特性，发现对氮素含量变化最敏感的波段在 530~560 nm 区域。王人潮等（1998）诊断棉花冠层氮素营养水平的敏感波段为 760~900 nm、630~690 nm 和 520~550 nm。广泛应用在农业遥感监测中的 TM3 和 TM4 通道的中心波段分别为 660 nm 和 830 nm（李建龙，2004）。Li et al.（2013）和 Li et al.（2014a）指出在不同品种和氮素水平条件下，玉米在 550 nm 下反射率最能够区分施氮水平，它可以准确预测作物氮素丰缺。另外，510 nm、705 nm 和 1135 nm 反射率不分年极或测定日期的变化估测氮素和叶绿素的效果都很理想（Osborne et al.，2002）；蓝光（485±35 nm）、绿光（550±35 nm）、红光（660±30 nm）和近红外（730 nm 和 930 nm）反射率与植株氮素含量也有很好的相关性，且随着生育期的深入，相关系数逐渐增大（Osborne et al.，2004）。

除了研究具体单一波段反射率与作物氮素和叶绿素的相关关系外，由于土壤和作物在光谱特征上的显著差别，尤其是作物从可见光到近红外大约 700 nm 处的独特光谱反射特征，有人提出红边参数：红边位置（当一阶微分值达到最大时所对应的波长）、红边振幅（波长为红边时的一阶微分值）、最小振幅（波长在红边之间的最小一阶微分值）、红边峰值面积（680~750 nm 之间的光谱一阶微分值包围的面积）、红边拐点、绿峰等。很多学者对此作了较深入的研究（Curran et al.，2001；谭昌伟等，2006）。其原理是：大部分红光被冠层叶绿素吸收，因而反射率很小，相对而言近红外区域反射率较高。当冠层绿色部分增加，或由于作物密度或叶绿素含量的增加，红光反射率下降，同时近红外反射率升高。红边参数会随着冠层和土壤类型的改变而改变。随发育期推迟，冠层反射率在可见光范围内降低，在近红外区域增高；冠层光谱的红边具有“双峰”现象，红边位置随发育期推迟呈“红移”现象，而红边幅值和红边面积呈“红移”和“蓝移”现象；叶面积指数、地上生物量和鲜叶重与冠层红边位置、红边幅值和红边面积显著相关，叶片叶绿素和类胡萝卜素含量与其红边参数也显著相关（唐延林，2003）。

也有一些研究者通过各种统计方法来寻求含氮量与光谱反射率或其衍生量的关系，并建立模型来估算作物含氮量。薛利红等（2004a）分析了不同施氮量对稻田拔节期冠层反射光谱的影响，并对其进行了模糊聚类分析。研究表明用绿（560 nm）、红（660 nm）和近红外（760~1100 nm）几个波段的反射率为指标，用模糊聚类方法可以完全无误地区分不同氮肥处理的水稻群体。Graeff & Wilhelm（2003）研究了温室和大田光谱变化，提出用参数△Eb（描述叶片氮素浓度和光谱变化的关系）、b*（颜色指标），将 L*a*b*—CIE 色度坐标和光谱反射率相结合，找出大田不同叶片氮素浓度下的光谱区域，利用该区域的△Eb 确定了估测氮素的方程。高光谱遥感数据信息处理方法还包括图像增强或压缩、光谱匹配技术、光谱吸收特征分析、混合像元分析技术等（Chen et al.，2013；Masoud，2014）。

(2)比值植被指数（RVI）与归一化植被指数（NDVI）的提出与应用

设计植被指数的目的是要建立一种经验的或半经验的、强有力的、对地球上所有生物群体都适用的植被观测量。植被指数是无量纲的，是利用叶冠的光学参数提取的独特的光谱信号。植被指数的主要作用是用来消除或减弱如土壤背景、大气条件等一些干扰因素（Casanova et al.，1998）。一般而言，植被在 380~700 nm 波段范围内的反射光谱主要由叶绿素和其他色素决定，而在近红外波段的反射光谱主要受叶片的细胞排列方式和植被的结构影响，所以植被指数的构建大都采用近红外波段（NIR）与红光波段（Red）进行一些数学运算来提高目标地物的可识别性，同时降低背景地物的噪声（Shibayama，1986）。1969 年 Jordan 提出最早的一种植被指数——比值植被指数（Ratio vegetation index，RVI）。但对于浓密植物反射的红光辐射很小，RVI 将无限增长。Deering（1978）提出归一化植被指数（Normalized difference vegetative index，NDVI），由于 NDVI 可以消除大部分与仪器定标、太阳角、地形、云阴影和大气条件有关辐照度的变化，增强了对植被的响应能力，是目前已有的 40 多种植被指数中应用最广的一种。

研究作物冠层 RVI 和 NDVI 与氮素的相关性是建立基于光谱特征的氮素诊断模型的前提。作物的氮素营养状况和特定波长反射率之间存在相关性，很多波段分别组成的 RVI 可以用于监测植物的氮素丰缺（Ian et al.，2002；Yao et al.，2014）。Ma et al.（1996，2000）确定了不同施氮条件下玉米不同时期冠层光谱反射存在差异，NDVI（600/800）比单波段反射率更能反映出氮素水平，该指数与氮素和叶绿素含量呈极显著相关。冬小麦 Feekes4-6 时期的 NDVI 和植被氮素含量高度相关（Lukina et al.，1999，2001；Raun et al.，2002）。

Bronson et al.（2003）研究发现绿色植被指数（GVI）和绿色归一化植被指数（GNDVI）与叶片含氮量的相关性比红光指数 RVI 和 RNDVI 更好，叶绿素值与 GVI 和 GNDVI 的关系比与红光指数好。所以，GVI、GNDVI 叶绿素值可以用来估测作物氮素水平。但也有研究表明冬小麦在所有时期 NDVI 与籽粒含氮量和秸秆含氮量相关性都较差（Freeman et al.，2007）。丹麦学者 Hansen & Schjoerring（2003）研究了不同品种、不同种植密度和不同施氮水平下的冬小麦五个时期的光谱反射率（438~884 nm），指出利用任一两个波段组成的 NDVI 来线性拟合叶绿素浓度、叶绿素密度、叶片氮素浓度、叶片氮素密度，一些植被指数与这些农学参量高度相关（R^2>95%）。用指数回归效果更好，但利用偏最小二成回归法（partial least square regression，PLS）最好。薛利红等（2004b）通过不同时相下两个小麦品种叶片含氮量与冠层光谱反射特征的关系，利用 RVI 和 NDVI 建立了适合于整个生育时期的通用氮素诊断模型。Kokaly（1999）用七个不同地点、不同植物的研磨碎干叶的反射率，通过光谱吸收特征的连续移除法、带深标准化分析（BNA）和多元逐步线性回归方法获得了比较一致的适合于多种物种、精度较高的氮素及其他化学组分含量的预测方程，但外推到鲜叶和整个植被冠层时预测精度显著降低。

NDVI 还可用于土地覆盖变化、植被与环境因子变化、辐射分量（aFAR）、净第一性植被生产力（NPP）等的监测和预报（Lucht et al.，2002；Suzuki et al.，2011；Gitelson et al.，2014）。

（3）其他植被指数的提出和应用

尽管由红光和近红外组合而成的 RVI、NDVI 可以减弱背景反射率的影响，但对叶片叶绿素浓度和背景反射率还是比较敏感，NDVI 也受到定标和仪器特性、云和云影、大气、双向反射率、土壤及叶冠背景、高生物量区饱和等因素影响，使其应用受到限制。为了减少土壤和植被冠层背景的干扰，满足在不同条件下提高植被参数的估测精度，Huete（1988 年）提出了土壤调节植被指数（SAVI），之后又提出修正的土壤调节植被指数（MSAVI）。Richardson & Wiegand（1977）建立了基于"土壤线"概念的"垂直植被指数(PVI)"。为了减少大气对 NDVI 的影响，Kaufman & Tanre（1992）提出了抗大气植被指数（ARVI），以有效减少植被指数对大气的依赖。目前的 NDVI 还没有对土壤背景影响进行特别订正。近年来，其他一些植被指数相继被提出，表 1–1 为常见植被指数及其计算方法和出处（Scotford & Miller，2005；薛利红等，2005）。观测和敏感性试验证明，这些改进的植被指数在降低土壤和大气噪音方面优于 NDVI 和 RVI，它们提取植被信息的效果较好，消除土壤影响

表 1–1 常用植被指数及其计算方法

指数	计算公式	出处
归一化植被指数(NDVI)	$NDVI=\frac{R_{NIR}-R_{red}}{R_{NIR}+R_{red}}$	Stafford & Bolam(1998)
比值植被指数(RVI)	$RVI=\frac{R_{NIR}}{R_{red}}$	Biller(1998)
差值植被指数(DVI)	$NDVI=R_{NIR}-R_{red}$	Jordan(1969)
绿色比值植被指数(GVI)	$GVI=\frac{R_{NIR}}{R_{green}}$	Oberti & de Baerdemaeker (2000)
垂直植被指数(PVI)	$PVI=\frac{R_{NIR}-aR_{red}-b}{\sqrt{1+a^2}}$	Richardson & Wiegand(1977)
土壤调整植被指数(SAVI)	$SAVI=\frac{R_{NIR}-R_{red}}{R_{NIR}-R_{red}+L}(1+L)$	Huete(1988)
转换型植被指数(TASVI)	$TSAVI=\frac{a(R_{NIR}-aR_{red}-b)}{aR_{NIR}+R_{red}-ab)}$	Baret et al.(1989)
二次土壤调整植被指数	$SAVI2=\frac{R_{NIR}}{R_{red}+b/a}$	Major et al.(1990)
修改型二次植被指数MSAVI2)	$MSAVI2=\frac{1}{2}[2(R_{NIR}+1)]-\sqrt{[2(R_{NIR}+1)^2-8(R_{NIR}-R_{red})]}$	Qi et al.(1994)
可见光大气抵制指数VARI)	$VARI=\frac{R_{710}-(1.7\times R_{red})+(0.7\times R_{blue})}{R_{710}+(2.3\times R_{red})-(1.3\times R_{blue})}$	Rundquist et al.(2001)
近红外绿光指数(NIRG)	$NIRG=\frac{R^2_{NIR}}{R_{660}\times R_{560}}$	Oberti & de Baerdemaeker (2000)
再归一化植被指数(DVI)	$RVID=\sqrt{NDVI\times DVI}$	Reujean & Breon(1995)
R750/R700	$\frac{R_{750}}{R_{700}}$	(Gitelson & Merzlyak, 1996)

注:R 代表反射率;a 和 b 为土壤线系数;L 为调整系数 0.5。

和适应植被变化的能力较强（Liu & Huete，2001）。

1.1.4.2.2 作物光谱特征与生物量的关系研究

作物的冠层光谱随干（鲜）生物量等的变化而变化（Lukina et al.，1999；Hansen & Schjoerring，2003），而且随着生育期和测定日期的变化，特定波段可以很好地估测作物在水分或氮素胁迫下的生物量，估测结果以近红外较好，而无水分胁迫的处理以绿光和近红外波段效果较好（Bronson，2003）。同时运用近红外、可见光波段可以提高预测生物量的精度，其中 840、1100、1200、1550~1570、1650 和 2080~2350 nm 处的反射率对生物量比较敏感（Gilabert & Melia，1993；Li et al.，2014b）。

早在 20 世纪 80 年代初，国外许多国家就开始将 NOAA/AVHRR 资料用于草地遥感监测（李建龙，2004；Li et al.，2014b）。新西兰用 NOAA-7 资料计算的NDVI 监测草地生产力动态变化（Taylor & Dini，1985）。Tucker et al.(1985）收集了萨赫勒地区雨季或生长季的 AVHRR 资料，发现 NDVI 与牧草生长末期地上部分总生物量之间关系密切，NDVI 和 RVI 与鲜生物量有很好的相关性。黄敬峰等（1993）对复杂地形条件下的天山北坡中段天然草地牧草产量遥感动态监测方法进行研究，建立了不同草地类型的遥感动态监测模式和综合荒漠、草原、草甸资料的遥感动态监测模式；利用 1986 年和 1987 年 NOAA/AVHRR 资料，研究新疆不同类型天然草地 NDVI 和 RVI 的特征，确定各类草地的返青期，对比分析了累积 NDVI 与牧草产量的关系（黄敬峰等，1994)，并通过进一步研究（黄敬峰等，2000）发现按草地类型划分，产量较高的草甸、草原与气象卫星植被指数的相关系数比产量较低的草原及荒漠与气象卫星植被指数的相关系数大，且都通过显著性检验。

1.1.4.2.3 作物光谱特征与叶面积指数的关系研究

LAI 是生态系统中最重要的结构参数之一，亦是表征作物长势和预测作物产量的重要农学指标之一，LAI 可以为植物冠层表面最初能量交换描述提供结构化定量信息，是进行物质循环及能量代谢等研究的基础。地面实测 LAI 的直接测量的方法有很多，包括计算纸法、纸重法、干重法、求积仪法、长宽系数法、叶面积仪法、扫描法等（Gowel et al.，1999）。直接测量法虽准确，但耗时费力、操作复杂，只适用于小型或少量样区及矮小植被。间接测量法是指借助各种光学测定仪来测量植物冠层间隙度并通过相应公式得到最终的植物冠层 LAI（吴炳方等，2004）。

在遥感应用领域中，对 LAI 的估测早在 20 世纪 70 年代就已经开始，Wiegand et al.（1974）研究了光谱特征与 LAI 之间的关系；Bunnik（1978）证实了应用遥感技术提取植被覆盖与 LAI 的可能性。随后 RVI、NDVI、PVI 等相继提出并用来反演植被 LAI。田庆久和闵祥军（1998）对已研究发展的许多植被指数进行了归纳分类，评价其各自优势和局限性，并探讨未来研究方向。浦瑞良等（1993）研究了美国西部黄松 LAI 与高光谱分辨率 CASI 数据的相关性。许多研究工作在植被指数与作物 LAI 之间展开，而且证实了光谱植被指数与 LAI 在大多情况下存在很好的相关性（Hansen et al.，2003；Houborg et al.，2009），也有很多人利用光谱红边参数来反演植被 LAI（Curran et al.，2001；Feng et al.，2013）。

也有人对植被指数能够精确反演 LAI 的条件做了大量研究。Dampney et al.（1998）、Danson & Rowland（2000）指出 NDVI 随着植被覆盖度的增大而增大，但是其准确性是在作物封行或 LAI 小于 3 的情况下。任何基于两个反射率的比值或植被指数在 LAI 小于 3 时都比较敏感，但当作物封行后，植被指数变化很小，作物生长的细微差别不容易测得。为了克服这些不足，产生了可以测定一系列波段反射率的仪器。这些仪器一次测定就可以产生大量的数据来提供更多的反映土壤或作物的信息。

1.1.4.2.4　作物光谱特征与作物吸氮量的关系研究

作物吸氮量指单位土地面积植株的氮素总量，是生物量和全氮含量的综合反映。Hinzman et al.（1986）研究指出 RVI 与作物含氮量相关系数均大于 0.82。薛利红等（2003）通过田间试验表明不同氮肥水平下多时相水稻冠层光谱反射与叶片氮积累量显著相关，尤其是近红外与绿光波段的比值（R_{810}/R_{560}）与叶片氮积累量呈显著线性关系，且不受氮肥水平和生育时期的影响。薛利红等（2004a）还研究了小麦冠层光谱反射率与叶片氮素积累量关系最佳的光谱指数为近红外波段（1220nm）和红光波段（660 nm）的组合（$R^2>0.62$）。冬小麦 Feekes4、5、7 时期的 NDVI 和植被吸氮量高度相关（Sembiring et al.，2000）。GVI 和GNDVI 与吸氮量的相关性比 RVI 和 RNDVI 更好（Bronson，2003）。但是，GNDVI、RNDVI 和冬小麦籽粒产量、籽粒吸氮量高度相关，但两者在预测秸秆吸氮量、籽粒产量、籽粒吸氮量中都没有比另外一个表现出绝对优势。Kanampiu et al.（1997）指出吸氮量和失氮量随着施氮量的增加而增大，不同品种吸氮量、失氮量之间差异显著。

1.1.4.2.5 作物估产研究进展

传统的农业单产预测方法主要有农学预报方法、统计预报方法、气象统计方法等，这些方法分别从不同角度来建立作物单产模式（王人潮等，1998）。区别于以往的估产方法，20 世纪 70 年代以来，遥感技术在世界范围内得到了迅速的发展和广泛的应用，提供了对宏观、综合、动态和快速的观测，它为作物长势的宏观动态监测和产量估算提供了一种新的科学手段。我国最早从 80 年代初运用陆地卫星资料进行农作物估产，取得很好的效果，但由于陆地卫星重复观测周期长，南方作物生长季节阴雨天气多，实时的晴空资料难以获得，且陆地卫星资料费用高，所以难以推广使用，特别是要实现业务化难度很大（冯奇和吴胜军，2006）。所以便携式光谱仪、多光谱辐射计以及高光谱辐射计等近地遥感仪器对作物产量的估算可以弥补卫星遥感的不足。

不同生育期作物冠层植被指数与收获后产量的相关程度不同。Ma et al.（1996）确定了不同施氮条件下玉米不同时期冠层光谱反射存在差异，开花前 NDVI（600/800）与收获后的产量具有良好的相关性，该时期的 NDVI 可以准确预测玉米产量。在大豆的 R2、R4、R5 时期，其产量与作物冠层 NDVI（813/613）高度正相关，而且随着生育期的推移，相关系数逐渐增大（Osborne，2002；Li et al.，2011；Weber et al.，2012）。Raun et al.（2001）提出了当季产量估算参数（In-season estimate yield，INSEY）和积温大于 4.4 的天数（Growing degree days，GDD）来估算作物产量，发现收获后籽粒产量和Feekes4-6 生育期的 INSEY 呈显著相关关系。与 RNDVI 相比较，GNDVI 估测氮素胁迫和水分胁迫条件下作物的产量效果最好（Osborne，2004）。还有很多学者就基于作物冠层光谱特征估算产量进行了较深入的研究（Giunta et al.，2008；张俊华和张佳宝，2010）。

根据作物的光谱指数与产量的相关性，建立模型已成为作物估产的一种重要方法。王乃斌等（1993）研究了大面积冬小麦遥感估产模型的构建及其调试方法，通过分析冬小麦生长发育过程，在对光、温、水、肥等必需条件需求规律研究的基础上，提出了以绿度指数—温度—绿度变化速率等因子，构建大面积冬小麦遥感估产模型。刘可群等（1997）通过试验发现垂直植被指数（PVI）与水稻产量各要素（穗数、实粒数、千粒重）以及理论产量之间有较好相关性，以此建立回归模型。张晓阳和李劲峰（1995）利用垂直植被指数（PVI）推算水稻 LAI 并结合水稻叶面积时间累计量和有效积温建立模型。张建华（2000）在分析遥感估产、数值模拟估产方法的基础上，提出了利用遥感与农业气象数值模拟技术相结合的办法来进行作物估产研究的新思路，认为遥感技术必须辅之以其他的工具，如利用农业气象数值模拟模型才能更好地提高遥感估产精度。薛利红等（2005）系统分析了水稻籽粒产量及其构成因素与八个植被指数之间的关系，研究结果表明，通过单一生育时期或某个生育阶段的光谱植被指数来直接估测产量精度较低。而利用叶面积氮指数（叶片氮百分含量与叶面积指数的乘积）的变化趋势很好地反映了产量的形成过程，且与光谱植被指数极显著正相关，基于此建立了水稻的光谱植被指数-累积叶面积氮指数-产量估测模型（VI-CLANI-Yield Mode1）。苏涛等（2013）选用 Landsat TM/ETM+为数据源，以 RUE 模型为研究基础，利用植被光合模型（vegetation photosynthesis model，VPM）计算光能利用效率，建立多时相玉米估产模型，得到了较好的效果。杨武德等（2009）利用 3S—RS、GIS 和 GPS 一体化集成技术，考虑影响当地冬小麦产量的干热风等气象因子，建立冬小麦估产模型，实现区域小麦面积和产量预测。董建军等（2013）以内蒙古锡林河流域典型草原为例，利用多源卫星遥感数据，以一组相同的地面观测数据集为参照，通过建立与比较不同的草原遥感估产模型，基于 NDVI 评估不同传感器及分辨率数据源的估产效果，阐明鲜重与干重在典型草原遥感估产过程中的应用特点，明确适宜于典型草原遥感估产的具体植被指数与建模过程，进而深化草原遥感估产研究。

就已有的国内估产模型来看，产量与遥感光谱植被指数的单纯统计模式和结合环境因子的统计模型，其具有简单易行、便于推广的优点，这类模式在开展遥感估产初期应用较广，并且至今国内外还有应用。但它也存在一定的局限性。首先，建模时所用的资料数据年限较短；其次，相关统计模式使用时的合理性与建模时采用资料的代表性密切相关，但由于建模时采用的遥感资料是随机获取的，因此模式直接跨年和跨地区应用效果不好。物理意义不够明确也是统计模型的不足之一。光谱估产和作物生长模拟估产复合模型，其特点是模拟了作物的物候发育，具有物质生产与分配及其产量形成的生物规律的农学基础，是遥感估产的方向之一（冯奇和吴胜军，2006）。

1.1.4.2.6 作物施氮模型研究进展

田间施肥量的确定早期大多都是采用测土施肥，其基本原理是以作物耕层土壤剖面残留的无机氮为基础，根据作物一定产量的需氮量来确定氮肥的用量(Vaughan et al.，1990；Voss，1998；Johnson & Raun，2003；Liu et al.，2005)，该方法已经形成了一套较完整的技术体系。其中在国际上较著名的模型有：Nebraska 州立大学对玉米的定点氮肥管理的推荐施肥模型，它考虑了预期产量、表层残留氮含量和土壤有机质含量（Ferguson et al.，2002)；Kansas 州立大学传统的施氮模型，考虑了目标产量、土壤有机质含量、0~60 cm 剖面的 NO_3-N 含量，还引用了作物因子（Alan et al.，2005)。另外，Olsen 农学实验室、Nebraska-Lincoln 大学实验室、Colorado 州立大学实验室等得出的施氮模型都很成功（Kastens et al.，2003；Larry & Todd，2004)。国内根据土壤供 N 量、事先确定的产量目标、调用天气/气候数据库中有关资料以及经修正的 RCSODS 模型、水稻 LAI 建立的水稻精准施 N 模型能较好地解决传统施氮技术中无法实现的因天、因田、因苗而变量施氮问题（金之庆等，2003)。薛绪掌等（2004）基于土壤肥力与目标产量的冬小麦变量施氮模型也较简单实用。马新民等（2008）基于叶面积指数（Leaf area index，LAI）建立的精准施氮模型，较好地解决了传统施氮技术中无法实现的因天、因田、因苗而变量施氮的问题。

利用叶绿素与作物含氮量的相关性建立施氮模型的研究也较多。Peng et al.（1993）首先成功运用 SPAD 临界值对水稻追肥进行研究。许多研究表明，选择合适的 SPAD 临界值来指导适时追肥与其他方式的氮肥管理方案相比，可以明显降低氮肥用量，氮肥利用效率得到显著提高，同时其产量水平也能达到或超过其他氮肥管理方式的产量水平（Francis & Piekielek，1999；Lopez-Bellido et al.，2004；Wagner et al.，2013）。

随着遥感技术的发展及在农业生产中的应用，基于遥感技术的施氮模型研究开始萌芽，一些发达国家逐渐介绍计算机和信息技术到施氮模型中。比如，COMAX/COSSYM（Mckinion et al.，2003），基于模型的专家系统，提供了施肥量和供水量。在中国，计算机和信息技术也被广泛应用于精准施肥模型研究中，3HCCFS-90 是一个模糊识别和施肥决策系统，土壤-肥料-作物-气候整体推荐施氮量系统等都是基于数据库和专业肥料模型。而且，国内建立了基于 GIS 的30 个省、直辖市、自治区 2370 个县的土壤肥料信息系统。其他模型有：精准农业的变量施肥系统、区域养分管理和作物施肥推荐信息系统、水稻施肥推荐系统等（Zhou et al.，2004；Liu et al.，2005）。

但是由于基于遥感技术的施氮模型所需要的参数很多，包括气象、土壤、遥感影像等，成本很高，而且并非所有的地区都有分辨率较高的遥感影像，所以，建立低成本、简单、实用的精准变量施肥模型是目前和今后研究的重要方向。英国国家土壤资源所的 Wood 等人（1992）在英国小麦高产栽培经验的基础上，用冠层绿色面积指数（GAI）或群体密度来指导变量施肥。Raun et al.（2001）提出了当季产量估算参数（INSEY）和积温大于 4.4 的天数（GDD）来估算作物产量和追肥量，在此基础上 Lukina 等（2001）提出最优化施氮模型（nitrogen fertilization optimization algorithm，NFOA），该模型可以减少施氮量，提高氮肥利用率（Thomason et al.，2002；Raun et al.，2005a），该模型现在已较成熟。李立平等（2004）提出采用拔节期冬小麦冠层 NDVI 可以较准确的估算追肥量，可以在保证产量的情况下减少施肥量，提高氮肥利用率，经济效益环境效益兼顾（张俊华等，2007）。但是，这些模型大都属于统计回归模型，而作物吸氮量是一个复杂的生物学过程，受许多因素的影响，所以其实用性还有待进一步验证。

1.1.5 作物氮素诊断存在的主要问题

尽管很多研究在氮素含量和某些光谱变量（包括叶片及冠层光谱变量）之间建立了较好的相关关系，但是大多受到环境等因素的干扰，如鲜活叶片中水分、细胞和亚细胞组织、叶片表面蜡层等的存在，掩盖了由化学键振动引起的反射特性的微弱变化（薛利红，2003），但是对干叶进行光谱测定又具有破坏性或属于非实时监测，对当季作物的氮素诊断受到限制。如能在植株水分和氮素含量之间建立定量的关系模型，将有利于同时进行作物水分和氮素的诊断，从而为栽培综合技术调控提供依据。光谱反射数据具有较高的敏感性，但是这些相关关系脱离严格控制的生长条件是否保证具有较高的相关性，这种相关关系是否具有稳定性，在前人的研究中这些问题依然存在。因此如何减少或者消除生长环境、生育期以及品种对光谱遥感诊断氮素营养的影响，提高光谱遥感诊断作物氮素营养的技术及其应用精度仍然是有待解决的难题。

虽然NDVI应用研究富有成效，但NDVI本身还有不足，如：NDVI的饱和问题；对大气影响的纠正不彻底；对低植被覆盖区土壤背景的影响没有处理；“最大值合成法”不能保证选择最佳像元等。饱和是指当植被越来越茂密时，植被指数无法同步增长的现象。饱和的原因有二：首先，叶绿素a吸收使红光通道（中心波长650 nm）很快饱和；其次，NDVI算式本身是“非线性的”，存在低覆盖区植被指数被夸大、高植被覆盖区植被指数被压缩的现象。陈述彭（1990）通过植被指数和相应植被的特征来分析NDVI数据的不确定性，研究表明，NDVI对于土壤背景的变化较为敏感：当植物覆盖度大于15%时，其NDVI高于裸土；植物覆盖度为25%~80%时，NDVI随植被量成线性增加；当植被的覆盖度大于80%时，NDVI对植被监测的灵敏度降低。同时，NDVI受大气透过率的影响较大，大气效应极大地降低了它对植被监测的灵敏度，尤其是植被指数增大时，其影响相当显著（陈朝晖等，2004）。

另外，关于作物冠层单波段或可见光和近红外反射率组成的NDVI和RVI对作物氮素水平的估测和长势的监测在一定程度上取得了较好的结果，但基于较简单的光谱仪方面由于没有考虑作物生长与产量形成的生物学机制，因此存在着较大的局限性和不完善性。此外，许多估氮模型、估产模型、施氮模型大都属于较简单的统计回归模型，而作物产量的形成是一个复杂的生物学过程，受到许多内外因素的影响，其过程是一个不确定的随即动态过程，回归系数随着生长状况、环境条件的不同而变化。根据试验数据建立模型的相关系数有时可以相当高，但是外推应用的稳定性不高。因此，需要考虑影响作物生长的各种因素，最终建立适合我国部分地区农田分布特征和田间肥料管理规律的无损的变量施肥基础理论和技术体系。

1.2 盐碱胁迫下作物与土壤光谱特征研究进展

1.2.1 土壤盐渍化程度预测研究背景

土壤盐渍化是在特定气候、地形、水文、地质及土壤等自然因素综合作用以及人为引水灌溉不当引起土壤盐化与碱化的土地质量退化过程。盐碱地分布十分广泛，其范围遍及除南极洲以外的五大洲。联合国粮农组织的资料表明，其总面积约达 9.5×10^8 hm^2，占地球陆地面积的 7.26%。我国也是盐碱地分布广泛的国家，其面积约为 1.0×10^8 hm^2，分布于辽、吉、黑、冀、鲁、豫、晋、新、陕、甘、宁、青、苏、浙、皖、闽、粤、内蒙古及西藏等 19 个省区。而且，土壤盐渍化及次生盐渍化现象日趋加重，已成为世界范围内严重的环境问题之一。盐渍化又是一种动态现象和过程，因此，如何及时掌握有关盐碱地的性质、范围、盐渍化程度等方面的信息，及时采取应对措施，对治理和防止其进一步退化、确保土地管理和可持续发展利用都具有重要意义。

传统的区域土壤盐渍化状况是通过野外土壤调查分析得到的，包括地下水位钻孔、土壤理化分析和土壤电导率测定等。由于盐渍化土壤分布的不均匀性和复杂性，单位面积土壤盐渍化程度可能有较大差别，从大量样品的采集、风干（烘干）、称重、研磨直到测定，都需要耗费大量的人力、物力和财力，而且由于花费时间过长，以至于结果不具有适时性，很难揭示盐碱土的时空动态变化并实现大面积实时动态监测。另外，实验室化学分析需要有经验的专业人员和大量的分析试剂和设备，在很多情况下不具有这些条件，应用受到限制。利用土壤的电磁波谱信息，遥感技术能够获取广域、多波段、多时相的土壤信息，使大面积实时动态监测盐渍化状况成为可能。利用土壤反射光谱可以简便、廉价、无破坏地对土壤进行快速诊断和实时监测，而上覆植被生长状况和土壤特性密切相关，通过上覆植被冠层光谱特征反映土壤的盐渍化程度，为土壤盐渍化程度的估测提供了另外一条途径。因此，基于土壤或其上覆植被光谱特征来估测土壤盐渍化程度，进而进行盐碱地的改良，可以提高盐碱地资源的利用率，使经济效益、社会效益与生态效益相统一。

龟裂碱土，俗称白僵土，具有很高的碱度，广泛分布于宁夏平罗西大滩。该地区土壤虽然理化性状不良，多为低产田或撂荒地，但地势平坦，土层深厚，面积约 53.5 万亩，是主要的耕地后备资源。由于土壤盐渍化严重影响了研究区生态环境和社会经济发展，是本地区土地退化的主要原因。因此，我们选择龟裂碱土为研究对象，研究其光谱特征及其上覆植被冠层光谱的耦合关系，进而构建龟裂碱土盐渍化程度的预测模型，为快速、低成本预报土壤的盐渍化信息提供科学依据，能够为增加耕地面积、提高耕地质量、增加当地农民收入服务。同时，恢复退化生态环境和持续提高农业综合生产能力，对于保障我国粮食安全、生态安全和重大能源化工基地建设具有重大的战略意义。

1.2.2　土壤盐渍化程度预测国内外研究现状及分析

1.2.2.1　盐碱土光谱特征的研究现状及分析

国外土壤盐渍化的遥感反演始于20世纪70年代，主要是结合土壤盐渍化的遥感监测发展起来的。在80年代，研究工作主要是依据含盐土壤和盐生植物的光谱特征进行目视判读，以达到监测土壤含盐量和相关制图的目的，同时也有人用监督分类法提取盐碱土信息。90年代以来，由于遥感数据更加丰富，遥感数据的光谱分辨率、空间分辨率、时间分辨率不断提高，土壤盐渍化的遥感监测研究更加活跃，研究内容更加广泛。Rao et al.（1995）研究发现：与一般耕地相比，盐分含量较高的土壤在可见光和近红外波段的光谱响应较强，而且土壤的盐分含量越高，光谱响应越强；但在红光和绿光波段，地面植被会影响含盐土壤的光谱响应。对盐土而言，彩色近红外集成和红光窄波段影像优于绿光和近红外窄波段影像。Dwivedi & Rso（1992）也利用土壤光谱特征来研究盐碱土的动态变化，并取得了较好的效果。Dehaan & Taylor（2002）研究指出高度盐渍化土壤在0.68 μm、1.18 μm 以及 1.78 μm 处相对于未发生盐渍化的土壤有更清晰的吸收特征，而且随着盐渍化程度的加深，2.20 μm 处 OH 的吸收特征变弱，0.8 μm 处的反射率增高，在 0.80~1.30 μm 波段之间光谱曲线的斜率下降。Susan et al.（2009）通过测定实验室单一因素影响条件下土壤生物结皮和裸地土壤的光谱，发现在 420、500 和 680 nm 波段处光谱明显不同，这一结论可以用来区分这些土壤结皮，高光谱遥感甚至可以监测不同成分组成的结皮。Metternichit & Zinck（2003）也发现盐土在可见光波段有较高的反射率，尤其土壤湿度较低情况下在蓝光和红光范围内这一特征更明显。Mettemicht & Zinck（2003）总结出可见光波段可以准确区分盐碱土和非盐碱土；近红外波段可以从盐渍化土壤中指示出碱化土壤；热红外提高了碱化土壤的提取；微波可以很好地区别盐土、碱土、非盐碱土、盐碱土。但并非所有的盐分影响下的盐碱土都可能有光谱诊断特征，并且盐分浓度下降，诊断波段的数量和清晰度也随之降低（Farifteh，2008）。Leone et al.（2007）

指出光谱反射率能够有效、间接地监测植被覆盖条件下盐碱土的变化情况，随着土壤 pH、EC 和 ESP 的增大，作物生物量、LAI 和含水量都相应降低。且NDVI 与 WI 是区分盐碱土和非盐碱土最有效的参数。但也有人（Douaoui，2006）指出NDVI 不能准确估测土壤的盐渍化程度。Fernandez-Bucesa et al.（2006）提出组合光谱响应指数（COSRI），并基于 COSRI 和 ECe、SAR 的关系建立了估测土壤盐渍化程度的模型，试验证明 COSRI 可以准确预测土壤的盐渍化程度。Farifteh（2008）指出光学传感器不能监测到整个土壤剖面的盐渍化程度，但 Clercq et al.（2009）发现遥感技术具有监测土壤表层及深层次盐分的功能。所以，还有许多结论需要进一步研究。

我国开展土壤盐碱化遥感监测研究比国外大约晚 10 年，早期主要依赖遥感影像的目视判读进行。利用遥感影像进行目视判读是进行盐碱化定性、定量和动态分析的重要手段，数字图像处理技术在早期的盐碱化监测研究中也发挥了一定的作用。近年来，国内学者利用遥感技术对盐碱化土壤特性有一些研究。许迪（2003）采用 LANDSAT 卫星遥感影像数据，以及监督分类、植被指数(NDVI）等遥感图像处理方法，对黄河上游的宁夏青铜峡灌区进行了土壤盐碱分布监测的应用研究。李民赞（2003）结合实地测量光谱数据和采样分析数据确定纯像元的物理意义，并应用光谱角度制图方法进行土壤盐碱化程度分级制图，总体分类精度能达到 79.1%；近红外光谱仪经一阶导数处理也可以很好地预测简单处理土样中的有机质含量和 pH，预测相关系数可以达到 0.80 以上。吴会胜和刘兆礼（2007）指出随着土壤盐碱化程度的加重，像元亮度值基本上呈上升趋势。扶卿华等（2007）研究出在 451.42~593.79 nm 波长范围内的土壤反射率对土壤盐分含量较为敏感，并指出运用 BP 人工神经网络模型可以显著提高土壤盐分含量的反演精度。

土壤光谱与其盐渍化指标的关系研究是盐碱土预测的基础。不同地域土壤属性间相关关系存在共性，pH 值与电导率正相关，其中去包络线方法得到的土壤光谱指数普适性更强，说明基于土壤光谱指数的高光谱模型可以准确预测盐碱土 pH 值，可用于土壤的盐渍化程度评价（张芳等，2012）。雷磊等（2014）指出土壤含盐量与 HSI 波段的敏感性随着波长的增加而增强，位于近红外波段范围（797.826~923.913 nm）的相关系数 R 普遍较高；土壤光谱反射率对数的倒数一阶微分变换在 628/261 nm 和 923/913 nm 的波段组合为最佳敏感波段，所构建的土壤含盐量反演模型为最优模型。王飞等（2010）发现土壤表层含盐量与 SDI 相关性较高。非盐渍地、轻度盐渍地、中度盐渍地、重度盐渍地的 SDI 平均值差异较大；且 SDI 能够很好地区分研究区内不同盐渍化程度地类的分布范围。王海江等（2014）多种数据变换中分别采用 CR、(lgR) 能够有效提高土壤盐分、含水率预测模型精度。对水分预测模型中土壤盐分含量小于等于 8.19 ds^{-1} 时，预测精度较好，土壤盐分含量大于 10 ds^{-1} 时，预测精度较差。对土壤盐分预测模型中当含水率小于 15%时，土壤含水率大于 15%时，模型预测精度较差。屈永华等（2009）利用偏最小二乘方法比较精确地估计了全盐 （S%）、pH 值、SO_4^{2-}、K^++ Na^+这些表示盐渍化程度的参数，并指出对于其余参数，如 CO_3^{2-}、HCO_3^-、Cl^-、Ca^{2+}、Mg^{2+}等，根据目前的数据分析，很难从遥感数据中精确估计。李娜等(2011）将研究波段分为 3 个样带，发现含盐量、SO_4^{2-}、Cl^-、Ca^{2+}、 Mg^{2+}、pH 与光谱反射率之间的相关，确定了不同样带不同盐分离子的敏感波段，并在此基础上建立多元回归模型。张飞等（2012）说明相同程度的盐渍化土壤具有相似的吸收特征，研究盐渍化土壤的反射光谱与盐分因子（八大离子、电导率、含盐量、pH、总溶解固体等）之间的关系，并选择具有代表性的盐分因子与野外实测光谱数据建立定量回归模型，通过多元线性回归分析得出含盐量、SO_4^{2-}、TDS、EC 与原始光谱数据的相关性达到了理想的效果。但在目前研究中只考虑了盐渍土的光谱信息与土壤盐分的关系，盐渍土壤的含盐量受多种因素影响，包括地下水埋深、地下水矿化度、地形、气候等，若能综合考虑建立模型，表达的结果将更加合理与准确。

国内外有关学者对光谱数据进行土壤反射特性研究取得了显著成绩，但还有许多问题需要深入研究。首先，野外采集土壤光谱数据过程中，由于地表空间分布的不规则性和土壤水分、植被、人为等因素对土壤表面反射光谱的影响，使直接获取野外土壤光谱数据解译与土壤理化特性相对应的光谱参数还存在一定的问题。其次，野外测定容易受到外界因素的影响，而实验室内同一试验由于测试条件以及土样处理方式的不同，得到的光谱数据有很大差异，不仅影响试验的误差，而且限制了不同研究之间以及同一研究不同时间中获取光谱数据间的共享性。第三，土壤是矿物质、有机质、水分、空气等物质相互联系、相互作用的有机整体，其光谱反射特性也是各种理化性状的综合反映。而在目前对土壤理化特性进行的研究中，大多只建立考虑单个因素的一元线性回归模型，较少涉及考虑多个参数的多元回归模型。

1.2.2.2 盐渍化土壤上覆植被光谱特征的研究现状及分析

不同地物（植被、干土、水体）的反射波谱不同，因此不同地物在遥感影像上形成不同的纹理、形状，从而可以通过遥感判断、解译图像来识别不同地物。与干土和水体的反射光谱曲线相比，植物冠层反射光谱的规律性明显而独特。植物冠层反射光谱具有基本特征，但仍有细微差别，这种差别与植物种类、养分丰缺、盐碱胁迫、病虫害等有关，是作物光谱特性与背景土壤光谱特性的综合（张学霞等，2003）。一般地，高土壤盐分会造成植物细胞脱水、植物生长减缓、产量降低，严重的会导致植物死亡。为了适应土壤盐分胁迫，植物往往会改变自身属性，如叶变多肉汁、颜色变暗绿等。这些差别往往会夸大植物在某些光谱区域的光谱响应，因而可以利用植被光谱信息来推断下覆土壤盐渍化程度。但由于受土壤其他物理和化学性质、植被生长条件以及周围环境的影响，使利用植被光谱信息推断土壤盐渍化状况增加了难度。

尽管如此，利用上覆植被光谱信息推断土壤盐渍化状况有其明显的优势：一是在植被覆盖严重的地区；二是可反映植物根部土壤的综合状况。当干旱、半干旱区植被覆盖度低于25%~35%时，土壤的光谱特征差别明显，利用遥感、土壤光谱数据与土壤盐分分析数据相结合进行土壤盐渍化监测是最为有效的方法之一。如果植被覆盖度大于此阈值，监测精度下降，只能通过上覆植被信息间接推断土壤盐渍化状况（刘庆生等，2004）。作物的生物量取决于通过光合作用碳产物的积累，但盐渍化加重对作物光合作用起阻碍作用，所以生物量在一定程度上可以表征土壤盐碱程度。LAI对土壤的盐渍化程度比作物的干生物量更敏感，叶水势ψ1和EC、ESP的线性关系表明，ψ1对土壤盐渍化程度不如LAI敏感，但比生物量敏感（Leone et al.，2007）。作物冠层NDVI与土壤ESP和pH的也具有较好的相关性，Delfine（1998）指出作物冠层NDVI和WI是区分盐碱土和非盐碱土的最有效的光谱指数。Penuelas et al.（1997）在研究盐渍化对不同品种大麦影响时指出，盐渍化程度加大使作物在近红外波段反射率降低，可见光反射率升高，作物的NDVI、生物量和产量都降低，并指出冠层NDVI是估测土壤盐渍化水平的有效指标。盐碱对光合作用的抑制与植物叶片中色素平衡失调有关，盐碱破坏细胞中的色素、蛋白质-脂类复合物，并降低叶绿素和其他色素(主要是指叶绿素 a) 的含量，故叶绿素是决定植物光合能力的关键指标，其含量的变化可以反映出光合产物的变化和胁迫因子对植物的作用程度，同时叶绿素和作物冠层光谱特征具有良好的相关性（陈士刚等，2005）。Lee et al.（2004）提出NDVI、RVI、胁迫指数来估测作物受土壤盐渍化产生的影响，并指出随着土壤盐渍化程度的加重，作物叶绿素增加，可见光波段（507~706 nm）处的反射率升高，近红外波段反射率降低。Zeng et al.（2000）、邵玺文（2005）、曹帮华（2007）等对不同盐碱胁迫程度下刺槐和绒毛白蜡、水稻、小麦等总叶绿素和叶绿素 a、叶绿素 b、分蘖数、株高、产量等的变化进行了系统研究。大量研究表明植物的这些性状和其冠层光谱都有良好的相关性，这都就为盐碱胁迫条件下通过作物冠层反射光谱来准确估测土壤盐渍化程度提供了有利依据（Tucker et al.，1985；Ma et al.，2006；张俊华，2010）。

周兰萍等（2013）指出荒漠植物光谱在 680、970、1450 和2190 nm 附近与农作物反射率值有较大差异，这些波段是荒漠植物遥感监测的最佳波段；以最佳波段为中心，遥感识别荒漠植物需要的光谱分辨率在可见光和近红外波段为 30 nm 或更窄，在中红外波段为 50 nm 或更窄。在生长旺盛期荒漠植物红边位置都靠近长波方向。张飞等（2012a）发现稀盐盐生植物、泌盐盐生植物、拒盐盐生植物的波谷波长位置接近，说明盐生植物的吸收波段特征有一定的相似性；应用二阶导数的方法得到盐生植物识别的 9 个最佳波段：510、550、690、730、950、1150、1210、1290 和 1310 nm。刘波等（2013）在草地退化过程中，光谱反射率整体上持续降低，叶绿素吸收造成的“红谷”特征弱化，近红外水分吸收谷变弱，土壤背景光谱特征渐渐凸显。迟光宇等（2009）随培养液中 Fe^{2+}浓度的升高，水稻体内 Fe 含量逐渐增加，叶绿素浓度降低，叶片光谱反射率在可见光波段升高，在近红外波段降低，同时红边发生“蓝移”。朱叶青等（2014）研究发现铜污染叶片光谱差异与作物时期和作物类型有关，可以采用叶片光谱角描述铜污染叶片与健康叶片的光谱差异。许改平等（2014）指出随着温度的降低，叶绿素 a 和类胡萝卜素质量分数呈下降趋势；反射光谱参数光谱反射指数、改良红边比、色素比值指数、归一化植被指数、红边归一化指数、改良类胡萝卜素指数和光化学反射指数等均随着温度的降低而降低（$P<0.01$）；红边面积随着胁迫加深不断减小，红边位置向短波方向移动。

张东彦等（2011）通过比较不同养分胁迫下、不同等级白粉病胁迫下、蚜虫胁迫下三种胁迫状态下的分析结果发现，560~680 nm 的可见光波段和780~900 nm 的近红外波段是诊断三种胁迫的敏感波段。但是，养分胁迫在 550 nm 处、780~900 nm 差异最显著；病虫害胁迫在 680 nm 处、780~900 nm 差异最显著，红边也是判断正常叶片与虫害胁迫叶片的显著特征之一。蒋金豹等（2013）表明在水胁迫条件下植被光谱在 550 nm、800~1300 nm 区域反射率都稍有降低，而在 680 nm 区域反射率则略微增大；发现植被指数 R800、R550、R680 的归一化均值距离在胁迫早期即大于其他指数的距离，说明该指数识别水浸胁迫植被的能力优于其他指数，且具有较强的敏感性与稳健性。王宏博等（2012）通过监测辽宁锦州地区不同干旱胁迫条件下春玉米拔节-吐丝期冠层高光谱分布，研究其可见光红边区和近红外光的光谱分布特征，分析了不同波长光谱反射率与各深度土壤湿度的相关关系。冯伟等（2013）指出随白粉病病情指数增加，叶绿素含量下降，不同感性品种均如此，对白粉病易感品种的危害较重；病害冠层叶绿素密度与红光 600~630 nm 和红边 690~718 nm 的反射率及红边长波段（718~756 nm）的一阶微分间相关性最显著。赵俊芳等（2013）受蚜虫危害冬小麦光谱曲线的“红边”位置波长最短（698 nm），其他不同水分处理结果随着干旱胁迫的加重向波长短的方向发生“蓝移”。因此，“红边”参数也可以作为判别冬小麦蚜虫危害和干旱胁迫的重要参数。

在光谱领域，连续统、红边、中红外吸收峰位置和峰值测度、不同波段反射率通过运算法则计算光谱指数等都是对光谱数据较常用的处理方法。其中，红边参数和光谱指数应用最为广泛。目前，红边参数的计算方法主要分为两类：一类是基于导数光谱，如最大一阶导数法、拉格朗日内插法、线性外推法等，另一类则基于曲线拟合技术，如四点内插法、倒高斯模型法、多项式拟合法等。但哪种方法更加准确地描述了叶绿素敏感峰附近的光谱变化，能最大限度地减少红边/叶绿素关系的不连续，还有待于比较研究。光谱指数中由红光和近红外组合而成的 NDVI、RVI 最为常用，后来改进的植被指数在降低土壤和大气噪音方面优于 NDVI 和 RVI，它们提取植被信息的效果较好，消除土壤影响和适应植被变化的能力较强，如土壤调节植被指数（SAVI）、修正的土壤调节植被指数（MSAVI）、垂直植被指数（PVI）、权重差植被指数（WDVI）等等。遥感数据与土壤理化数据之间，除了逐步回归法外，还有使用全光谱范围内数据的偏最小二乘法、主成分法、人工神经网络法等。

盐渍化土壤对上覆植被的影响、利用遥感技术进行植被盐碱胁迫影响的研究取得了较多成果，为间接利用上覆植被冠层光谱信息诊断土壤盐渍化状况奠定了基础，但由于受周围环境等因素的影响，上覆植被野外光谱与土壤盐碱程度分析数据之间的关系研究相对较少，尚处在尝试阶段。而且，现有的研究大多立足于单纯土壤光谱对其盐渍化程度的估测或根据其上覆植被冠层光谱对土壤盐渍化程度的演化，很少采用土壤光谱及其上覆植被冠层光谱同时系统分析后对土壤盐渍化程度进行估测。

1.2.2.3 土壤光谱特征影响因素研究

野外实测光谱由于具有与卫星数据近似的背景条件，常被用来与影像波谱、各种地测量数据等相结合对不同的土壤类型进行分类、制图及宏观监测（张芳，2012）。土壤盐渍化的状态是由土壤的含水量、含盐量、电导率、pH值等属性决定，所以土壤反射光谱特征的变化并不能归咎于某个单一的土壤属性（Kawy & El-Magd，2012）。大量研究表明，随着土壤盐分含量的增加，土壤光谱反射率在可见光和近红外波段升高，重度盐渍化土壤反射率最高，而中度盐渍化土壤反射率高于轻盐渍化土壤反射率，非盐化土壤反射率最低（Bouaziz et al.，2011；张丽等，2013）。高度盐渍化土壤在680、1180及1780 nm处相对于未发生盐渍化的土壤有更清晰的吸收特征（Dehaan & Taylor，2002）；1000、1200、1400、1900和2200 nm是硫酸镁和水氯镁石等盐分的吸收敏感波段（Farifteh et al.，2008；Curcio et al.，2013）。土壤有机质通常是土壤光谱的主要影响因素之一。国内外很多研究指出土壤有机质在可见光至近红外范围存在明显的光谱敏感区，并建立了不同类型土壤的有机质定量反演模型。但也有学者认为土壤在近红外区域光谱特征的差异主要取决于土壤水分含量的不同，而有机质和总氮含量变化对其影响不大（彭玉魁等，1998）。刘焕军等（2008）指出辽宁黑土土壤光谱反射率在可见光510、650 nm有吸收谷，随着含水量的增加，土壤光谱吸收谷的面积增大。王静等（2009）择江苏宜兴和陕西横山土样壤品进行含水率测量，并提取土样实验室光谱数据，建立了土壤光谱在1423、1524、1746 nm的预测土壤含水率的回归模型。何挺（2003）建立了黄绵土、绵砂土和风砂土实验室测量光谱数据和相应土壤含水率之间的定量关系，得出在预测土壤含水率时，1450 nm吸收峰比1925 nm吸收峰更为有效。Zhu et al.（2010）采用1400、1940和2250 nm 3个敏感波段建立了人工土壤、土柱和地表土壤和3种类型土壤含水量预测模型，预测精度达到0.895以上。姚艳敏等（2011）采用反射率对数一阶微分所建立的吉林黑土土壤含水率预测方程的预测精度最好。Lobell & Asner（2002）研究发现土壤水分与其光谱反射率并不成线性相关关系，但有良好的指数关系。李美婷等（2012）以新疆玛纳斯县不同质地土壤（砂壤土、粉黏壤土和黏土）室内光谱反射率作为研究对象，发现在低于田间持水量范围内含水量与反射率呈反比，在高于田间持水量范围内含水量与反射率呈正比。Santra et al.（2009）利用可见光-近红外和短波红外（VIS NIR SWIR）预测了印度奥里萨邦干旱地区土壤水分特征，收到良好的效果。Nocita et al.（2012）根据土壤在1800 nm和2119 nm波段反射率计算出归一化土壤湿度指数（the Normalized Soil Moisture Index，NSMI）来预测土壤水分含量。Liu et al.（2012）从加利福尼亚草地生态系统AVIRIS和MODIS等数据源中提取信息，发现土壤水分和红边、近红外及短波红外具有显著相关性，尤其是在干旱季节。土样粒径同样会影响土壤光谱特征：周清等（2004）认为1 mm的土样是室内光谱测试的合适粒径，研究表明0. 25 mm样品估算结果优于1 mm样品，而国外测试土壤光谱应用最多的是粒径<2 mm。此外，在表层土壤光谱特征方面，具有干燥、光滑、亮度较高的盐结皮的盐渍化土壤在可见光波段（尤其是红光波段）光谱反射率较高；相反，具有潮湿、粗糙和颜色较暗蓬松的盐结皮的盐渍化土壤在该波段范围内反射率较低。

所以，系统研究不同因素对盐碱土表层光谱特征的影响程度，将为盐碱土盐渍化程度的准确定量反演提供科学依据。

1.3 本研究的目的与意义

第18届国际土壤联合会大会的主题——“土壤科学的前沿（新领域）：技术和信息时代”。大会指出，土壤科学研究的前沿集中在土壤学的进步，重点集中在遥感、地理信息系统、景观分析、分子尺度的先进分析技术、环境土壤生物、植物/土壤界面过程、土壤过程和反馈的计算机建模、精准农业以及其他信息科学和技术的应用等方面（赵其国，2006）。这足以说明精准农业技术的研究与实践，将是21世纪农业高新技术应用研究的热点课题，对我国的农业生产产生重大影响。早期对作物光谱的研究主要是针对遥感长势监测与作物估产，近年来对作物光谱的研究主要集中在光谱植被指数的构建、导数光谱处理方法及辐射模型反演几个方面。目前大量工作是探索作物光谱的物理化学和农学机理，进而提高作物遥感长势监测和估产精度。氮素是植物的生命元素。但是，对作物的光谱特征与其氮素水平的关系只是停留在建立氮素诊断模型的阶段，通过它们之间的关系进一步建立施氮模型的研究还较少，尤其是在国内，缺乏一个具有普适性的施氮模型。这样，我们利用遥感技术只是单纯地监测或估产，而无法进行快速、准确的氮肥田间管理。

本研究的目的是以冬小麦和夏玉米两大作物为研究对象，以大田试验为基础，综合运用作物光谱特征、作物生长和养分吸收规律、作物生理物理参数测试以及数理统计分析等手段，在不同典型生育期作物冠层光谱特征与氮素营养、叶绿素、生物量、吸氮量等相关关系的基础上，分别提出在不同生育期的作物氮素、叶绿素、生物量、吸氮量等的诊断模型，进一步根据这些诊断模型建立了基于作物光谱特征的施氮模型，该结果将为作物无损生长监测和精准作物氮肥管理提供理论基础和关键技术，对于推进国内遥感技术在精准农业中的发展应用具有重要的学术价值和应用前景。

在土壤盐渍化程度预测方面，本研究主要是在探讨龟裂碱土表层光谱特征的同时研究其上覆植被光谱特征与土壤盐渍化程度之间的关系，利用植被光谱信息推断植被覆盖区土壤盐渍化状况，在获取土壤盐渍化程度信息的过程中，结合实验室和野外获取的土壤和上覆植被特性光谱信息，运用多元统计分析等技术，基于地物光谱的分析等方法，对龟裂碱土土壤光谱特征和盐分特性及植被指标进行相关分析，建立土壤盐渍化程度的光谱指标模型，从而实现对土壤盐渍化程度信息指标的快速、定量监测。

2 研究思路与研究方法

2.1 氮素胁迫下作物光谱特征及氮素诊断研究

2.1.1 研究内容

根据作物光谱遥感诊断作物氮素营养的研究进展和存在的主要问题，本文主要研究内容如下：

(1)进一步阐明光谱遥感诊断冬小麦和夏玉米氮素营养的基本原理，为深入研究作物氮素营养光谱遥感诊断和调控技术提供理论依据。这部分主要包括如下工作：获取并分析测量数据；分析冠层反射光谱特征及在氮素水平之间的光谱反射率敏感波段，为基于冠层光谱反射率氮素营养诊断方法和施氮模型的提出奠定理论基础；分析实测作物氮素营养及其他生物物理参数与光谱反射率及植被指数（尤其是 NDVI）之间的相关关系，确定诊断冬小麦和夏玉米氮素营养、长势、产量估测的敏感波段和最佳植被指数及敏感生育期。

(2)在估测作物氮素水平敏感植被指数的基础上，结合作物生长需肥特点，建立冬小麦和夏玉米在光谱敏感生育期的氮素诊断、估产和施氮等模型。

2.1.2 技术路线

本研究通过田间试验、室内分析，采用数理统计等手段，开展研究工作。图2-1 是本研究的总技术路线流程图。

2.1.3 试验设计

2.1.3.1 试验地点

试验均设在中国科学院封丘农业生态实验站。该站位于黄河北岸的河南

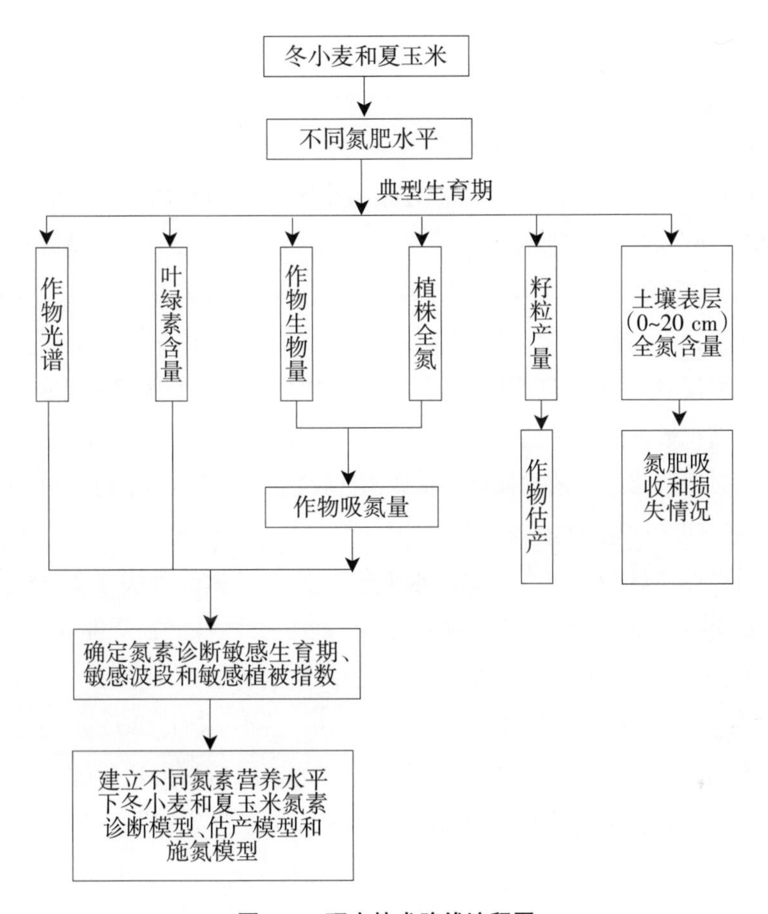

图 2–1 研究技术路线流程图

省封丘县潘店乡（东经 114°24′，北纬 35°01′），属半干旱半湿润的暖温带季风气候。年平均降水量为 605 mm，年蒸发量约 1875 mm，年平均气温为 13.9℃，≥0℃积温在 5100 ℃以上，无霜期在 220 d 左右。全年日照时数在 2300~2500 h 之间，日照率为 55%。站区海拔高度 67 m，地貌具有典型的沿黄河及黄河泛滥地区特征，微地形有起伏，但大地貌相对平坦，并自西南向东北有 1/6000~1/8000 的坡降。地下水位埋深变幅在 3~15 m 之间。南部受黄河侧渗的影响，形成背河洼地，而北部与华北平原腹地河北省相连，干旱缺水。因此，本区发育的主要土壤类型为黄河沉积物发育的轻质潮土，并伴有部分盐土、碱土、风沙土和沼泽土的插花分布。主要植被为次生的乔灌草植物以及沼泽和水生植物等。根据上述自然环境特点，本区易受旱、涝、盐、风沙等自然灾害，是黄淮海平原最为脆弱的生态系统之一。

2.1.3.2　施肥方案

2.1.3.2.1　试验 1

试验品种：供试冬小麦品种为郑麦 9023，该品种属于弱春性，幼苗偏直立，叶色深绿，叶片宽大，苗壮，分蘖力中等，成穗率较高，一般每 667 m^2 成穗 35 万株左右。株型紧凑，通风透光性好，株高 80~85 cm，茎秆粗壮弹性好，抗倒伏能力强，穗纺锤形，结实性较好，每穗结实 30~35 粒。长芒，白壳，籽粒白色、角质，千粒重 42 g 以上，饱满度好，商品性佳。灌浆快，晚播早熟，穗层整齐，后期熟相好。全生育期约 230 d。郑麦 9023 是目前河南当地种植面积最大的品种之一。

试验时间：第一季秋季播种，6 月 5 日收割。各指标测定时期分别为：分蘖期、拔节期、抽穗期和乳熟期。

肥料设计：试验共有 9 个氮素水平（表 2–1）。试验表层 0~20 cm 土壤有机质含量为 9.89 g kg^{-1}，全氮 0.77 g kg^{-1}，全磷 1.14 g kg^{-1}，全钾 20.48 g kg^{-1}，碱解氮42.16 mg kg^{-1}，速效磷 9.29 mg kg^{-1}，速效钾 34.5 mg kg^{-1}，土壤pH 为 8.22。各处理磷、钾肥用量相同（P_2O_5：80 kg hm^{-2}；K_2O：30 kg hm^{-2}）。除去田间玉米秸秆、根茬后施用磷钾肥翻耕、耙地。之后根据试验处理田间排列划定小区分布，根据处理要求分别施入氮肥，人工用铁锹翻、耙地。人工播种机播种，播种量为 150 kg hm^{-2}。每个处理重复 4 次，每个小区面积为 4×6 m^2。随机区组排列。

表 2–1　第一季冬小麦肥料设计

处理	基肥(kg N hm^{-2})	追肥 I(kg N hm^{-2})	追肥 II(kg N hm^{-2})
1	0	0	0
2	200	0	0
3	70	130	0
4	100	50	50
5	100	100	0
6	100	x	0
7	100	2/3 x	1/3 x
8	70	x	0
9	70	2/3 x	1/3 x

x:根据冬小麦拔节期 NDVI 测定结果计算出的施氮量。

2.1.3.2.2 试验 2

试验品种：供试品种为夏玉米鲁单 981，株型为半紧凑型，全生育期约 100 d。该品种是河南当地种植面积最大的品种之一。

试验时间：第一季夏玉米于 6 月中旬播种，9 月下旬收获。各指标测定日期为：苗期、拔节期、孕穗期、抽雄期、开花期和乳熟期。

肥料设计：试验共有 7 个氮素水平，分别为 0、40、80、120、160、200、240 kg N hm^{-2}，按 4:6 的比例分别于苗期和孕穗期追施。试验表层 0~20 cm 土壤有机质含量为 8.33 g kg^{-1}，全氮 0.603 g kg^{-1}，全磷 2.47 g kg^{-1}，全钾 27.1 g kg^{-1}，碱解氮 39.5 mg kg^{-1}，速效磷 14.3 mg kg^{-1}，速效钾 51.0 mg kg^{-1}，土壤pH 为 8.23。各处理磷、钾肥用量相同（P_2O_5：80 kg hm^{-2}；K_2O：30 kg hm^{-2}）。根据处理要求分别施入氮肥，人工用铁锹翻、耙地。人工播种，种植密度约 48000 株 hm^{-2}。各小区氮肥均施用尿素。

每处理重复 4 次，每小区面积为 5×8 m^2。随机区组排列。

2.1.3.2.3 试验 3

试验品种：供试冬小麦品种为郑麦 9023。

试验时间：第二季冬小麦于 10 月下旬播种，6 月初收割。各指标测定日期为：分蘖期、返青期、拔节期、孕穗期、抽穗期、开花期和乳熟期。

肥料设计：试验共有 11 个氮素水平（表 2–2）。试验表层 0~20 cm 土壤有机质含量为 10.3 g kg^{-1}，全氮 0.573 g kg^{-1}，全磷 1.39 g kg^{-1}，全钾 19.2 g kg^{-1}，

表 2–2 第二季冬小麦肥料设计

处理	基肥(kg N hm^{-2})	追肥(kg N hm^{-2})	总施氮量(kg N hm^{-2})
1	0	0	0
2	60	40	100
3	100	0	100
4	200	0	200
5	120	80	200
6	120	56	176
7	120	73	193
8	300	0	300
9	180	120	300
10	180	52	232
11	180	99	279

碱解氮 31.2 mg kg^{-1}，速效磷 13.6 mg kg^{-1}，速效钾 57.6 mg kg^{-1}，土壤 pH 为 8.23。

各处理磷、钾肥用量相同（P_2O_5：80 kg hm^{-2}；K_2O：30 kg hm^{-2}）。除去田间玉米秸秆、根茬后施用磷钾肥翻耕、耙地。之后根据试验处理田间排列划定小区分布，根据处理要求分别施入氮肥，人工用铁锹翻、耙地。人工播种机播种，播种量为 150 kg hm^{-2}。每处理重复 3 次，每小区面积为 4×5 m^2。随机区组排列。

2.1.3.2.4　试验 4

试验品种：供试品种为夏玉米鲁单 981。

试验时间：第二季夏玉米于 6 月中旬播种，9 月中旬收获。各指标测定日期为：苗期、拔节期、孕穗期、抽雄期、开花期和乳熟期。

肥料设计：试验共有 7 个氮素水平，施氮方案见表 2-3。试验表层 0~20 cm 土壤有机质含量为 12.73 g kg^{-1}，全氮 0.730 g kg^{-1}，全磷 1.52 g kg^{-1}，全钾 19.5 g kg^{-1}，碱解氮 34.6 mg kg^{-1}，速效磷 15.8 mg kg^{-1}，速效钾 73.0 mg kg^{-1}，土壤 pH 为8.20。

表 2-3　第二季夏玉米肥料设计

处理	基肥(kg N hm^{-2})	追肥(kg N hm^{-2})	总施氮量(kg N hm^{-2})
1	0	0	0
2	40	60	0
3	80	120	0
4	40	M1	40+M1
5	80	M2	80+M2
6	40	M1	40+M1
7	80	M2	80+M2

注：M1、M2 为运用两个施氮模型，根据 NDVI 测定结果计算出的施氮量。

各处理磷、钾肥用量相同（P_2O_5：75 kg hm^{-2}；K_2O：75 kg hm^{-2}）。根据处理要求分别施入氮肥，人工用铁锹翻、耙地。人工播种，种植密度约 48000 株 hm^{-2}。各小区氮肥均施用尿素。

每处理重复 3 次，每小区面积为 5×6 m^2。随机区组排列。

2.1.3.2.5　试验 5

试验品种：供试品种为夏玉米郑单 958、鲁单 981 和农大 80。

试验时间：品种试验于 6 月中旬播种，9 月中旬收获。各指标测定日期为：苗期、拔节期、孕穗期、抽雄期、开花期和乳熟期。

肥料设计：试验施氮量均为 200 kg N hm^{-2}，基肥:追肥=4:6。试验表层0~20 cm 土壤有机质含量为 12.73 g kg^{-1}，全氮 0.730 g kg^{-1}，全磷 1.52 g kg^{-1}，全钾 19.5 g kg^{-1}，碱解氮 34.6 mg kg^{-1}，速效磷 15.8 mg kg^{-1}，速效钾 73.0 mg kg^{-1}，土壤 pH 为 8.20。各处理磷、钾肥用量相同（P_2O_5：75 kg hm^{-2}；K_2O：75 kg hm^{-2}）。每处理重复 3 次，每小区面积为 5×6 m^2。随机区组排列。

2.1.4 试验期间当地气温和降雨量变化情况

温度和降雨是影响作物生长发育的重要因素。图 2–2 是第一季冬小麦（10 月份）到第二季夏玉米（9 月份）试验期间试验区的每天的平均最低气温、平均最高气温和降雨量的变化情况。从图可知，当地最高温度在 7 月，最低温度在 12 月，每日气温温差 7℃~9℃。降雨主要集中在 7 月到 9 月份，这三个月的降雨量约占全年降雨量的 75%。

2.1.5 测定方法

2.1.5.1 冬小麦发育期观测

出苗：第一片绿色小叶出现长 1.0~1.5 cm，竖看显行为普遍期。

分蘖期：叶鞘中露出第一侧茎的叶尖，通常在三叶以后不久开始分蘖。

返青期：春季冬小麦恢复生长，心叶露出，老叶伸长，竖看麦田显行。

拔节期：基部节间开始伸长，茎秆基部有显著茎节，露出地面第一茎节长 1.0~1.5 cm，此时穗分化一般进入小花分化。

孕穗期：旗叶叶枕高于下一叶叶枕（叶枕距）3~5 cm，花粉母细胞进行减数分裂。

抽穗期：穗自旗叶叶鞘顶端露出 1/2 或穗于鞘侧呈弯曲状露出。

开花期：穗中部个别颖花开放，花药开露。

乳熟期：穗中部籽粒内含物呈白色乳浆状。

2.1.5.2 夏玉米发育期观测

播种期：即播种时的日期。

出苗期：播种后种子发芽幼苗出土高约 2 cm，全田有 50%以上植株达此标准的日期。

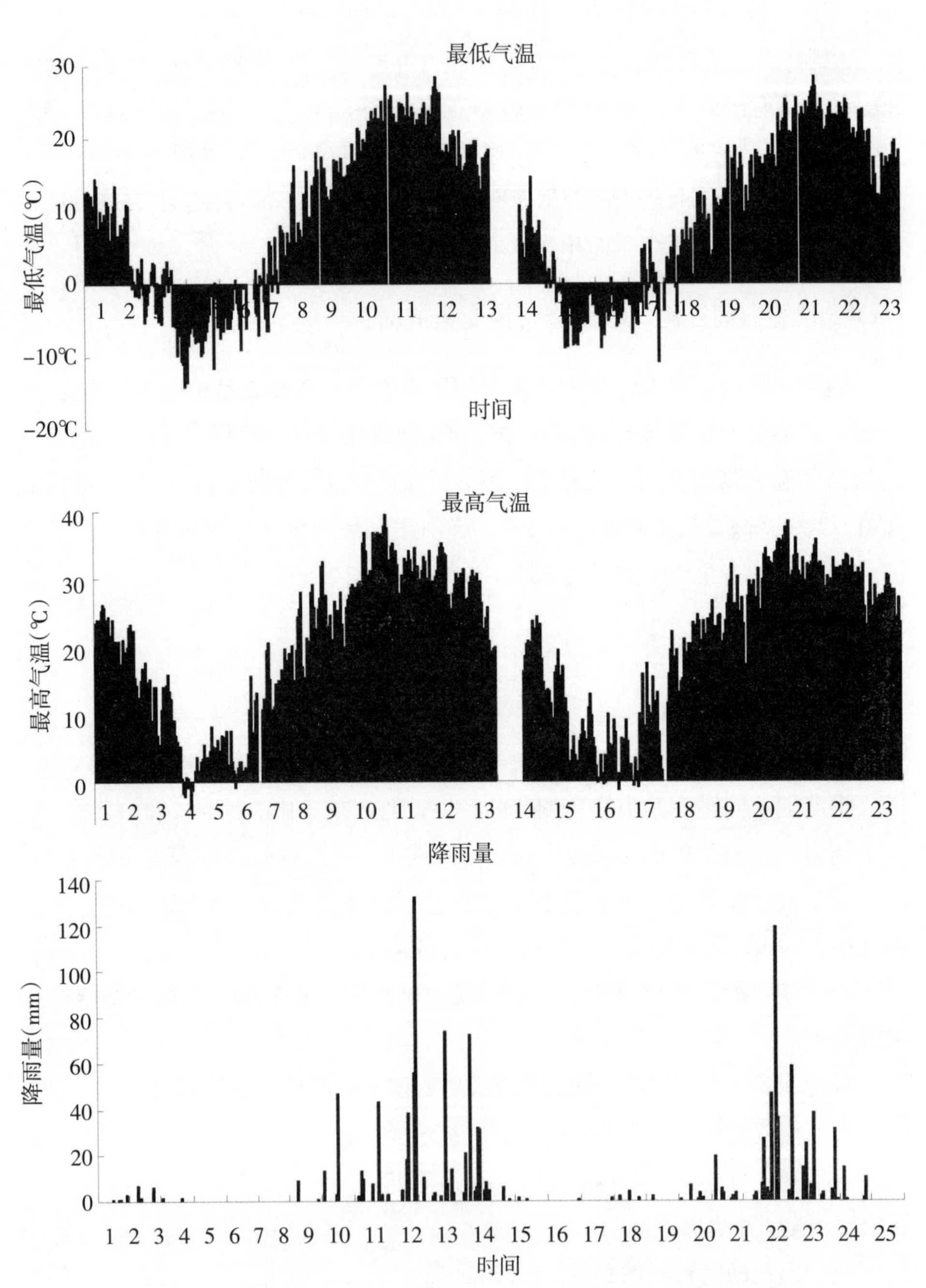

图 2-2　试验期间每月平均最低气温、最高气温和降雨量变化情况

拔节期：全田有50%以上的植株，靠近地面部位用手能够摸到茎节，茎节长度为2~3 cm时的日期。

孕穗期（俗称大喇叭口期）：玉米植株棒三叶（果穗叶及上下两叶）开始抽出而未展开；心叶丛生，上平中空，整个植株外形像喇叭。全田50%植株达此标准的日期为大喇叭口期。

抽雄期：全田50%玉米植株雄穗尖端从顶叶抽出的日期。

开花期：全田50%玉米植株雄穗开始开花散粉的日期。

吐丝期：全田50%玉米植株雌穗抽出花丝的日期。

成熟期：全田90%植株果穗上的籽粒变硬，籽粒尖冠出现黑色或籽粒乳线消失的日期。

2.1.5.3　光谱测量仪器

2.1.5.3.1　便携式光谱仪GreenSeeker简介

试验1（第一季冬小麦）冠层光谱采用美国GreenSeeker便携式光谱仪测定。该仪器是由美国Oklahoma州立大学设计，采用NTech的第二代光学传感器（图2-3）。它是一种作物研究与诊断工具，能够提供有效的数据，确定植被指数（NDVI）和红光与近红外的比值。这些指数能够用来作为农学参考，反映作物对于养分的响应、作物生长条件、潜在产量、应力以及病虫害的影响等。整个仪器长约120 cm，重量约6 kg。使用时通过背带将整个仪器背在操作者肩上，背带可调节长度，测定时通过掌上电脑输入命令，并利用掌上电脑记录、存储采集数据。该仪器具有两个直接向上的光电二极管传感器，可以接收通过装有红光（Red，波段为671±6 nm）和近红外（NIR，波段为780±6 nm）干涉过滤器的入射光。该仪器还有两个向下的光电二极管传感器，它和向上的传感器一样可以接收通过平行和干涉过滤器的光线。GreenSeeker利用16字节的数/模转换器来随时捕捉、转换来自四个光电二极管传感器的信号，通过具有硫酸钡涂层的铝板来校正维持仪器的稳定性（在红光和近红外波段该铝板的反射率为100%），接着微处理器

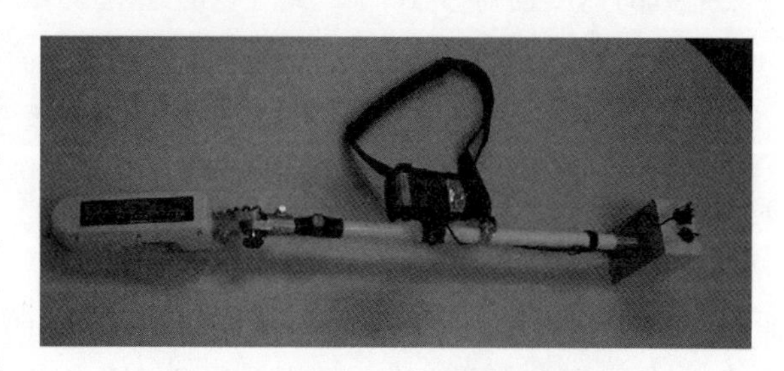

图2-3　GreenSeeker便携式光谱仪

对所捕获光线进行分析，获取数据。传感器采集的数据可以以 Microsoft Excel 文本形式的文件存储在个人电脑中。

NDVI 值和 RVI 的计算公式如下：

$$NDVI=\frac{(NIR_{ref}/NIR_{inc})-(R_{red}/R_{inc})}{(NIR_{ref}/NIR_{inc})+(R_{red}/R_{inc})} \tag{1}$$

$$RVI=\frac{NIR_{ref}}{Red_{ref}} \tag{2}$$

式中，NIR_{ref} 和 Red_{ref} 是近红外和红光的反射率；NIR_{inc} 和 Red_{inc} 是近红外和红光的入射率。

该仪器采用系统主动发射光源，然后采集作物反射回来的光线，所以光谱测定不受时间（很多光谱仪要求在 10：00~14：00 测定光谱）、天气（许多仪器要求在天气晴朗、太阳辐射值达到一定量、无云的情况下测定）等自然条件的限制，可以全天候进行，为光谱测定提供了极为方便的条件。测量时传感器探头向下，距冠层垂直高度 0.5 m。该仪器测试视场角为 3.4°，测定植被指数的速度为每秒 10 个，每个小区光谱测量重复扫描两次。

2.1.5.3.2　多光谱辐射计 Cropscan（MSR-16）简介

第一季夏玉米、第二季年冬小麦和第二季夏玉米三季试验冠层光谱数据测量都是采用美国 CROPSCAN 公司研制的便携式多光谱辐射仪（MSR-16）。该系统包括辐射计、数据记录器、LCD 手持终端、伸长杆（可伸长到 3.2 米）、安装硬件、内存卡、AC 适配器及充电器、电缆/适配器等。包括的软件是针对 DLC 和 PC 机。针对 DLC 的 MSR 程序用于基于小区的数据采集，辐射计传感器毫伏特数被记录在 DLC 里。针对 PC 的软件包括与 DLC 交互以获取数、从获取的数据计算发射百分率、对数据的统计分析（ANOVA）、保存和恢复 MSR 程序和配置，以及数据格式化等。输出反射率数据文件是逗号分隔的 ASCII 文本文件，便于输入到电子表程序，以利于后续数据分析和绘制图表。

仪器测定的光谱范围是 452~1650 nm，16 个波段（460、510、560、610、660、680、710、760、810、870、950、1100、1200、1300、1500、1650 nm）（表 2-4），仪器的视场角为 31.1°，采用小键盘操作，数据记录在数据采集器（DLC Model，CROPSCAN，Rochester，MN）中，通过 COM 接口输入计算机，再经过仪器自带软件计算地物的光谱反射率。

表 2-4 MSR-16 多光谱辐射仪的中心波长和带宽

波段(nm)	460	510	560	610	660	680	710	760
中心波长(nm)	460.4	511.4	560.9	610.7	661.7	682	711.4	761.2
带宽(nm)	8.3	8.8	8.7	9.7	9.4	11.7	12.4	9.9
波段(nm)	810	870	950	1100	1200	1300	1500	1650
中心波长(nm)	812.6	871.6	951.2	1099.5	1222.8	1301.1	1500.2	1669
带宽(nm)	11.2	12.6	10.6	16.0	11.0	12.0	15.0	200

探测方法用特定波段光学干涉滤波器和光电二极管。特定波段光学滤波器只能通过所通过波段范围内的光波到探测光电二极管的活跃表面的波长。光电二极管输出的电流与光量子撞击而激光的数量呈正比。这些电流被转化为电压，而且被辐射计中的电路放大。然后数据记录控制器测定并记录这些传感器的毫伏读数。在通过波段的反射率百分数数据随即被通过计算机内有校正和更正参数的程序处理，该程序通过一个微型计算机连接到传感器上。系统操作在田间通过支持杆将辐射计保持在作物冠层上面的水平位置。田间的观测直径是反射计高于冠层的高度的一半。系统内置的数据获取程序便于对电压数字化和记录每一选择波长的反射百分数。该程序同时允许对多个样本取平均值。各种辅助数据，如小区号、时间、入射辐射水平和辐射计内部的温度，均可在每次扫描时记录下来。记录在内存文件中的数据由地点、试验号和日期标示出来。辐射计允许几乎同时输入代表入射辐射和反射辐射的电压值。这一特性允许在非理想的太阳角度和光照条件下精确测量作物冠层的反射率。在多云条件下，仍然可以获得有用的反射率观测值。这是一项非常有用的特性，但是当太阳辐射值低于 300 时，反射率就不能准确反映冠层生长特征。测定最好选择在晴朗无云的天气，每个小区选取长势均匀有代表性的 9 个点，取平均值代表该区的光谱值，测量时间为 10：00~14：00，探头距冠层垂直高度 0.8~1.0 m。

2.1.5.4 作物生物物理参数的测定

2.1.5.4.1 植株和土壤全氮含量

均采用开氏消煮法（H_2SO_4-混合催化剂-蒸馏法，半微量滴定法）（鲁如坤，1999）。

2.1.5.4.2 植株硝态氮测定

植株消煮：称取粉碎植株样品 0.1000 g，加 5 ml 浓硫酸消煮约 2 h，消煮

期间滴入 H_2O_2 数滴，直至消煮液变清亮为止。

植株硝态氮测定：消煮液稀释 10 倍在 UV-1601 型紫外分光光度计上220 nm 和 275 nm 两个波长下比色。

2.1.5.4.3 叶绿素和类胡萝卜素的测定

每个小区取有代表性植株（冬小麦多株，夏玉米 3 株），将每株上部展开叶 5 片左右去中脉（苗期叶片全部剪成细丝），取其中部剪成细丝，混匀，称取 0.250 g，用 95%的乙醇 25 ml 浸泡于室温下遮光静置至样品完全发白，分别在470、649、665 nm 用 UV-1601 型紫外分光光度计比色测其吸光值，然后按下面公式计算叶绿素和类胡萝卜素含量。

叶绿素 a 的浓度 C_a (mg g^{-1})= $13.95A_{663}-6.88A_{645}$ （1）

叶绿素 b 的浓度 C_b (mg g^{-1})= $24.96A_{645}-7.32A_{663}$ （2）

类胡萝卜素的浓度 C_{Car}(mg g^{-1})=$(1000A_{470}-2.5C_a-114.8C_b)/245$ （3）

叶绿体色素的含量 Chl (mg g^{-1}) = [色素浓度(mg g^{-1})×提取液体积(ml)]×稀释倍数/样品鲜重 (g) ×1000] （4）

其中，A_{470}、A_{663} 和 A_{645} 分别为叶绿素溶液在波长 470、663 和 645 nm 处的吸光度值。

第二季夏玉米还用叶绿素计（SPAD-502）测定了叶片叶绿素。测定时选取每个小区测定光谱时标记的植株（3 株），测定每株玉米的最上端 5 片展开叶，在每片叶片中部测定 3 个点。最后求平均值代表该小区的叶绿素值。

2.1.5.4.4 生物量的测定

冬小麦：每次测定光谱后，立即取地上部分冬小麦 20×20 cm^2，然后装入密封袋带回实验室称鲜重，称完后放入干燥箱内 80℃，烘 24 h 后待相隔 2 h 前后两次测量重量差≤5%时称地上部分干重。

夏玉米：光谱测定前，选取有代表性玉米 3 株，作标记，光谱测定后，齐地砍取这三株玉米，苗期可以直接称鲜重，拔节期以后植株较高，采回后迅速用铡刀铡成小节，装入袋中称鲜重，称完后晾在室外，等基本晾干后用粉碎机进行粗粉，混匀后取一小部分称重-烘干-称干重，计算出水分含量，最后计算出玉米地上部分干生物量。烘干的一部分样品进行细粉，用于植株全氮的测定。

2.1.5.4.5　夏玉米叶面积指数（LAI）的测定

每个小区选取有代表性玉米 3 株，用尺子测量每株玉米叶片的叶长和最大叶宽，LAI 由下式求得：

$$y=0.75D_{种}\frac{\sum_{j=1}^{m}\sum_{i=1}^{n}(L_{ij}\times B_{ij})}{m}$$

式中，n 为第 j 株玉米的总叶片数；m 为测定株数；D 为夏玉米种植密度（谭昌伟等，2004）。

2.2　盐碱胁迫下土壤与作物光谱特征及龟裂碱土盐渍化程度预测研究

2.2.1　研究内容

本项目研究是一项探索性试验研究，研究对象以宁夏银北西大滩龟裂碱土为主体，主要研究内容包括：

2.2.1.1　龟裂碱土表层光谱特征对土壤盐渍化程度的预测

探讨野外龟裂碱土光谱特征随季节变化过程的同时测定表层土壤的 pH、EC、ESP、盐基离子等，从而揭示野外土壤光谱特征与土壤 pH、EC、ESP 和盐基离子的关系，筛选出与这些指数敏感的波段或光谱指数，建立土壤光谱与盐渍化指标之间的关联关系。进而建立基于土壤光谱特征的野外土壤盐渍化程度的估测模型。本内容主要研究：

(1)龟裂碱土表层光谱特征的变化规律；

(2)龟裂碱土表层盐渍化信息指标的变化规律；

(3)龟裂碱土表层光谱对土壤盐渍化信息的预测模型。

2.2.1.2　龟裂碱土上覆植被冠层光谱特征对土壤盐渍化程度的预测

研究不同程度龟裂碱土上覆植被（向日葵和水稻）在不同生育期冠层光谱特征的变化规律，并结合实验室盐分测试数据，揭示不同程度盐碱土对上覆植被光谱特征的影响程度，进而构建基于上覆植被光谱对土壤盐渍化程度的预测模型。本内容主要研究：

(1)上覆植被典型生育期光谱特征的变化规律；

(2)上覆植被下土壤表层盐渍化信息指标的变化；

(3)龟裂碱土上覆植被冠层光谱对土壤盐渍化信息的预测模型。

2.2.1.3 龟裂碱土光谱特征的主要影响因素及土壤背景对上覆植被冠层光谱特征的影响

测定室内不同盐渍化程度不同质地、湿度和有机质含量条件下龟裂碱土的光谱特征，明确并量化影响龟裂碱土光谱特征的主要因素，进而修正基于土壤光谱估测盐渍化程度的模型。采用土壤表层覆盖黑布的方法来统一土壤背景，然后测定不受背景干扰条件下的龟裂碱土上覆植被的光谱特征，修正并验证基于上覆植被光谱特征预测龟裂碱土盐渍化程度的模型，提高模型预测的准确率，同时揭示不同盐渍化程度的龟裂碱土对其上覆植被冠层光谱的影响程度。本内容主要研究：

(1)影响龟裂碱土光谱特征的主要因素；

(2)土壤背景处理后上覆植被野外光谱特征的变化规律。

2.2.2 研究目标

课题以宁夏银北西大滩龟裂碱土为研究对象，运用土壤学、遥感技术、地球系统科学、数学等学科的基本理论和方法，应用遥感技术对土壤和上覆植被生长特征进行模拟和预测，拟达到以下目标：

在获取野外土壤光谱特性的过程中，结合实验室土壤盐渍化指标的测定，揭示土壤表层光谱与盐渍化指标之间的关系，进而建立龟裂碱土盐渍化程度的预测模型，从而实现对龟裂碱土盐渍化信息的快速、定量监测与预报；

明确不同盐渍化程度龟裂碱土上覆植被在不同生育期光谱特征的异同，探讨植被冠层光谱与土壤盐渍化指标的相关性，构建基于上覆植被光谱的估测模型；

探讨影响龟裂碱土光谱特征的主要因素，揭示不同盐渍化程度的龟裂碱土对其上覆植被冠层光谱的影响程度，进一步修正、验证通过光谱估测龟裂碱土盐渍化程度的模型。

2.2.3 研究方案

本项目拟在宁夏银北西大滩龟裂碱土上通过野外考察、遥感数据分析，采用区域综合、数理统计、动态模拟等方法，开展研究工作，具体研究方案和技术路线如下：

(1)资料收集。收集研究区土壤信息资料和气候资料，获取当地土壤盐渍化数据。

(2)野外考察。选择典型路线和地区，野外实地考察与所收集资料相结合，确定用于野外测试的地点，定性分析土壤的盐渍化程度，选择不同盐渍化程度的龟裂碱土为研究对象。

(3)信息提取。定期测定无植被覆盖的龟裂碱土光谱特征，并选择适宜的时间测定供试土壤表层光谱特征和其上覆植被冠层光谱特征，同期测定植被叶绿素值和 LAI、土壤表层 pH、EC、ESP 和盐基离子。

(4)统计分析。在上述历史资料收集、调查和信息提取的基础上，对所得数据资料进行数理统计，利用多种手段确定并量化不同盐渍化程度龟裂碱土土壤光谱特征的差异、上覆植被光谱特征变化规律等。在此基础上，应用层次分析法计算土壤和植被单波段反射率和光谱指数的权重，确定表征土壤盐渍化程度较敏感的波段或光谱指数。

(5)模型构建。在研究龟裂碱土盐碱程度季节性变化的基础上，通过系统分析，利用土壤表层光谱特征对土壤盐渍化程度进行动态模拟。根据土壤光谱指数和其上覆植被冠层光谱特征与土壤表层 pH、EC、ESP 和盐基离子的关系，筛选出对土壤盐渍化程度敏感的波段或光谱指数，分别结合影响土壤光谱特征的主要因素、统一土壤背景后植被冠层光谱，来修正、验证通过土壤、上覆植被光谱构建的估测模型。

2.2.4 技术路线

具体技术路线如图 2-4 所示。

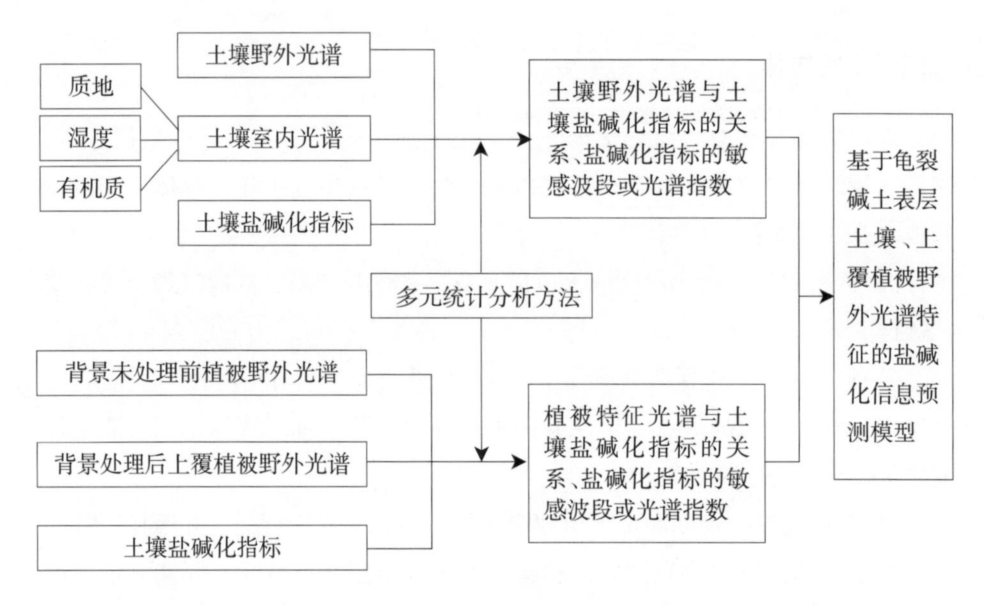

图 2-4　技术路线

2.2.5　试验设计

2.2.5.1　龟裂碱土表层光谱特征对土壤盐渍化程度的预测

（1）研究区：研究设在宁夏银北西大滩，位于宁夏贺兰山东麓洪积扇边缘，属于黄河中上游灌溉地区（东经 106°24′，北纬 38°50′），该地区属干旱的暖温带季风气候。年平均降水量为 205 mm，年蒸发量 1875 mm。一般地下水埋深1.2 m 左右。供试土壤类型为龟裂碱土。

（2）研究对象：研究区内不同盐渍化程度的龟裂碱土。

（3）测定指标及测定方法：土壤表层光谱特征（多光谱辐射计）；土壤质地（吸管法），湿度（烘干法），有机质（重铬酸钾容量法–外加热法）；pH（酸度计法）；EC（电导法），碱化度（计算法），CO_3^{2-}（电位滴定法），HCO_3^-（电位滴定法），Cl^-（硝酸银滴定法），SO_4^{2-}（EDTA 间接滴定法），K^+（火焰光度法），Na^+（火焰光度法），Ca^{2+}（EDTA 络合滴定法），Mg^{2+}（EDTA 络合滴定法）。

2.2.5.2　龟裂碱土上覆植被冠层光谱特征对土壤盐渍化程度的预测

（1）研究区：研究设在宁夏银北西大滩。

（2）研究对象：研究区内不同盐渍化程度的龟裂碱土上覆植被（向日葵）。

（3）测定指标及测定方法：土壤表层和植被光谱特征（多光谱辐射计）；

叶绿素（SPAD-502 叶绿素计），LAI（计算法）；土壤质地（吸管法），湿度（烘干法），有机质（重铬酸钾容量法-外加热法）；土壤 pH（酸度计法）；EC（电导法），碱化度（计算法），CO_3^{2-}（电位滴定法），HCO_3^-（电位滴定法），Cl^-（硝酸银滴定法），SO_4^{2-}（EDTA 间接滴定法），K^+（火焰光度法），Na^+（火焰光度法），Ca^{2+}（EDTA 络合滴定法），Mg^{2+}（EDTA 络合滴定法）。

(4)测定时期：在向日葵三对叶期、七对叶期、现蕾期、开花期和成熟期。同时采集标记植株下的表层土壤带回实验室测定土壤光谱特征及质地、湿度、pH、EC、ESP 和盐基离子。

2.2.5.3 土壤光谱特征的主要因素及土壤背景对上覆植被冠层光谱特征的影响

(1)研究对象：研究区内不同盐渍化程度的龟裂碱土；土壤背景处理后的上覆植被。

(2)测定指标及测定方法：土壤和植被光谱特征（多光谱辐射计）；土壤质地（吸管法），湿度（烘干法），有机质（重铬酸钾容量法-外加热法）；pH（酸度计法）；EC（电导法），碱化度（计算法），CO_3^{2-}（电位滴定法），HCO_3^-（电位滴定法），Cl^-（硝酸银滴定法），SO_4^{2-}（EDTA 间接滴定法），K^+（火焰光度法），Na^+（火焰光度法），Ca^{2+}（EDTA 络合滴定法），Mg^{2+}（EDTA 络合滴定法）。

2.2.6 光谱测量仪器

2.2.6.1 便携式光谱仪 GreenSeeker 简介

水稻冠层光谱采用美国 GreenSeeker 便携式光谱仪测定。具体仪器及水稻冠层光谱测定方法介绍见本章。

2.2.6.2 便携式光谱仪 Unispec-SC 简介

土壤表层和作物光谱采用美国产 Unispec-SC 型单通道便携式光谱仪进行测定，该光谱仪探测波段为 310~1130 nm，分辨率< 10 nm，绝对精度< 0.3 nm。测定时选取一块平坦且表观土壤属性均一的地块，于每个月中旬测定土壤表层光谱，全年测定 12 次，每次选取约 6 个点，每个点重复测量 10 次（光谱测定后标记该点），取平均值作为此次的光谱反射值。光谱仪探头设置在距离地面 1.0 m 处，视角为 8°。测量过程中，及时在每次观测前进行标准白板校正。野外光谱测量试时间为 10:00~14:00，测量期间天气状况良好，晴朗无云，风力较小，光谱仪采用垂直向下测量的方法，与多数传感器采集数据的方向一致。

2.2.7 土壤样品采集与处理

每个样点光谱测定结束后立即标记，然后取该点土壤作为样本，采集深度为 0~20 cm，全年共 72 个土样。室内风干后，剔出植物残茬、石粒、砖块等杂质，根据土壤盐渍化指标测定的粒径过筛，pH 采用酸度计法，碱化度采用火焰光度法进行测定。具体不同条件下（质地、水分、粒径等）土壤样品处理及光谱测定方法见具体章节。

2.2.8 光谱数据处理与方法

土壤光谱数据预处理：为消除高频噪声的影响，本研究采用何挺等 9 点加权移动平均法对高光谱反射率原始数据(r)进行平滑去噪处理（R）。

光谱曲线的平滑：由于光谱仪各波段间对能量响应上的差异，光谱曲线存在一些噪声，为得到平稳与概略的变化，需平滑波形，以去除信号内的少量噪声。实践表明，如果噪声的频率较高且量值不大，用平滑方法可在一定程度上降低噪声。常用的平滑方法有移动平均法、静态平均法、傅立叶级数近似等，本研究采用 9 点加权移动平均法对光谱曲线进行平滑去噪处理：光谱曲线给出了 N 个测定点的序列 $\{R_i, i = 1, 2, 3, \cdots, N\}$。此时，i 点的新值 Ri′用包括 i 点在内的 9 个点的加权平均值替代，称为平滑值。

$$Ri'=0.04R_i-4+0.08R_i-3+0.12R_i-2+0.16R_i-1+0.20R_i+0.16R_i+1+0.12R_i+2+0.08R_i+3+0.04R_i+4 \quad (1)$$

本研究除对平滑后的原始反射光谱数据分析外，还对平滑后反射光谱进行了以下 6 种变换：反射率的倒数（1/R）、反射率的导数（DR）、反射率的对数（LgR）、反射率的一阶微分（R）′、反射率对数的一阶微分（Lg）′和反射率倒数对数的一阶微分（Lg（1/R））′，并进行同步分析，以期构建对土壤盐碱程度反应更敏感的光谱参数。利用土壤反射光谱，通过 SAS 软件中全回归(total regression，TR）、逐步回归（stepwise regression，SR）和偏最小二乘回归（Partial least squares regression，PLSR）过程建模预测龟裂碱土碱化指标。

一阶微分光谱值的计算公式如下：

$$R'(\lambda)=[R(\lambda_{i+1})-R(\lambda_{i-1})]/(\lambda_{i+1}-\lambda_{i-1}) \quad (2)$$

式中：λ_{i-1} 和 λ_{i+1} 分别为波段 i−1 和波段 i+1 的中心波长；R（λ_{i-1}）和 R（λ_{i+1}）分别为波段 i−1 和波段 i+1 的反射光谱值，R′（λ_i）为波段 i 反射光谱的一阶微分光谱值。

3　基于冠层反射光谱的作物氮素营养和叶绿素诊断

世界粮农组织的 Louise（2003）指出：目前，每年全球作物产出所摄取的养分 43%归功于化肥，今后可能会达到 84%。氮肥是全世界施用量最大的一类化肥，但同时也是推荐施肥中最难于准确定量的一种肥料。主要原因之一是缺乏能够准确、迅速、经济地判断作物氮营养状况及确定氮肥需要量的测试方法。长期以来，作物的氮营养诊断和氮肥的推荐施肥都是以实验室常规测试为基础，而传统的测试手段在取样、测定、数据分析等方面需要耗费大量的人力、物力，且时效性差，不利于推广应用。在这一背景下，近年来无损测试技术在作物氮营养诊断及氮肥推荐中得到了广泛的关注，被认为是极有发展前途的作物营养诊断技术，在研究和实际应用中都已取得了很大的进展。

植株全氮含量可以直接反映作物氮素营养，与作物产量也有很好的相关性，所以是最好、最直接的诊断指标。硝态氮是植物最主要的氮源，植物体内硝态氮含量往往能反映土壤中氮肥供应情况。本文就作物全氮含量、硝态氮含量与单波段反射率及常见植被指数的相关性作了较详细的分析。

绿色植物光合作用是地球上唯一的大规模将无机物转变为有机物、将光能转化为化学能的过程。光能的吸收、CO_2 的固定和还原、同化产物淀粉的合成以及 O_2 的释放等，都是在叶绿体中进行的。高等植物的光合色素包括叶绿素（叶绿素 a、叶绿素 b）和类胡萝卜素。缺氮时，蛋白质、核酸、磷脂等合成受阻，植株生长矮小，叶绿素合成受到影响，叶片变黄，导致产量降低；氮过多时，植株徒长，茎秆中的机械组织不发达，易倒伏和被病虫害侵害。所以，作物氮素的丰缺可以间接反映到叶片色素上。反之，从叶绿素的含量也可以看出作物氮素水平。

3.1 作物地上部分氮素含量和叶片色素含量的变化

3.1.1 作物全氮含量在各生育期的变化

图 3-1 为冬小麦和夏玉米地上部分植株在典型生育期和收获后秸秆含氮量的变化。从分蘖期到乳熟期，冬小麦地上部分全氮呈下降趋势（分蘖期为 45 g kg^{-1}，乳熟期下降到 15 g kg^{-1}），这是由于随着作物的生长，其细胞壁增厚而细胞质减少的原因（Simnoe & Wilhelm，2003）。相同时期全氮含量随施氮量的增加而升高，到施氮量为 300 kg hm^{-2}（一次性施入）时却有所下降。分蘖期各施氮处理含氮量差异不显著，返青期到孕穗期差异逐渐增大，但到抽穗期以后，差异又开始缩小，但各处理都与对照呈显著性差异。这说明作物全氮含量并非随着施氮量的增加而直线上升，当施氮量增加到一定量后，继续增施氮肥不仅增大农业投入，还无法保证产量，甚至会导致环境恶化。

夏玉米植株全氮含量的变化趋势与冬小麦相同（图 3-1），只是不同施氮量处理相差较小，所以各小区间全氮含量差异更小。两种作物在相对应的生育期夏玉米的含氮量略低。

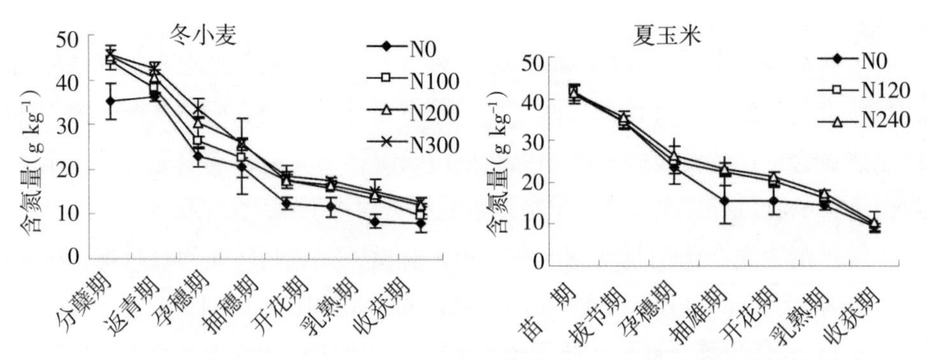

图 3-1　不同生育期、不同氮肥处理冬小麦和夏玉米含氮量变化（线段表示均方根差）

两种作物含氮量与施氮量间呈良好的相关性，冬小麦从分蘖期到收获期，平均相关系数高达 0.8187，夏玉米的也呈极显著相关（相关系数 0.7880）。

3.1.2 作物硝态氮含量变化及其与全氮含量之间的相关性

作物硝态氮的含量在很大程度上可以反映作物吸收氮素和土壤供氮情况。因为植株茎基部硝酸盐含量能反映土壤供应氮素状况和植株氮素营养状况，当土壤氮素过量供应时，植株过量吸收的氮素以硝酸盐的形式积累在体内，没被植物利用。从图 3–2 和图 3–3 可以看出，两种作物硝态氮含量随生育期的推移逐渐减小。冬小麦在整个生育期硝态氮含量与全氮含量都呈极显著相关，只是返青期和乳熟期相关系数略差。夏玉米硝态氮含量低于冬小麦，与

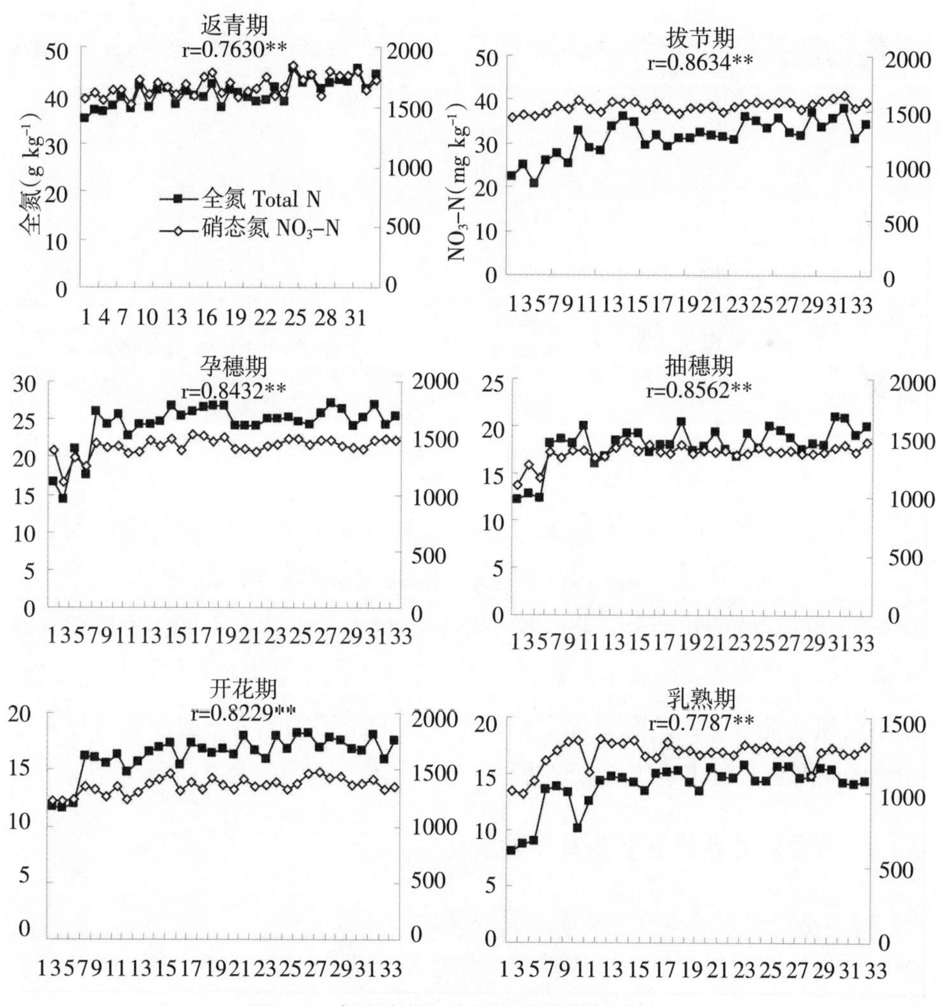

图 3–2 冬小麦全氮与硝态氮含量情况

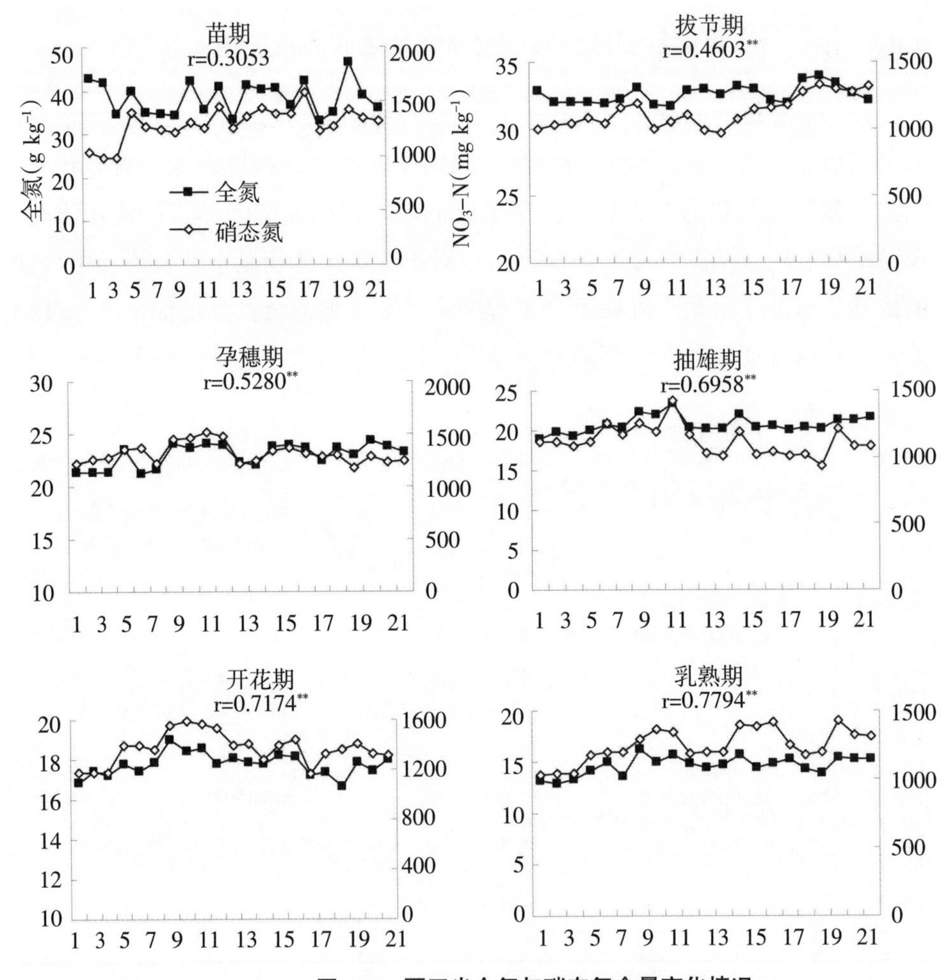

图 3-3 夏玉米全氮与硝态氮含量变化情况

其全氮含量在苗期相关性不强，拔节期和孕穗期达到显著水平，抽雄期到乳熟期达极显著相关。但相关系数普遍小于冬小麦两个氮素指标间的相关系数。冬小麦和夏玉米植株硝态氮含量与全氮含量的密切关系为一些学者通过测定作物的硝态氮含量来确定施氮量提供了有力依据。

3.1.3 作物叶片色素在各生育期的变化

3.1.3.1 冬小麦和夏玉米叶绿素含量的变化

从分蘖期到乳熟期，叶绿素与类胡萝卜素之间存在良好的相关性，其变化趋势一致，与前人的研究结果相似（Sims & Gamon et al.，2002；赵德华和李建龙，2004）。从图 3-4 可以看出，从分蘖期到孕穗期，冬小麦叶片叶绿素 a、总叶绿素和类胡萝卜素的含量都有较大幅度的增加，从抽穗期到乳熟期基本持平或开始下降。因为从孕穗期开始，作物逐渐进入生殖生长时期，虽然叶面积有所增加，但叶片开始快速向穗部转移营养物质，使得作物本身营养出现暂时亏损，影响了叶绿素和类胡萝卜素的合成。齐穗后，营养物质转移减慢，叶片光合作用恢复，叶片叶绿素、类胡萝卜素含量稳定。但是到了开花期和乳熟期，叶片开始衰老，尤其是到了乳熟期，穗开始逐渐变黄，叶片衰老，营养转移和叶片纤维化，使得叶绿素、类胡萝卜素逐渐降低。特别是对照处理 N0，抽穗期叶绿素 a、总叶绿素和类胡萝卜素含量最低，孕穗期过后都开始明显下降，叶绿素 b 从抽穗期到开花期基本保持稳定，但到乳熟期急剧下降，这都是由于营养不足造成作物的早衰现象。在相同生育期内，一般是施肥量大的处理色素含量较高，N0 中各色素含量都为最低，尤其是中后期，与其他施肥处理差异更大。施肥处理间叶绿素 a 和总叶绿素含量差异很小，说明虽然施肥量相差很大，但土壤本身肥力较高，施用的肥料过多并没有全部被作物吸收，而是残留在土壤或挥发到空气中，对环境造成了不良影响。

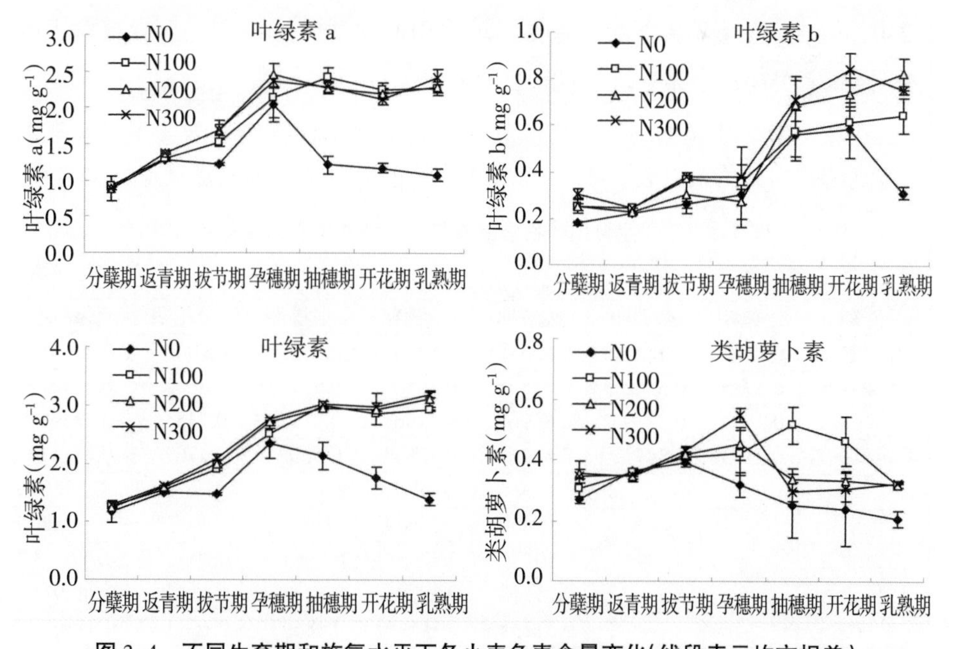

图 3-4 不同生育期和施氮水平下冬小麦色素含量变化（线段表示均方根差）

图 3-5 是第一季夏玉米叶绿素与类胡萝卜素的变化情况，与冬小麦基本

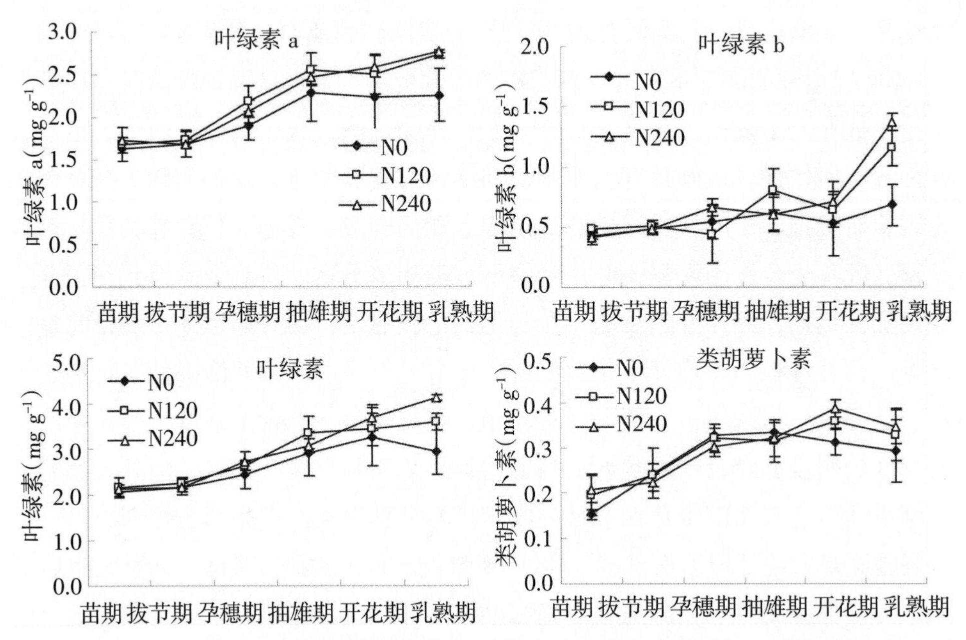

图 3-5　不同生育期和施氮水平下夏玉米色素含量变化(线段表示均方根差)

相似，不同的是到乳熟期 N120 和 N240 的叶绿素仍然有所上升，尤其是 N240，但 N0 已经开始下降，施氮量较多引起作物延迟衰老甚至导致贪青晚熟。夏玉米类胡萝卜素在乳熟期都已经降低。

计算冬小麦和夏玉米各处理叶片在各个生育期叶绿素和类胡萝卜素含量与施氮量的相关关系（表 3-1），发现叶片的色素含量与施氮量呈正相关关系，

表 3-1　不同生育期作物施氮量与叶片色素含量的相关系数

冬小麦							
色素	分蘖期	返青期	拔节期	孕穗期	抽穗期	开花期	乳熟期
叶绿素 a	0.1377	0.7864**	0.8563**	0.6393**	0.6153**	0.7000**	0.7760**
叶绿素 b	0.3915*	0.5862**	0.4589**	0.3626	0.5211**	0.8642**	0.7730**
叶绿素	0.2709	0.8239**	0.8696**	0.7796**	0.7112**	0.7451**	0.7879**
类胡萝卜素	0.2593	0.3473	0.5436**	0.4253*	0.5008**	0.4767**	0.7111**
夏玉米							
色素	–	苗期	拔节期	孕穗期	抽雄期	开花期	乳熟期
叶绿素 a	–	–	0.5013**	0.7760**	0.5761**	0.3998*	0.7563**
叶绿素 b	–	–	0.1512	0.3572	0.1233	0.4336*	0.8879**
叶绿素	–	–	0.5723**	0.7475**	0.3849*	0.1633	0.8536**
类胡萝卜素	–	–	0.0104	0.6880**	0.5600*	0.8374**	0.8020**

注:** 表示 0.01 的显著水平;* 表示 0.05 的显著水平。

尤其是叶绿素，从返青期到乳熟期，与施氮量呈极显著相关，与前人研究结果一致(唐延林，2003)，类胡萝卜素相关性差一些，但到中后期也达极显著水平。除了乳熟期外，夏玉米的叶片色素与施氮量相关系数普遍小于冬小麦。

对不同氮素水平下不同生育期冬小麦的叶片色素含量差异（施氮处理与对照处理之差）进行双尾 t 检验也发现氮肥对色素的增加有积极的作用（表3–2），

表 3–2　孕穗期不同氮素水平下冬小麦叶片色素含量差异(x_n–x_0)双尾 t检验

色素	生育期	平均值	标准差	标准误	双尾 t 值	概率值
叶绿素 a	分蘖期	0.0424	0.0334	0.0106	4.02	0.0030
	返青期	0.0747	0.0227	0.0072	10.42	<.0001
	拔节期	0.4674	0.0858	0.0271	17.23	<.0001
	孕穗期	0.2243	0.0911	0.0288	7.79	<.0001
	抽穗期	1.1331	0.0799	0.0253	44.83	<.0001
	开花期	1.1166	0.0763	0.0241	46.27	<.0001
	乳熟期	1.2861	0.0972	0.0293	43.88	<.0001
叶绿素 b	分蘖期	0.0685	0.0316	0.0100	6.85	<.0001
	返青期	0.0231	0.0071	0.0022	10.33	<.0001
	拔节期	0.0999	0.0461	0.0146	6.85	<.0001
	孕穗期	0.1248	0.0715	0.0226	5.52	0.0004
	抽穗期	0.2358	0.0851	0.0269	8.76	<.0001
	开花期	0.2411	0.0407	0.0129	18.74	<.0001
	乳熟期	0.4740	0.0682	0.0216	21.99	<.0001
叶绿素	分蘖期	0.1110	0.0314	0.0099	11.19	<.0001
	返青期	0.0978	0.0229	0.0072	13.53	<.0001
	拔节期	0.5673	0.0829	0.0262	21.63	<.0001
	孕穗期	0.3490	0.0731	0.0231	15.09	<.0001
	抽穗期	0.8689	0.0570	0.0180	48.24	<.0001
	开花期	1.3054	0.0927	0.0293	44.55	<.0001
	乳熟期	1.7601	0.1426	0.0451	39.05	<.0001
类胡萝卜素	分蘖期	0.0434	0.0300	0.0095	4.58	0.0013
	返青期	0.0086	0.0094	0.0030	2.90	0.0176
	拔节期	0.0478	0.0333	0.0105	4.53	0.0014
	孕穗期	0.0847	0.0617	0.0195	4.43	0.0019
	抽穗期	0.1427	0.0665	0.0210	6.79	<.0001
	开花期	0.1388	0.0265	0.0084	16.59	<.0001
	乳熟期	0.1317	0.0200	0.0063	20.82	<.0001

施氮量不同色素增加的程度不同，叶绿素增量差异大都呈极显著相关，类胡萝卜素增量差异相对较小，只是在生长中后期差异显著。

3.1.3.2　夏玉米叶片叶绿素值的变化及其与叶片色素含量的相关性

叶绿素吸收峰是蓝光和红光区域，在绿光区域是吸收低谷，并且在近红外区域几乎没有吸收，基于此，选择红光和近红外区域测量叶绿素。SPAD是由发光二极管发射红光（峰值波长大约650 nm）和近红外（峰值大约在940 nm）。透过样本叶的发射光达到接收器，将透射光转化成为相似的电信号，经过放大器的放大，然后通过A/D转换器转换为数字信号，微处理器利用这些数字信号计算SPAD值，显示并自动存储。利用叶绿素计和利用遥感技术估测氮素含量的原理不同，但两者之间有很大的相似性：叶绿素计利用的是叶片透射光谱，而遥感技术利用的是植物（包括叶片和群体）的反射光谱，当叶绿素含量增加时，对可见光区的光谱吸收增强，从而引起透射光和反射光强度的下降。这是利用叶绿素与氮素间相关性估测作物氮素营养叶绿素计的主要工作原理。由此也可以推断叶片的叶绿素计的读数和叶片的光谱反射率之间必定存在良好的相关性（李志宏等，2006）。叶绿素值在夏玉米六个生育期变化趋势与叶绿素含量基本相同（图3–6）。

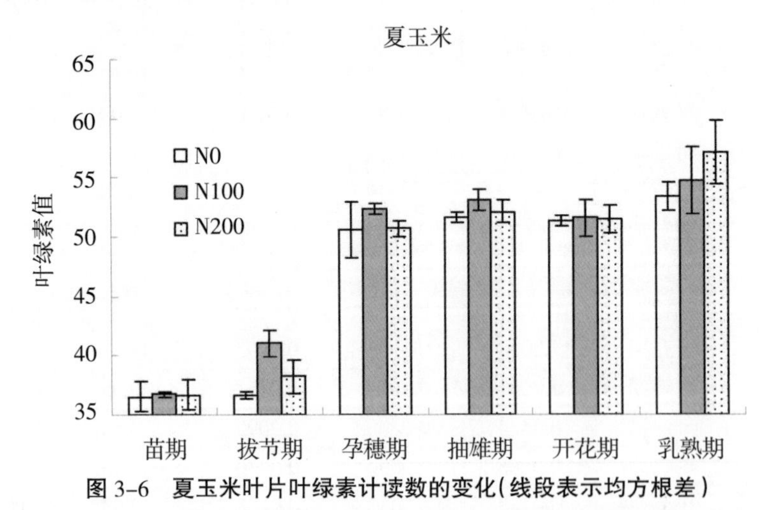

图3–6　夏玉米叶片叶绿素计读数的变化(线段表示均方根差)

表3–3为使用叶绿素计测定的夏玉米叶片叶绿素读数与采用化学方法测得的各色素含量的相关情况。在乳熟期，叶绿素值与叶绿素a关系不显著，其他时期均为极显著相关，与叶绿素b在抽雄期和乳熟期极显著相关，苗期和开花期未达到显著水平，与类胡萝卜素相关性相对较差。整体来看，叶绿

素值与叶绿素含量皆呈极显著相关关系，所以叶绿素计能够较准确地反映作物的叶绿素含量，进而可以表征作物的氮素水平。

表 3–3　夏玉米叶片叶绿素值与各色素的相关关系

生育期	叶绿素 a	叶绿素 b	类胡萝卜素	叶绿素
苗　期	**	ns	*	**
拔节期	**	*	*	**
孕穗期	**	*	ns	**
抽雄期	**	**	*	**
开花期	**	ns	**	**
乳熟期	ns	**	ns	**

注:** 表示 0.01 的显著水平;* 表示 0.05 的显著水平;ns 表示不显著。

3.1.4　作物全氮含量与叶片色素之间的相关性

通过分析植株全氮含量与叶片叶绿素、类胡萝卜素含量之间的相关性可以看出（表 3–4），冬小麦除了分蘖期外，其他时期各色素含量与含氮量都呈显著或极显著相关。相对而言，含氮量与类胡萝卜素的相关性较差，但到中后期也达到显著程度。夏玉米植株含氮量与叶片色素间的关系也较密切，只是相关性比冬小麦差一些。不同生育期冬小麦全氮与叶绿素含量的线性关系也表明 r 均达极显著水平，且有随着生育期的推移，相关系数有逐渐增大的

表 3–4　各生育期作物全氮含量与叶片色素含量的相关性

冬小麦							
色素	分蘖期	返青期	拔节期	孕穗期	抽穗期	开花期	乳熟期
叶绿素 a	0.1137	0.7710**	0.8305**	0.5229**	0.8597**	0.8606**	0.9161**
叶绿素 b	0.4166*	0.3971*	0.4221*	0.5316**	0.5728**	0.6347**	0.8136**
叶绿素	0.2339	0.3513*	0.4544**	0.4137*	0.3668*	0.5630**	0.7471**
类胡萝卜素	0.2384	0.5683**	0.5789**	0.7061**	0.5092**	0.7583**	0.7160**
夏玉米							
色素	–	苗期	拔节期	孕穗期	抽雄期	开花期	乳熟期
叶绿素 a	–	0.2685	0.5334**	0.7258**	0.6480**	0.7174**	0.9320**
叶绿素 b	–	0.1563	0.1944	0.4082*	0.4023*	0.4602*	0.9506**
叶绿素	–	–0.1622	0.2834	0.5265**	0.5394**	0.6758**	0.8288**
类胡萝卜素	–	0.2587	0.4918**	0.8217**	0.5747**	0.6492**	0.9676**

注:冬小麦:n=33,$r_{0.05}$=0.3494;$r_{0.01}$=0.4487　　夏玉米:n=21,$r_{0.05}$=0.4329;$r_{0.01}$=0.5487

趋势，这也充分说明通过色素（尤其是叶绿素）含量可以反映作物的氮素丰缺程度。

植被反射率的大小在可见光范围内是由叶绿素和类胡萝卜素含量决定，在近红外区域则主要是由细胞结构、株型结构、冠层结构、LAI、生物量、蛋白质、纤维素和含水率等因素决定的（Benedict & Swidler，1961；Thomas & Oerther，1972；Kumar & Silva，1973；唐延林，2004），色素与含氮量的密切关系为利用遥感技术通过测定冠层光谱来估测作物氮素水平提供了有力依据。

3.2 氮素胁迫下作物冠层光谱特征曲线

3.2.1 不同生育期不同氮素水平下冬小麦光谱特征曲线

植物在生长发育的不同阶段，其内部成分、结构和外部形态特征等，都会存在一系列周期性的变化。这种植物的周期性变化使得从植物细胞的微观到植物群体的宏观结构上均有表现，这种变化必然导致单个植物或植物群体物理光学特性的周期性变化，也就是植物对各电磁波谱的辐射和反射特性。冬小麦的反射光谱特征，在整个生育期差异很大。作物的反射光谱曲线的显著特征是（图 3-7）：在可见光范围内（450~710 nm 波段），具有较小的反射率值，有一个反射峰和一个吸收谷，即 560 nm 左右的绿光波段和 660 nm 左右的红光波段。这是因为叶绿素在可见光区有很强的吸收能力，主要吸收蓝光和红光；在近红外区（760~1300 nm）呈强烈反射，因为叶肉海绵组织结构内有很多具有大反射表面的空腔，且细胞内的叶绿素成水溶胶状态，辐射能量大都被散射掉，高反射率表现在反射曲线从 760 nm 附近反射率迅速增大，至 1100 nm 附近有一峰值，形成植被的独有特征。1350~1500 nm 波段是水分吸收带。因此，绿色、红色和近红外波段的反差是对植物量很敏感的度量。

从图 3-7 不施氮处理 N0 和正常施氮处理 N200 冬小麦冠层反射率从分蘖期到乳熟期的变化特征曲线可以看出，冬小麦在分蘖期由于叶面积很小，叶绿素含量也很低，受到土壤背景噪音的很大影响，冠层反射率在可见光560 nm 波段没有明显反射峰，在近红外区域反射率也较低（小于 23%），近红外区域和可见光区域反射率差异相对较小，最大只有约10%，不同施氮水平下，反射

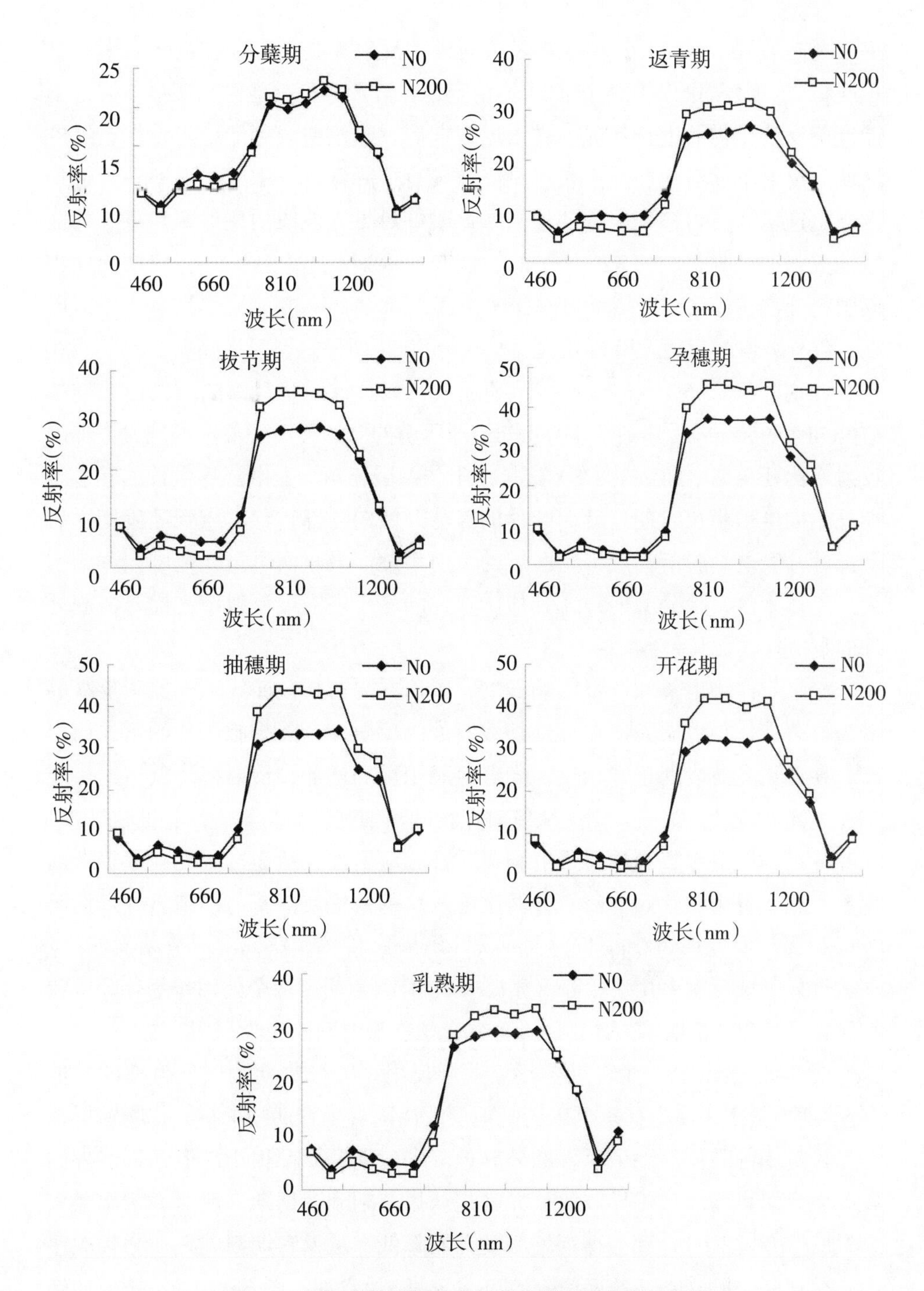

图 3-7 不同生育期冬小麦冠层光谱特征曲线的变化

率相差也很小，N200 在近红外区域的最大反射率比 N0 的最大反射率只高 1.09%。该生育期的冠层光谱曲线不稳定，在波形上与其他时期明显不同，不能准确反映作物的生长状况。进入返青期后，光谱曲线逐渐稳定，在近红外区域的反射率逐渐增加，而在可见光波段有所降低。孕穗期反射率在近红外区域迅速增大，为整个生育期最高，该时期可见光波段的反射率和近红外区域的反射率差异最大（N200 增加了 9.87%，N0 增加了 5.65%）。到抽穗期相同肥料处理在近红外区域反射率比孕穗期下降了 2%~3%。乳熟期冬小麦冠层在近红外波段的反射率降幅较大，N200 比开花期最高反射率降低 8.23%，N0 比开花期降低 2.85%，整体比拔节期还低，而且反射率最高的波段由前期的 870 nm 和 950 nm 后移到了 1100 nm，即所谓的“红移”现象。可见光范围内反射率比开花期增加 2%~3%。这是由于孕穗后，冬小麦由营养生长的旺盛时期开始向生殖生长时期过渡，叶片的养分开始向穗部转移，直到灌浆期之后下部叶片衰老、脱落，近红外区域的反射率逐渐减小而可见光范围内逐渐增大。整体来讲，除分蘖期外，其他生育期的冬小麦冠层反射率光谱对氮肥处理的响应模式极其一致。

氮素对作物生长和产量影响最大，因而在光谱特征曲线上，氮素反映的最为显著。作物冠层光谱在近红外波段处的反射率，随氮肥用量的增加而提高，在可见光波段处正好相反，随着氮肥用量的增加，反射率降低，这一现象在绿光波段最为突出。因为缺氮时作物叶片细胞较小，其胞间界面也较多，在叶片内的反射次数增加，透射和吸收都相应增加，从而造成反射率较低的现象。施氮量为 300 kg hm^{-2}（分两次施入）的处理反射率与不施氮处理情况正好相反，而处理 300 kg hm^{-2}（一次性施入）和 200 kg hm^{-2}（分两次施入）在近红外区域反射率几乎相等（数据未列出），说明这两个处理作物叶绿素和全氮含量相当，证明了一次性施入作物无法在短时间内吸收利用。

图 3-8a 表示七个生育期冬小麦冠层反射率与分蘖期冠层反射率的差值（分蘖期差值定为横坐标）可以清楚地反映出随着生育期的推移，作物冠层在可见光范围内降低值除了返青期外其他五个时期差异都很小，但在近红外波段区域反射率增加量差异较大，尤其是从拔节期到孕穗期，反射率增幅最大（增加了 10%以上），到抽穗期增幅就开始降低，从返青期到乳熟期增幅顺序为：孕穗期>抽穗期>开花期>拔节期>乳熟期>返青期。图 3-8b 表示拔节期施氮处理（图中氮肥均为分两次施入）反射率参照 N0 的变化量。不同施氮量对

可见光波段的反映比不同生育期的强烈，其反射率差异较大。冬小麦冠层反射率在可见光波段减少顺序为：(N100–N0)>(N200–N100)>(N300–N200)，而在近红外区域增加顺序为：(N200–N100)>(N100–N0)>(N300–N200)，这说明作物含氮量的增量与施氮量并不成正比，当施氮量增加到一定程度后，再继续增施肥料，增产效果就不再明显。

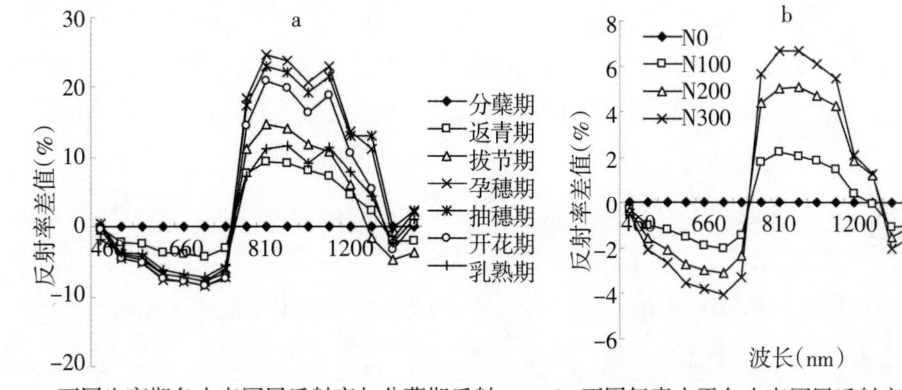

a. 不同生育期冬小麦冠层反射率与分蘖期反射率差值图

b. 不同氮素水平冬小麦冠层反射率与不施氮处理反射率差值图

图 3-8

3.2.2 不同生育期不同氮素水平下夏玉米光谱特征曲线

夏玉米在不同生育期和不同施氮条件下的光谱特征曲线与冬小麦很相似(图 3-9a、b)。不同施氮量之间的光谱变化主要体现在吸收峰、反射峰和反射率平台的强度差别上。孕穗期反射率在近红外区域与可见光范围相差最大，抽雄期次之，苗期差异最小；随着施氮量的增加，近红外区域反射率增大，

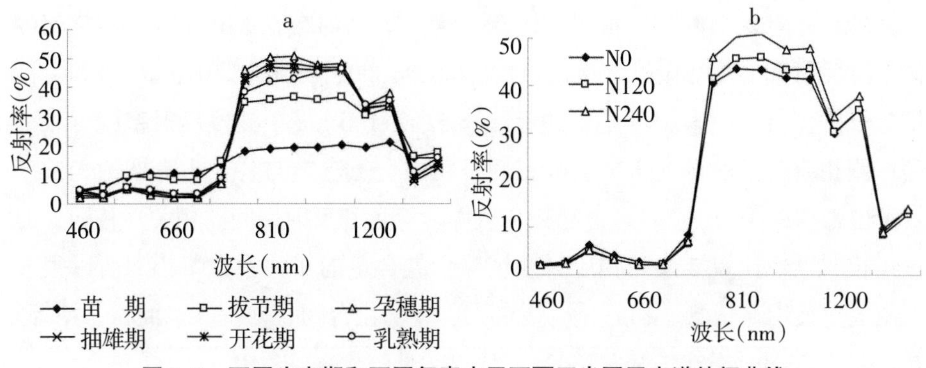

图 3-9 不同生育期和不同氮素水平下夏玉米冠层光谱特征曲线

可见光反射率减小。但是，夏玉米孕穗期在近红外波段的最大反射率比冬小麦孕穗期近红外最大反射率高 5.40%，在可见光低 0.33%，乳熟期夏玉米在近红外的反射率差异（7.71%）也比冬小麦大（4.98%），作物反射率是反映作物叶绿素、冠层结构、光合能力的有效指标，所以这都是收获后玉米产量比小麦高的证据之一。

通过计算发现，不同氮素水平下夏玉米冠层吸收峰和反射峰的位置差异不及冬小麦大。在整个波段范围内，夏玉米叶片光谱反射率对养分胁迫不够敏感，究其原因，主要是因为研究各小区底肥较足，如果不施氮肥，也并没有造成氮素极度胁迫；玉米各处理施氮量相差较小（第一季为 40 kg hm^{-2}）。另外，玉米光谱测定时测 9 个点，即 9 株玉米（测定时探头对准每株的正上方），然后标记其中的 3 株破坏性取样测定全氮叶绿素等农学参量，而小麦光谱测定时探头每次对准的是很多株小麦，破坏性取样也是取 20×20 cm^2，所以冬小麦的各指标测定更具有代表性。

3.3 从作物光谱中提取作物含氮量和叶绿素含量的可行性分析

3.3.1 氮素和叶绿素敏感波段的确定

3.3.1.1 单波段反射率与植株全氮含量的关系

作物冠层光谱特征是其各项农学参数的综合反映。对全生育期所有单波段与植株全氮含量的相关分析表明，全氮含量与可见光范围（510~710 nm）和近红外区域中 1500 nm 和 1650 nm 呈负相关关系，与近红外波段中 760~1300 nm 呈正相关（图 3-10 所示）。分蘖期全氮含量与各单波段反射率相关性都较差，但在 510~710 nm 也达显著相关，其他时期在 510~1100 nm 之间的各波段反射率与其都极显著相关，在 1200、1300、1500 和 1650 nm 处相关性相对较差。所以，采用可见光到近红外 510~1100 nm 单波段反射率就可以准确估测相应时期的氮素水平。收获后籽粒的全氮含量与各个生育期的光谱反射率也密切相关（图 3-11），趋势与植株含氮量和反射率间的相关性相同，但总体相关系数比单波段与相应时期植株全氮含量的相关系数略小。所以很多人用遥感技术来估测作物品质（蛋白质、碳水化合物、氨基酸、淀粉、糖等）（Curran，2001；王纪华等，2002）。

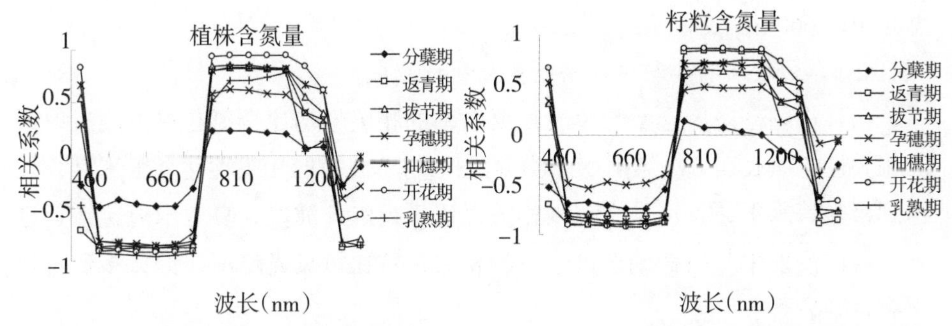

图 3–10 冬小麦不同生育期冠层单波段反射率与植株全氮含量的相关性

图 3–11 冬小麦不同生育期冠层单波段反射率与籽粒全氮含量的相关性

表 3–5 是第一季和第二季夏玉米全氮含量与冠层单波段反射率的相关性以及反射率的均方根差（RMSE）。各单波段与全氮含量的相关性规律与冬小麦类似，但相关系数远不如冬小麦的大。总体上近红外波段的关系比可见光好；近红外中三个波段与全氮的相关性相差较小，但以 760 nm 波段略好；可

表 3–5 夏玉米全氮含量与单波段反射率的相关性

生育期	波长(nm)											
	510		560		660		760		870		1100	
	r	RMSE	r	RMSE	r	RMSE	r	RMSE	r	RMSE	r	RMSE
第一季												
1	−0.07	0.04	−0.09	0.06	−0.16	0.08	0.00	0.11	0.02	0.12	−0.09	0.16
2	−0.25	0.05	−0.17	0.09	−0.36	0.12	0.56	0.23	0.49	0.25	0.47	0.22
3	−0.32	0.06	−0.40	0.13	−0.62	0.05	0.67	0.63	0.58	0.75	0.53	0.57
4	−0.14	0.08	−0.04	0.16	−0.26	0.06	0.50	0.79	0.52	0.87	0.55	0.72
5	−0.01	0.07	0.01	0.12	−0.45	0.08	0.29	0.54	0.30	0.64	0.26	0.56
6	−0.44	0.05	−0.55	0.10	−0.65	0.09	0.62	0.59	0.67	0.76	0.60	0.77
第二季												
1	−0.33	0.05	−0.35	0.07	−0.29	0.13	−0.14	0.27	−0.14	0.29	−0.15	0.28
2	−0.31	0.13	−0.38	0.17	−0.33	0.25	0.44	0.42	0.43	0.50	0.44	0.41
3	−0.36	0.04	−0.22	0.06	−0.70	0.04	0.66	0.69	0.63	0.82	0.70	0.72
4	−0.39	0.07	−0.31	0.14	−0.78	0.06	0.27	0.68	0.29	0.78	0.52	0.67
5	−0.25	0.05	−0.13	0.09	−0.45	0.07	0.45	0.46	0.38	0.46	0.35	0.47
6	−0.46	0.07	−0.43	0.11	−0.70	0.10	0.43	0.65	0.42	0.80	0.39	0.76

注：生育期 1~6 分别指：苗期、拔节期、孕穗期、抽雄期、开花期和灌浆期。

第一季夏玉米：$r_{0.05}$=0.374，$r_{0.01}$=0.478；第二季夏玉米：$r_{0.05}$=0.433，$r_{0.01}$=0.54。

见光中以 660 nm 较好。

3.3.1.2　单波段反射率与植株硝态氮含量的关系

两种作物硝态氮含量与单波段反射率的相关性均比全氮与单波段反射率的相关性差（表 3–6）。冬小麦植株硝态氮与单波段的相关性比夏玉米好，均达到极显著水平，且可见光范围相关性优于近红外波段；夏玉米冠层在近红外波段的反射率与植株硝态氮含量的相关系数比可见光略高，但大多数仍然没有达到显著水平。

表 3–6　作物植株硝态氮含量与单波段反射率的相关性

生育期	波长(nm)											
	510		560		660		760		870		1100	
	r	RMSE	r	RMSE	r	RMSE	r	RMSE	r	RMSE	r	RMSE
冬小麦												
1	–0.60	0.13	–0.62	0.16	–0.59	0.23	0.57	0.33	0.59	0.39	0.56	0.32
2	–0.75	0.09	–0.74	0.13	–0.75	0.17	0.71	0.54	0.72	0.70	0.70	0.58
3	–0.72	0.06	–0.72	0.11	–0.74	0.11	0.52	0.53	0.55	0.71	0.52	0.67
4	–0.77	0.06	–0.80	0.10	–0.85	0.11	0.77	0.54	0.77	0.73	0.75	0.67
5	–0.74	0.05	–0.77	0.09	–0.74	0.09	0.80	0.43	0.83	0.63	0.83	0.56
6	–0.70	0.11	–0.74	0.20	–0.77	0.16	0.66	0.21	0.78	0.36	0.71	0.35
夏玉米												
1	–0.39	0.05	–0.22	0.07	–0.40	0.13	0.48	0.27	0.48	0.29	0.49	0.28
2	–0.58	0.13	–0.61	0.17	–0.51	0.25	0.26	0.42	0.27	0.50	0.23	0.41
3	–0.48	0.04	–0.44	0.06	–0.68	0.04	0.44	0.69	0.48	0.82	0.52	0.72
4	–0.51	0.07	–0.50	0.14	–0.54	0.06	0.12	0.68	0.26	0.78	0.42	0.67
5	–0.54	0.05	–0.43	0.09	–0.66	0.07	0.20	0.46	0.32	0.46	0.36	0.47
6	–0.11	0.07	–0.07	0.11	–0.36	0.10	0.62	0.65	0.61	0.80	0.60	0.76

注：冬小麦生育期 1~6 分别指：返青期、拔节期、孕穗期、抽穗期、开花期和灌浆期。

夏玉米生育期 1~6 分别指：苗期、拔节期、孕穗期、抽雄期、开花期和灌浆期。

冬小麦：$r_{0.05}$=0.349，$r_{0.01}$=0.449；夏玉米：$r_{0.05}$=0.433，$r_{0.01}$=0.549。

3.3.1.3　单波段反射率与叶片色素含量的关系

对全生育期所有单波段与叶片各色素的相关分析表明，叶绿素和类胡萝卜素含量与可见光范围（510~710 nm）和近红外区域中 1500 nm 和 1600 nm 呈负相关关系，与近红外波段中 760~1300 nm 呈正相关，表 3–7 是选择了冬小麦冠层在可见光范围内和近红外区域单波段反射率与各色素含量相关性最好的一组波段与其相关系数。从表中可以看出，分蘖期冠层反射率与各个色

表 3–7　冬小麦冠层在可见光和近红外单波段反射率与叶片色素含量的相关性

色素	波段（nm）	相关系数	波段（nm）	相关系数	色素	波段（nm）	相关系数	波段（nm）	相关系数
叶绿素 a	680	–0.13	760	0.33	叶绿素 b	510	–0.28	810	0.17
	610	–0.90	870	0.84		560	–0.24	1300	0.45
	1500	–0.80	810	0.64		680	–0.30	760	0.33
	560	–0.55	810	0.47		680	–0.41	810	0.20
	560	–0.87	810	0.71		660	–0.59	950	0.38
	660	–0.94	760	0.88		660	–0.70	1300	0.31
	660	–0.90	950	0.74		560	–0.81	1100	0.61
叶绿素	680	–0.44	810	0.29	类胡萝卜素	1650	–0.08	1300	0.23
	560	–0.90	870	0.88		660	–0.39	810	0.42
	560	–0.93	760	0.80		560	–0.51	760	0.40
	560	–0.86	810	0.66		470	0.36	950	0.52
	660	–0.92	870	0.76		710	–0.40	1300	0.46
	660	–0.94	760	0.88		510	0.45	760	0.57
	660	–0.92	1100	0.75		560	–0.72	1100	0.63

素含量相关性都较差，其他时期则较好。在各可见光波段反射率中，560、660、680 nm 与色素含量关系较密切；近红外区域则以 760、810、870、1100、1300 nm 为好。植物体中的叶绿素有 a、b、c、d 4 种形态，但从数量和作用上看，主要是叶绿素 a 和叶绿素 b 对植物的反射光谱曲线影响较大。在叶绿体中，叶绿素 a 具有 4 个以上的吸收峰（主要在 670、680、695 和 700 nm 处），叶绿素 b 仅在 650 nm 波长附近有一个吸收峰。通常在植物体中叶绿素 a 的含量 3 倍于叶绿素 b 的含量，故叶绿素 a 对植物反射光谱曲线的影响尤为明显。因此，叶绿素 b 和类胡萝卜素与反射率相关性低于叶绿素 a 和总叶绿素与反射率的相关性，但绝大多数也都呈显著相关。425~490 nm 附近是类胡萝卜素的强吸收带，但是由于类胡萝卜素含量很低，所以在光谱特征上并不能很好地表现出来，故 460 nm 波段反射率与色素含量的相关性相对较差。

图 3–12 为各单波段与叶绿素含量的相关关系图，可以看出，分蘖期各波段反射率与叶绿素相关性都不高，从返青期到乳熟期，从 510 nm 到 1100 nm 反射率与叶绿素都显著相关，可见光的相关性在后六个时期差异非常小，但相关系数高于近红外波段。近红外波段后六个生育期反射率与叶绿素相关性有一定差异，抽穗期和灌浆期略低。所以，除分蘖期外，其他时期采用冠层

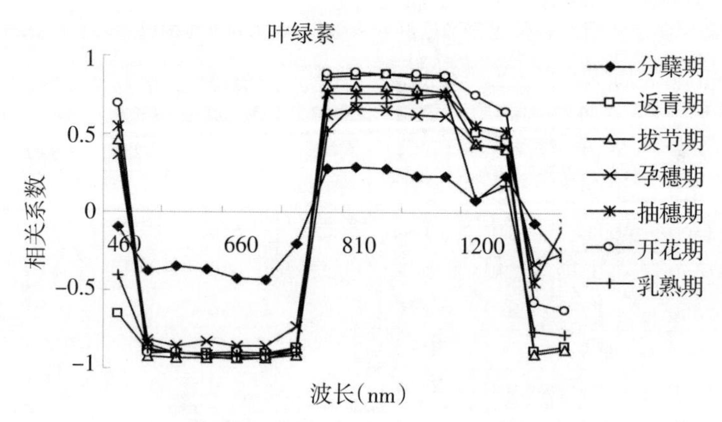

图 3-12　冬小麦冠层单波段反射率与叶片叶绿素含量的相关性

在可见光和近红外波段的反射率都可以准确反映冬小麦的叶绿素状况。夏玉米冠层在可见光和近红外的单波段反射率与叶片色素含量以及叶绿素值的相关趋势与冬小麦相同，但是相关系数普遍不及冬小麦大，尤其是抽雄期和开花期一般相关性都不显著。

3.3.1.4　单波段反射率与叶绿素值的关系

夏玉米叶片叶绿素值与可见光单波段反射率关系在生长前期较与近红外波段好（表 3-8），生长后期以近红外较好。抽雄期叶绿素值与单波段反射率相关性最差。王磊和白由路（2005）也通过大田试验研究发现拔节期和喇叭口期采用可见光波段的光谱反射率可靠性较高，而开花吐丝期采用近红外波段的光谱反射率可靠性较高。在可见光范围内，560 nm 与叶绿素值相关性最好，660 nm 其次；近红外波段则相差不大，以 760 nm 略好。

表 3-8　夏玉米叶片叶绿素值与单波段反射率的相关性

生育期	510 nm	560 nm	660 nm	760 nm	870 nm	1100 nm
苗　期	*	*	*	ns	ns	ns
拔节期	*	*	*	*	ns	*
孕穗期	*	*	**	ns	ns	ns
抽雄期	ns	*	ns	ns	ns	ns
开花期	ns	*	ns	*	*	*
乳熟期	ns	ns	ns	**	*	*

注:** 表示 0.01 的显著水平;* 表示 0.05 的显著水平;ns 表示不显著。

3.3.2 冠层 NDVI 和 RVI 与植株全氮和叶片叶绿素含量的关系

3.3.2.1 作物不同生育期 NDVI 和 RVI 的变化

图 3–13 为各个测定时期冬小麦和夏玉米冠层 NDVI 和 RVI 两个植被指数的变化情况。冬小麦 NDVI 变化范围较小（从 0.35~0.90），RVI 变化范围较大（从0.20 到 20），但两个植被指数大概变化趋势相似，分蘖期最小；然后随着小麦个体逐渐增大、叶片增多、叶面积增加、叶绿素增加而增大，到开花期对近红外波段电磁波的反射也达到最强，土壤背景对作物光谱的影响也减至最小，NDVI、RVI 达到最大值；乳熟期冬小麦趋向成熟衰老，各项农学参量逐渐减小，而且由于穗的增加，穗的反射光谱在可见光和近红外波段与叶片的反射光谱有较大差异，因而对冠层光谱的影响逐渐增强，而且随着穗灌浆过程的进行，穗逐渐成熟，其颜色由绿变黄，从而使冬小麦在近红外波段反射率逐渐降低，在红波段的反射率逐渐升高，因此，两个光谱植被指数逐渐减小。不同的是，从冬小麦拔节期开始到开花期，随着作物的生长，虽然生物量、LAI 和地上部分吸氮量迅速增加，但 NDVI 逐渐饱和，变幅很小，直到乳熟期由于冬小麦衰老 LAI 减小，NDVI 开始下降。夏玉米冠层 NDVI 和 RVI 从苗期到孕穗期迅速增大，之后则开始降低，NDVI 降幅较小，RVI 降幅很大，到乳熟期 RVI 值为孕穗期的一半。两个光谱植被指数随着施氮量的增加而增大。

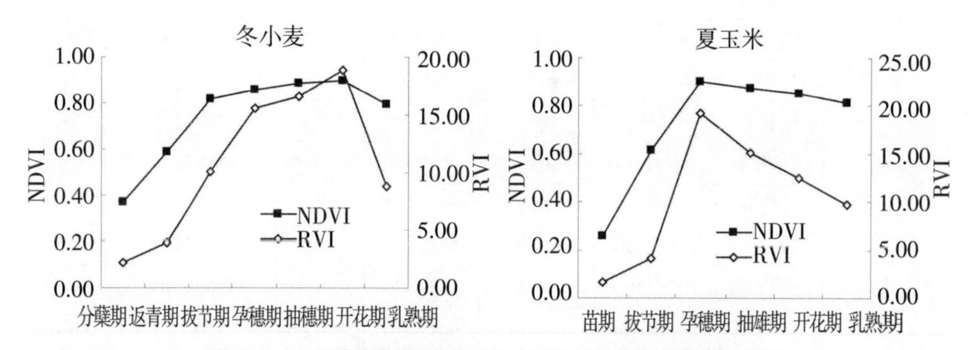

图 3–13 两种作物冠层 NDVI 和 RVI 在全生育期的变化

3.3.2.2 光谱植被指数在估测作物氮素和叶绿素中的表现

对所有可见光和近红外波段组成的 NDVI 和相应的 RVI 进行分析，发现绝大部分指数与冬小麦含氮量和叶片叶绿素含量在分蘖期到乳熟期都有很好的相关性。表 3–9 和表 3–10 为所有 NDVI 和 RVI 与不同指标的相关性中最好

表 3-9 不同生育期冬小麦 NDVI 与植株全氮和叶绿素的相关系数

指标	生育期	组合波段	相关系数	组合波段	相关系数	组合波段	相关系数
全氮	分蘖期	510/810	0.67	510/950	0.68	710/950	0.68
	返青期	560/760	0.88	680/1650	0.90	710/1100	0.89
	拔节期	560/760	0.89	660/1650	0.90	680/1650	0.90
	孕穗期	680/760	0.88	680/810	0.88	680/710	0.88
	抽穗期	510/1200	0.95	610/1200	0.94	710/1200	0.94
	开花期	660/1500	0.94	710/950	0.94	710/1100	0.94
	乳熟期	660/870	0.96	660/950	0.96	660/1200	0.96
叶绿素	分蘖期	510/1300	0.65	560/1300	0.66	660/1300	0.69
	返青期	460/870	0.92	560/760	0.92	560/870	0.92
	拔节期	560/760	0.94	560/810	0.94	680/810	0.94
	孕穗期	560/760	0.90	560/870	0.90	560/950	0.90
	抽穗期	560/760	0.92	660/760	0.93	660/870	0.93
	开花期	660/760	0.95	560/810	0.95	560/870	0.94
	乳熟期	560/810	0.93	560/870	0.93	660/1200	0.93

表 3-10 不同生育期冬小麦 RVI 与植株全氮和叶绿素含量的相关系数

指标	生育期	组合波段	相关系数	组合波段	相关系数	组合波段	相关系数
全氮	分蘖期	510/950	0.65	560/760	0.63	710/1100	0.65
	返青期	510/760	0.91	510/870	0.91	560/760	0.91
	拔节期	460/760	0.89	460/870	0.89	560/760	0.90
	孕穗期	460/810	0.79	560/760	0.78	560/1200	0.78
	抽穗期	610/760	0.94	660/1200	0.94	680/1200	0.94
	开花期	610/1100	0.96	660/950	0.95	660/1200	0.95
	乳熟期	460/810	0.93	660/1650	0.93	6801,650	0.93
叶绿素	分蘖期	510/950	0.65	560/760	0.63	710/1100	0.65
	返青期	510/760	0.91	510/870	0.91	560/760	0.91
	拔节期	460/760	0.89	460/870	0.89	560/760	0.90
	孕穗期	460/810	0.79	560/760	0.78	560/1200	0.78
	抽穗期	610/760	0.94	660/1200	0.94	680/1200	0.94
	开花期	610/1100	0.96	660/950	0.95	660/1200	0.95
	乳熟期	460/810	0.93	660/1650	0.93	680/1650	0.93

注：n=33；$r_{0.05}$=0.3494，$r_{0.01}$=0.4487

的三个。整体来讲，NDVI 与全氮和叶绿素的相关性和 RVI 与这两个农学参量的相关性并无显著差别，但前者的相关系数略高于后者。从组合波段来看，由绿光 560 nm 波段和近红外波段组成的 NDVI 和 RVI 与两个农学参量的相关性最好，660 nm 次之。近红外波段中 760、810、1100 和 1200 nm 与可见光组合的指数与各指标的相关性较好。

从夏玉米冠层各个指数在不同生育期的表现来看（表 3–11），植被指数在

表 3–11 夏玉米不同生育期不同波段组合的 NDVI 与叶片叶绿素和植株全氮含量的相关系数

指标	生育期	组合波段	相关系数	组合波段	相关系数	组合波段	相关系数
第一季							
全氮	苗期	710/760	0.20	710/810	0.23	710/870	0.23
	拔节期	560/870	0.50	560/1100	0.50	560/1200	0.54
	孕穗期	560/760	0.92	660/760	0.90	560/1100	0.89
	抽雄期	560/760	0.84	560/870	0.79	560/1200	0.79
	开花期	560/760	0.74	660/760	0.72	680/760	0.75
	灌浆期	560/760	0.89	660/810	0.90	660/810	0.90
叶绿素	苗期	660/760	0.37	680/760	0.37	680/810	0.31
	拔节期	560/760	0.73	460/1200	0.73	510/1200	0.72
	孕穗期	560/760	0.95	560/870	0.92	660/760	0.88
	抽雄期	560/760	0.76	560/870	0.73	560/1300	0.74
	开花期	560/760	0.81	660/760	0.78	560/1100	0.82
	灌浆期	660/760	0.91	660/870	0.94	660/1100	0.95
第二季							
全氮	苗期	610/1200	0.15	710/1200	0.15	710/1200	0.26
	拔节期	560/950	0.30	560/1100	0.28	560/1200	0.31
	孕穗期	510/760	0.88	560/760	0.87	660/950	0.88
	抽雄期	660/760	0.84	660/950	0.85	660/1100	0.87
	开花期	560/760	0.66	660/870	0.63	660/760	0.65
	灌浆期	510/760	0.91	660/760	0.89	680/760	0.89
叶绿素	苗期	680/760	0.34	680/870	0.33	710/760	0.34
	拔节期	560/760	0.70	710/760	0.70	710/810	0.69
	孕穗期	560/760	0.92	560/1100	0.91	660/760	0.88
	抽雄期	660/760	0.84	660/950	0.80	660/1100	0.86
	开花期	560/950	0.80	560/870	0.76	560/1100	0.81
	灌浆期	560/760	0.84	560/950	0.82	560/1100	0.84

注：第一季：n=28；$r_{0.05}$=0.3809；$r_{0.01}$=0.4869　　第二季：n=21；$r_{0.05}$=0.4329；$r_{0.01}$=0.0.5487

生长初期与全氮含量相关性较差，随着生育期的推移相关性逐渐增强，到孕穗期达到 0.85 以上，但到抽雄开花期又有所降低，灌浆期相关性又有较大幅度的提高，各指数与叶片叶绿素含量的相关性变化趋势和它们与叶绿素的变化趋势相同。在抽雄期各指数与含氮量和叶绿素的相关性减弱，可能是因为玉米雄穗呈黄褐色，开花期花粉是淡黄色，对冠层光谱测定造成了较大的影响。可见光中 460、610 nm 与每个近红外波段组合的 NDVI 与全氮含量和叶片叶绿素含量相关性最差，近红外区域 870、950 nm 与可见光组合的指数与全氮和叶绿素含量相关性也相对较差，560 nm 和 660 nm 与近红外区域的 760 nm 和 1100 nm 组成的NDVI 与全氮和叶绿素含量的相关系数较其他波段组合而成的高，尤其是 560/760 组合最佳，660/760 组合次之。

比较单波段反射率与作物全氮含量和叶片叶绿素的相关系数和两个波段组合而成的植被指数与农学参量的相关系数，生长初期植被指数因为是多波段组合可以减少大气影响和因为覆盖度太低而造成的背景噪音，相关系数比可见光提高约 25%，比近红外波段提高 40%，返青期（冬小麦）或拔节期（夏玉米）以后也是植被指数的相关性比单波段高 1%~20%，所以利用植被指数可以比单波段能更准确地估测作物的全氮和叶绿素含量。

3.3.3 常见光谱指数与冬小麦含氮量和叶绿素含量的关系

选取绿光 560 nm、红光 660 nm 和近红外 760 nm 为代表波段，计算 NDVI、RVI、绿光比值植被指数（Green ratio vegetation，GRVI）、差值植被指数（Difference vegetation index，DVI）、再归一化植被指数（Renormalized difference vegetation index，RNDVI）、

垂直植被指数（Perpendicular vegetation index，PVI）、转换型土壤调整指数（Transformed soil adjusted vegetation index，TSAVI）8 种较常见的植被指数，研究它们与植株全氮、硝态氮和叶片总叶绿素的关系，各相关系数如表 3-12 所示。所列的八种光谱植被指数与含氮量和叶绿素在冬小麦整个生育期都极显著相关，而且在相同的生育期各指数间的相关系数差异不大，与前人利用几种常见植被指数估测作物参数的结论一致（李建龙，2004）。与全氮含量相比，硝态氮与植被指数的相关性要差，中后期相关系数小 15%~20%，但也达极显著水平。GNDVI 与农学参数的相关性比 NDVI 好一些，GRVI 比 RVI 略

表 3-12 常见植被指数与冬小麦全氮、硝态氮和叶绿素的相关性

生育期	NDVI	GNDVI	RVI	GRVI	DVI	RNDVI	PVI	TSAVI
全氮								
分蘖期	0.63	0.68	0.60	0.66	0.61	0.65	0.56	0.65
返青期	0.87	0.87	0.90	0.90	0.85	0.86	0.87	0.85
拔节期	0.87	0.88	0.86	0.89	0.88	0.87	0.88	0.86
孕穗期	0.90	0.89	0.78	0.83	0.69	0.90	0.87	0.90
抽穗期	0.89	0.89	0.93	0.90	0.86	0.89	0.90	0.88
开花期	0.94	0.95	0.96	0.96	0.94	0.94	0.95	0.93
乳熟期	0.97	0.96	0.93	0.92	0.85	0.97	0.97	0.97
硝态氮								
返青期	0.60	0.62	0.64	0.65	0.60	0.59	0.60	0.59
拔节期	0.74	0.75	0.78	0.78	0.74	0.73	0.76	0.72
孕穗期	0.76	0.74	0.67	0.69	0.59	0.76	0.73	0.76
抽穗期	0.88	0.86	0.82	0.82	0.81	0.88	0.87	0.88
开花期	0.75	0.79	0.84	0.85	0.80	0.74	0.77	0.74
乳熟期	0.80	0.79	0.72	0.73	0.81	0.80	0.80	0.81
叶绿素								
分蘖期	0.58	0.55	0.56	0.54	0.58	0.58	0.49	0.60
返青期	0.90	0.91	0.84	0.87	0.90	0.9	0.89	0.91
拔节期	0.94	0.94	0.78	0.87	0.86	0.94	0.93	0.94
孕穗期	0.89	0.91	0.76	0.84	0.71	0.90	0.87	0.9
抽穗期	0.94	0.93	0.86	0.89	0.82	0.94	0.93	0.94
开花期	0.95	0.93	0.88	0.89	0.91	0.95	0.94	0.95
乳熟期	0.93	0.93	0.86	0.88	0.83	0.94	0.93	0.94

好，NDVI 比 RVI 好，DVI 效果最差，TSAVI 效果最好，其次为 RNDVI 和 RVI。所以，在单一作物种植、地势平坦地区，虽然采用 TSAVI、RNDVI 等演化光谱植被指数可以更准确地估测作物的氮素水平，但 NDVI 的估测精度也完全可以达到要求。

从苗期到孕穗期，选用的八种光谱植被指数与夏玉米含氮量和叶绿素的相关性由不显著到显著、极显著水平（表 3-13、3-14），与硝态氮和叶绿素值相关性在抽雄期有较大幅度的降低，随后又开始升高。除了 GRVI 和 DVI 外，在相同的生育期各指数间的相关系数差异不大。

表 3-13　第二季夏玉米常见植被指数与全氮和硝态氮的相关系数

生育期	NDVI	GNDVI	RVI	GRVI	DVI	RNDVI	PVI	TSAVI
全氮								
苗　期	0.26	0.33	0.27	0.35	0.22	0.26	0.28	0.25
拔节期	0.38	0.44	0.41	0.47	0.43	0.37	0.35	0.38
孕穗期	0.87	0.84	0.86	0.82	0.69	0.87	0.84	0.86
抽雄期	0.94	0.60	0.96	0.60	0.34	0.94	0.88	0.91
开花期	0.65	0.54	0.64	0.54	0.43	0.65	0.64	0.66
乳熟期	0.89	0.88	0.91	0.89	0.54	0.89	0.89	0.88
硝态氮								
苗　期	0.52	0.57	0.48	0.56	0.52	0.54	0.45	0.56
拔节期	0.47	0.52	0.53	0.54	0.38	0.47	0.50	0.45
孕穗期	0.68	0.74	0.72	0.77	0.47	0.67	0.65	0.65
抽雄期	0.60	0.72	0.64	0.74	0.17	0.60	0.54	0.57
开花期	0.75	0.75	0.77	0.76	0.32	0.75	0.76	0.73
灌浆期	0.72	0.7	0.71	0.69	0.68	0.72	0.69	0.75

表 3-14　第二季夏玉米常见植被指数与叶片叶绿素和叶绿素值的相关系数

生育期	NDVI	GNDVI	RVI	GRVI	DVI	RNDVI	PVI	TSAVI
叶绿素								
苗　期	0.32	0.29	0.32	0.28	0.20	0.32	0.43	0.28
拔节期	0.68	0.70	0.63	0.67	0.68	0.69	0.66	0.69
孕穗期	0.88	0.82	0.88	0.82	0.73	0.88	0.86	0.87
抽雄期	0.84	0.41	0.85	0.43	0.31	0.84	0.78	0.82
开花期	0.63	0.62	0.64	0.64	0.34	0.63	0.62	0.63
乳熟期	0.81	0.81	0.83	0.82	0.34	0.81	0.83	0.77
叶绿素值								
苗　期	0.49	0.49	0.46	0.48	0.39	0.50	0.54	0.47
拔节期	0.50	0.57	0.51	0.58	0.50	0.50	0.50	0.49
孕穗期	0.48	0.65	0.49	0.65	0.26	0.48	0.42	0.46
抽雄期	0.25	0.57	0.31	0.57	0.03	0.25	0.22	0.23
开花期	0.52	0.57	0.53	0.56	0.53	0.52	0.52	0.55
乳熟期	0.73	0.75	0.78	0.77	0.63	0.73	0.74	0.73

注：$n=33$；$r_{0.05}=0.3494$，$r_{0.01}=0.4487$

3.4 基于作物光谱特征的氮素和叶绿素含量估算模型

综合考虑以上结果，本研究选择可见光 560 nm、660 nm 和近红外 760 nm 组合而成的 NDVI 来估算冬小麦的叶片叶绿素含量和地上部分全氮含量（表 3-15）。整个生育期 NDVI 对全氮和叶绿素的拟合大多以多项式方程最佳，开花期对全氮的模拟指数方程比多项式方程略好，从返青到乳熟，决定系数 $R^2>0.81$，均达极显著水平，而且 R^2 有随着生育期逐渐增大的趋势。由于当地长期施肥量过高，目前施氮量不同造成冬小麦在生育中后期地上部分全氮含量差异很小，但是光谱测定能直接定量分析出冬小麦生长的这种微弱差异，这使得遥感技术在作物氮肥管理应用中表现出强大优势，在保证产量的情况下减少施氮量，提高经济效益，兼顾环境效益。

作物地上部分全氮含量的单变量光谱模型一般都是非线性模型，原因在于作物冠层光谱是作物各种综合因素的反映，它与单一因素（包括生化组分含量）之间的关系一般并不是简单的线性关系，另外，作物本身任一因子的

表 3-15 冬小麦冠层 NDVI(560/760)、NDVI(660/760)与地上部分全氮和叶片叶绿素的相关方程

生育期	回归方程 NDVI(560/760)	决定系数	回归方程 NDVI(660/760)	决定系数
		全氮		
分蘖期	$y=-1218.1x^2+1051.6x-181.33$	0.58	$y=-4.74x^2+4.63x+0.1913$	0.35
返青期	$y=109.12x^2-91.82x+55.134$	0.82	$y=64.75x^2-52.96x+46.65$	0.81
拔节期	$y=147.73x^2-145.38x+56.55$	0.81	$y=173.47x^2-220.65x+92.74$	0.82
孕穗期	$y=-467.34x^2+765.55x-287.9$	0.84	$y=-385.81x^2+718.53x-308.94$	0.86
抽穗期	$y=367.45x^2-556.39x+222.78$	0.85	$y=354.21x^2-535.4x+214.5$	0.86
开花期	$y=1.66e^{2.8841x}$	0.91	$y=264.33x^2-408.34x+169.35$	0.92
乳熟期	$y=-138.58x^2+218.87x-70.72$	0.94	$y=-109.43x^2+213.07x-86.558$	0.95
		叶绿素		
分蘖期	$y=-12.09x^2+11.01x-1.20$	0.33	$y=-663.44x^2+554.15x-70.08$	0.55
返青期	$y=-0.71x^2+1.49x+0.94$	0.84	$y=-0.28x^2+0.81x+1.18$	0.82
拔节期	$y=-6.44x^2+12.42x-3.70$	0.89	$y=-3.04x^2+7.58x-2.25$	0.89
孕穗期	$y=-35.07x^2+57.10x-20.52$	0.87	$y=-35.68x^2+64.99x-26.88$	0.89
抽穗期	$y=-41.16x^2+66.01x-23.44$	0.91	$y=-34.31x^2+63.08x-25.96$	0.92
开花期	$y=-38.58x^2+65.75x-24.92$	0.91	$y=-32.75x^2+64.44x-28.52$	0.92
乳熟期	$y=-69.32x^2+100.32x-33.06$	0.92	$y=-80.54x^2+135.75x-53.970.94$	

改变都会引起其他参数的变化，而代表综合因素的冠层光谱反映的不仅仅是某一因素的变化，但有时为了分析简单也使用线性关系，它可以看作是非线性关系的特殊情况。

在夏玉米生长的中前期到灌浆期，NDVI 和叶片叶绿素和地上部分含氮量均有良好的相关性，尤以孕穗期相关性最佳，其次为灌浆期，所以可以选择孕穗期冠层 NDVI（560/760）和 NDVI（660/760）来准确预测叶片的叶绿素含量和氮素水平。图 3-14 和图 3-16 是第一季夏玉米 NDVI（560/760）和 NDVI（660/760）与叶片叶绿素和植株全氮含量的拟合曲线和方程，然后利用拟合方程估算第二季夏玉米孕穗期的叶绿素和全氮含量，验证该拟合方程的可靠性和适用性，图3-15 和图 3-17 为利用这两个拟合方程估算的第二季叶片叶绿素和全氮含量与实测值之间的关系图。从方程的决定系数也可以看出，NDVI（560/760）与叶绿素含量拟合度最高，对全氮的拟合略低，NDVI（660/760）对叶绿素和全氮的拟合都低于 NDVI（560/760），用其所得到的第二季叶绿素和估测值和实测值关系也略差。

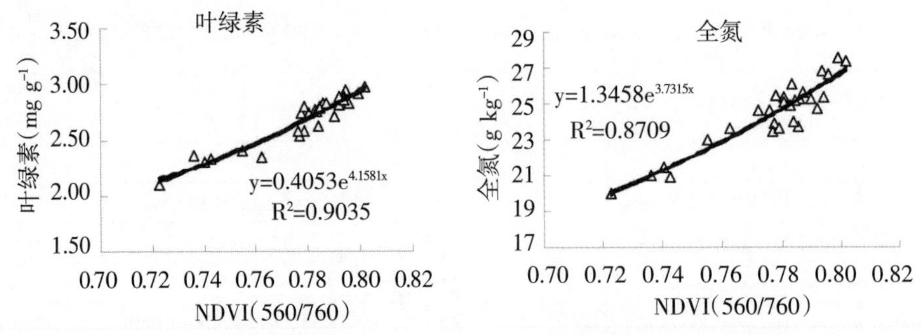

图 3-14　第二季孕穗期夏玉米 NDVI(560/760)与叶绿素和全氮含量的关系

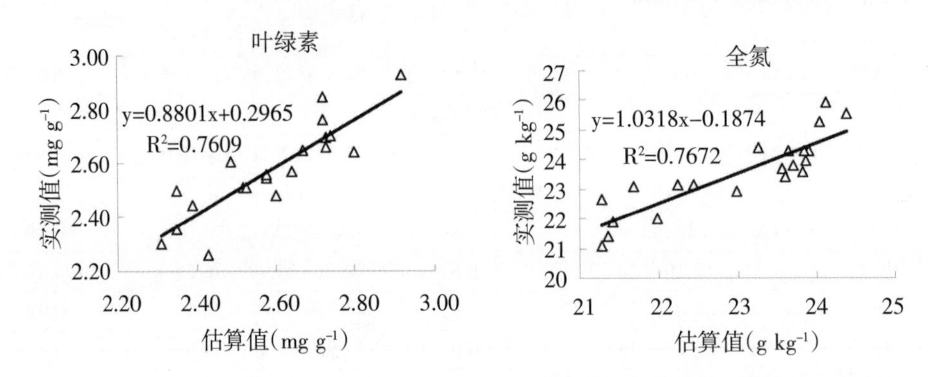

图 3-15　第二季孕穗期夏玉米叶绿素和全氮含量的估算值与实测值的比较

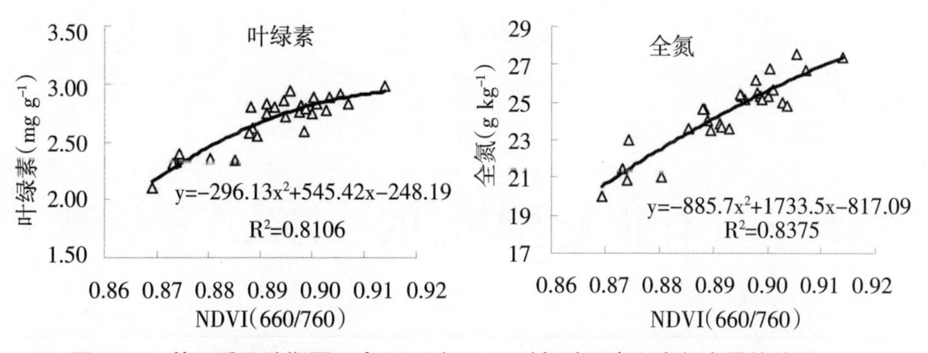

图 3-16 第二季孕穗期夏玉米 NDVI(660/760)与叶绿素和全氮含量的关系

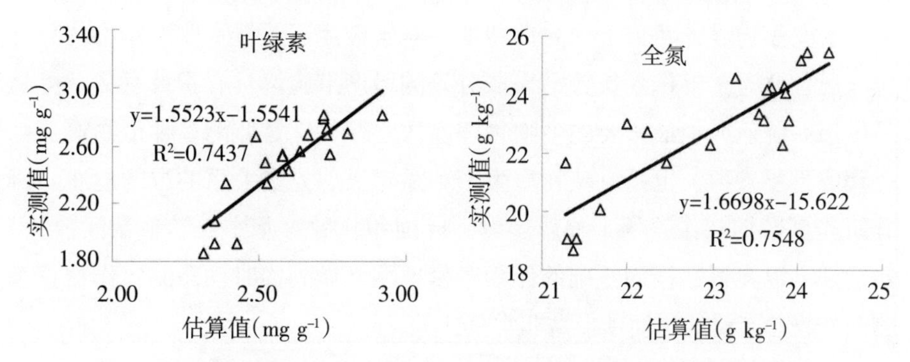

图 3-17 第二季孕穗期夏玉米叶绿素和全氮含量的估算值与实测值的比较

4　基于作物光谱特征的长势及产量估测

研究作物养分胁迫下的光谱特征，对于应用遥感技术监测作物的养分供应状况，及时了解作物长势，采取有效的增产措施均具有积极意义。生物量是生态系统研究中最重要的生物物理参数之一，它是监测多种植物冠层生理过程的重要参数，也是反映物质生产和遥感反射光谱关系的中间枢纽。研究分析光谱数据与作物的干物质产量、叶面积指数等基本农学参数间的关系，然后建立以光谱数据为基础的作物产量模型，做到实时动态的农作物长势监测与作物总产量的早期预报是非常重要的。

4.1　基于作物光谱特征的生物量估测

4.1.1　作物地上部分生物量的变化趋势

作物地上部分鲜生物量和干生物量的变化趋势一致，本研究仅以干生物量为例进行分析。由图 4-1 可见，冬小麦分蘖期到返青期生物量增加很少，返青后，伴随着新生叶的生长，从 3 月中旬到 4 月上旬进入 2 次分蘖高峰期，根系生长加快，进行旺盛生育期，地上部分生物量也急剧增加。夏玉米从拔节开始，茎叶迅速生长。大部分中、上部叶子均在拔节孕穗期出现和展开，植株茎秆也在此期间伸长和增重，内部的雌雄花器官也迅速分化，体内新陈代谢旺盛，生长发育不断加速，因此玉米单株干重也迅速增加。两种作物生物量从生长初期到乳熟期一直呈上升趋势。秸秆生物量随着施氮量的增加而增大（Kanampiu et al.，1997），不同施氮处理间在前期差异不显著，在中后期呈显著性差异。

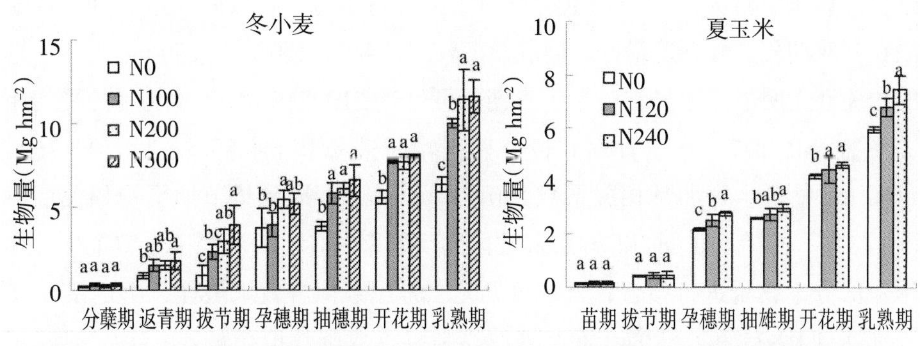

图 4–1　不同生育期、不同氮肥处理冬小麦和夏玉米干生物量变化（线段表示均方根差）

在生长初期，作物生物量与全氮含量相关性较差（图 4–2），然后从返青期（冬小麦）和拔节期（夏玉米）到开花期相关系数逐渐增大，乳熟期又有较大幅度的下降，但都达到显著水平。所以，生物量在一定程度上反映全氮含量情况，二者的关系多以二次多项式方程最佳，冬小麦在孕穗期和抽穗期以幂函数形式较为理想，而指数形式在冬小麦开花期和夏玉米抽雄期表现最佳。

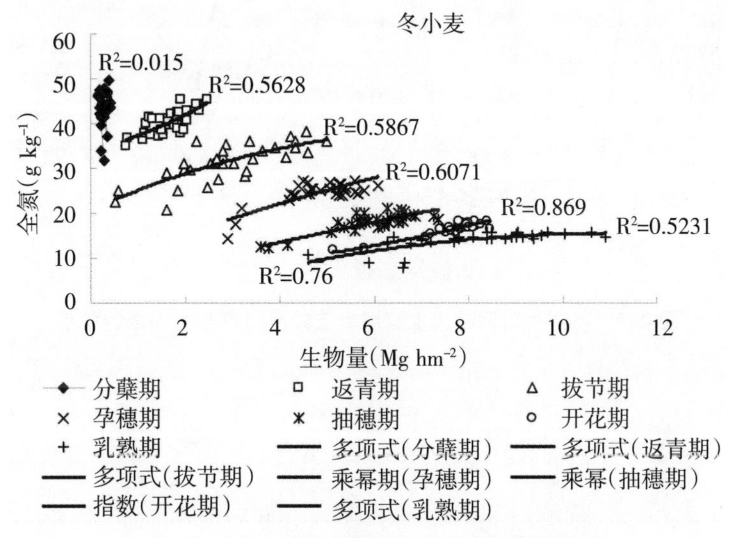

图 4–2　冬小麦生育期作物生物量与全氮含量的关系

4.1.2　作物冠层单波段反射率与植株地上部分生物量的相关分析

通过对比不同波段反射率与作物地上部分生物量的相关性（图 4–3），发现510~1100 nm 处的冠层反射率与作物地上部分生物量之间极显著相关，而且从整体来看可见光与作物生物量的相关关系相对于近红外波段更好。各波段在开花期相关性普遍最好，而乳熟期较差。460、1500 和 1650 nm 与生物量的相关性无明显规律。在整个生育期，可见光 510~710 nm 与生物量的平均相关系数 r>0.7877，从返青期到拔节期平均相关系数 r>0.8327；近红外 760~1100 nm 整个生育期其相关系数 r>0.6904，从返青期到拔节期平均相关系数 r>0.7721。选择 660 nm 和 760 nm 波段的反射率对冬小麦和夏玉米整个生育期地上部分生物量进行拟合，发现可见光以幂函数拟合效果最佳，决定系数 R^2 分别达到 0.825 和 0.5797，近红外波段则以指数函数拟合最好，决定系数 R^2 分别为 0.6786 和0.4797（图 4-4、4-5）。因此，整个生育期可以采用同一个方程来拟合作物地上部分干生物量。

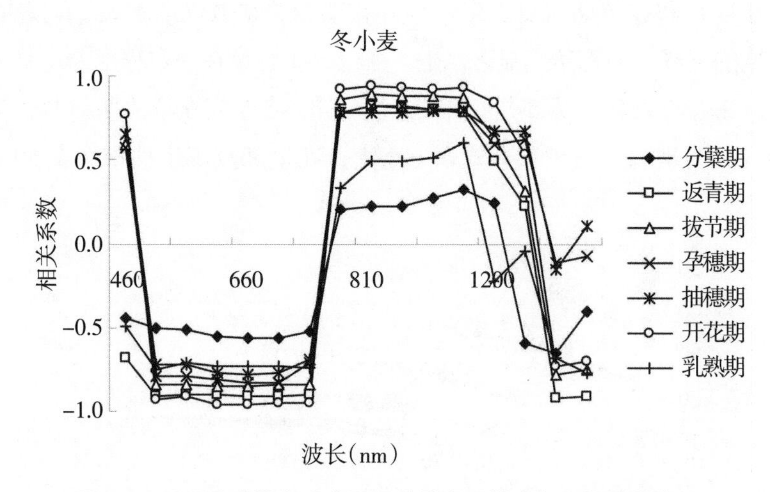

图 4-3　不同生育期冬小麦冠层单波段反射率与生物量的关系

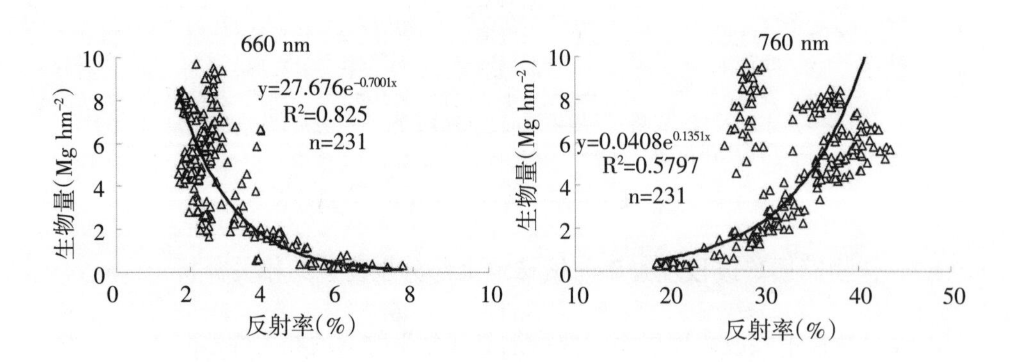

图 4-4　不同生育期冬小麦冠层单波段反射率与生物量的关系

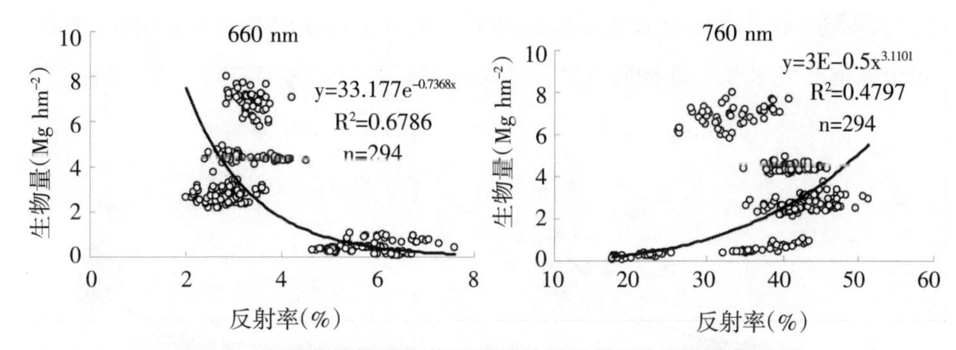

图 4–5 不同生育期夏玉米冠层单波段反射率与生物量的关系

4.1.3 作物冠层植被指数与植株地上部分生物量的相关分析

由单波段的作物光谱反射率与作物生物量的回归分析表明，二者之间的确存在明显的相关关系，然而单个波段所能提供的信息毕竟有限。植被指数采用多波段，充分利用各个波段的信息，取长补短，通过多个波段来反演作物生物量则更合理。表 4–1 是常见 8 种光谱植被指数与作物地上部分生物量的相关系数。除了 DVI 外，其他各植被指数与冬小麦生物量的相关性在整个

表 4–1 常见植被指数与作物地上部分生物量的相关性

生育期	NDVI	GNDVI	RVI	GRVI	DVI	RNDVI	PVI	TSAVI
				冬小麦				
分蘖期	0.51	0.47	0.53	0.49	0.28	0.50	0.56	0.43
返青期	0.90	0.88	0.88	0.88	0.86	0.89	0.91	0.88
拔节期	0.86	0.87	0.92	0.92	0.88	0.85	0.87	0.84
孕穗期	0.87	0.88	0.89	0.90	0.84	0.87	0.89	0.87
抽穗期	0.82	0.81	0.82	0.80	0.81	0.82	0.83	0.82
开花期	0.96	0.94	0.94	0.92	0.94	0.96	0.96	0.96
乳熟期	0.72	0.71	0.79	0.75	0.57	0.72	0.72	0.71
				夏玉米				
苗期	0.85	0.85	0.85	0.86	0.86	0.85	0.82	0.85
拔节期	0.75	0.67	0.76	0.68	0.90	0.75	0.60	0.78
孕穗期	0.84	0.80	0.87	0.80	0.58	0.84	0.84	0.84
抽雄期	0.77	0.36	0.79	0.36	0.57	0.77	0.83	0.81
开花期	0.72	0.58	0.75	0.59	0.23	0.72	0.71	0.72
乳熟期	0.83	0.78	0.84	0.78	0.50	0.82	0.84	0.80

注：冬小麦：n=33；$r_{0.05}$=0.3494，$r_{0.01}$=0.4487　　夏玉米：n=49；$r_{0.05}$=0.2875，$r_{0.01}$=0.0.3721

生育期都达显著或极显著水平。两季夏玉米各植被指数与生物量间的相关系数也普遍达到极显著性检验水平。相对来讲，两种作物的 DVI 表现都最差。

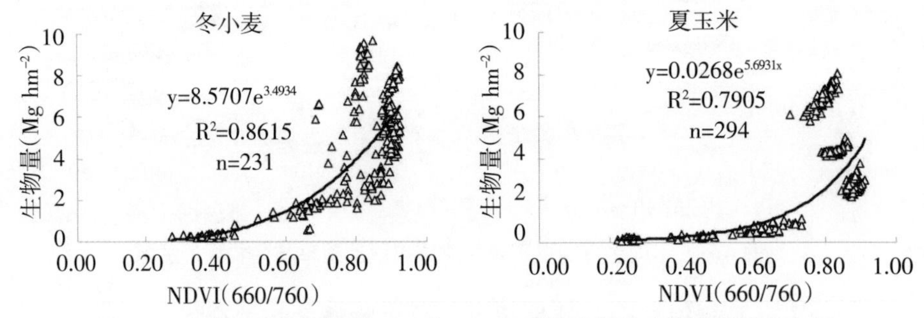

图 4-6　全生育期作物冠层 NDVI(660/760)对地上部分生物量的拟合方程

4.1.4　建立基于作物光谱特征的生物量估算模型

图 4-6 是分别根据一季冬小麦和两季夏玉米冠层 NDVI（660/760）对作物地上部分生物量所作的拟合方程，冬小麦采用幂函数时拟合效果最佳，而夏玉米在采用指数方程最理想，决定系数 R^2 接近 0.80。所以，无论是利用单波段反射率还是植被指数，都可以用一个方程来准确拟合不同生育期作物的生物量。

4.2　基于作物光谱特征的夏玉米 LAI 估测

叶面积指数（LAI）是指单位面积上植物叶片的垂直投影面积的总和与单位土地面积的比值。它不仅是进行生物量估算的一个重要参数，而且也是定量分析地球生态系统能量交换特性的重要参数。同时也是农业遥感研究中作物产量预估和病害评价的有效参数，它控制着植被的许多生物、物理过程，如光合、呼吸、蒸腾、碳循环和降水截获等（Chen & Cihar，1996）。尽管它的定义非常简单，但是如何准确地测量这一参数却并非易事（浦瑞良和宫鹏，2000）。光谱遥感技术能够大大提高估算植被 LAI 的水平（Ian et al.，2002）。

4.2.1　夏玉米地上部分 LAI 的变化趋势

夏玉米 LAI 从苗期到孕穗期迅速增大，然后基本持平或略有下降（图 4-7），这与玉米生长特点紧密相关，从苗期到孕穗期是营养生育期，植株迅速生长，叶绿素、生物量、LAI等生物理化参数大幅度增加，到孕穗期逐渐进入生殖生长时期，植株株型基本确定，叶片营养开始向穗部转移，株高不再增加，新叶不再长出，而随着时间的推移，植株开始衰老，下部老叶逐渐枯黄，LAI逐渐变小。不同施氮量条件下LAI不同，施氮量高的处理LAI较大。从孕穗期到乳熟期不施氮的处理（N0）LAI下降幅度相对较大，说明缺氮会引起作物早衰，进而导致减产。

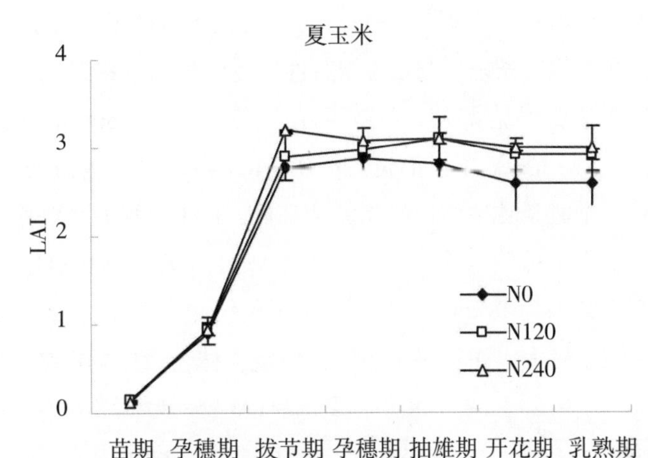

图4-7 不同生育期和施氮水平下夏玉米LAI变化（第一季）（线段表示均方根差）

4.2.2 夏玉米LAI与地上部分全氮含量的相关分析

两季夏玉米LAI与全氮含量从拔节期就达到极显著相关关系，相关系数 $r>0.66$（样本数 $n=28$，$r_{0.05}=0.3740$；$r_{0.01}=0.4780$），然后随生育期的深入开始减小，但也均达到极显著水平（第一季开花期 $r>0.6162$；第二季抽雄期 $r>0.6139$）。第二季两个指标的相关系数比第一季的要大，原因可能是第二季测定光谱时后植株作了标记，然后取这几株玉米测定其LAI，所以结果更准确一些。

4.2.3 夏玉米LAI与单波段反射率的关系

表4-2是可见光和近红外单波段反射率与两季LAI的相关性检验结果（第一季样本数 $n=28$；第二季 $n=21$）。LAI与可见光波段（510~710 nm）表现为良好的负相关，在红光吸收谷处的负相关系数最高为0.61，这主要是由叶绿素的吸收作用引起的，因为叶绿素的积累量与LAI间在一般情况下都存在线性关系（李建龙，2004）；近红外波段（760~1100 nm）表现出良好的正相

关，而且在整个近红外平台区，相关系数的变化较为平稳。整体来看，可见光在作物生长前期与LAI 相关性较近红外略强；进入中后期则近红外的相关系数明显比可见光大。单就可见光范围来看，660 nm 的表现最好，560 nm 次之，510 nm 最差；而近红外870 nm 略好于其他波段。但与各单波段和叶绿素、全氮及其生物量的相关性来比，LAI 的相关系数普遍较小。原因可能是玉米单个植株测定光谱，土壤背景噪音较大，影响冠层光谱的测定，另外叶面积指数因为玉米叶片较厚，叶面积仪测定很不方便，故采用长宽法测定，主观因素较大，而且每个小区只测定三株，所以测定结果需要进一步验证。

表 4-2 夏玉米 LAI 与单波段反射率的相关性

生育期	波长(nm)					
	510	560	660	760	870	1100
第一季						
苗　期	ns	ns	ns	ns	ns	ns
拔节期	**	*	**	**	**	**
孕穗期	ns	**	**	**	**	**
抽雄期	ns	ns	ns	ns	ns	*
开花期	ns	ns	ns	*	*	ns
乳熟期	ns	ns	ns	**	**	**
第二季						
苗　期	**	**	**	ns	ns	ns
拔节期	**	**	**	**	**	**
孕穗期	ns	ns	**	**	**	**
抽雄期	ns	ns	ns	**	**	**
开花期	ns	ns	*	**	**	**
乳熟期	ns	ns	*	**	**	**

注:** 表示 0.01 的显著水平;* 表示 0.05 的显著水平;ns 表示不显著。

4.2.4 夏玉米 LAI 与常见植被指数的关系

玉米植株个体较大，每次光谱仪的探头对准一株进行测定光谱，而且玉米株行距较大（30 cm×70 cm），从苗期到收获都很难封行，这样地面背景噪音对冠层光谱反射率的测定影响较大，而有多波段经过四则运算法则的计算，可以在不同程度上减弱土壤背景对光谱测定造成的不利影响，所以不同时期 8 种光谱植被指数与夏玉米 LAI 的相关性均比相应的单波段大（表 4-3），从苗

表 4-3 常见植被指数与夏玉米 LAI 的相关性分析

生育期	NDVI		GNDVI		RVI		GRVI	
	r	RMSE	r	RMSE	r	RMSE	r	RMSE
	第一季							
苗 期	0.38	0.25	0.33	0.37	0.38	0.51	0.32	0.02
拔节期	0.66	0.39	0.61	0.53	0.68	1.08	0.60	0.03
孕穗期	0.75	0.61	0.77	0.24	0.74	2.89	0.76	0.01
抽雄期	0.60	0.74	0.55	0.29	0.62	3.62	0.54	0.01
开花期	0.46	0.55	0.18	0.38	0.45	2.46	0.16	0.01
乳熟期	0.65	0.48	0.74	0.41	0.59	2.70	0.72	0.02
均 值	0.63	0.55	0.57	0.37	0.62	2.55	0.56	0.02
	DVI		RNDVI		PVI		TSAVI	
	r	RMSE	r	RMSE	r	RMSE	r	RMSE
苗 期	0.38	0.01	0.38	0.06	0.25	0.04	0.38	0.50
拔节期	0.63	0.02	0.66	0.35	0.65	0.18	0.66	1.38
孕穗期	0.52	0.02	0.75	1.88	0.76	0.78	0.77	2.86
抽雄期	0.30	0.02	0.60	1.27	0.59	0.71	0.62	3.46
开花期	0.45	0.02	0.47	1.07	0.51	0.52	0.51	2.27
乳熟期	0.79	0.03	0.66	1.17	0.61	0.60	0.70	2.73
均 值	0.51	0.02	0.59	0.97	0.56	0.47	0.61	2.20
第二季								
	NDVI		GNDVI		RVI		GRVI	
	r	RMSE	r	RMSE	r	RMSE	r	RMSE
苗 期	0.47	0.32	0.50	0.59	0.43	1.26	0.48	0.04
拔节期	0.58	0.78	0.65	1.13	0.61	1.93	0.66	0.05
孕穗期	0.87	0.28	0.88	0.17	0.89	3.14	0.88	0.01
抽雄期	0.75	0.64	0.47	0.26	0.76	3.13	0.43	0.01
开花期	0.68	0.41	0.64	0.34	0.67	2.12	0.63	0.01
乳熟期	0.86	0.52	0.84	0.44	0.84	2.97	0.82	0.03
均 值	0.70	0.49	0.66	0.49	0.70	2.42	0.65	0.03

续表 4-3

生育期	NDVI		GNDVI		RVI		GRVI	
	r	RMSE	r	RMSE	r	RMSE	r	RMSE
	DVI		RNDVI		PVI		TSAVI	
	r	RMSE	r	RMSE	r	RMSE	r	RMSE
苗　期	0.38	0.03	0.48	0.28	0.50	0.16	0.47	1.61
拔节期	0.58	0.04	0.58	0.86	0.57	0.40	0.58	2.83
孕穗期	0.79	0.01	0.87	1.66	0.88	0.54	0.87	3.18
抽雄期	0.77	0.02	0.75	1.49	0.83	0.75	0.79	3.05
开花期	0.61	0.01	0.68	0.86	0.68	0.30	0.71	2.06
乳熟期	0.81	0.03	0.86	1.14	0.82	0.54	0.90	2.93
均　值	0.66	0.02	0.70	1.05	0.71	0.45	0.72	2.61

注：第一季：n=28；$r_{0.05}$=0.3809；$r_{0.01}$=0.4869　　第二季：n=21；$r_{0.05}$=0.4329；$r_{0.01}$=0.0.5487

期到乳熟期，各指数与 LAI 普遍达到显著或极显著相关水平。从整个生育期来看，NDVI、RVI、TSAVI 相对较好，但通过差异显著性分析得知 8 个平均相关系数并不存在显著性差异。

4.2.5　夏玉米 LAI 与冠层 NDVI 的回归分析

无论是以 NOAA 卫星 AVHRR、EOS-AM 的 MODIDS，还是以 Landsat、TM 为遥感数据源进行植被 LAI 的估算，NDVI 都是常用来估算植被（包含农作物）LAI 的有效的遥感模型（Litsch et al.，2003；Dawson et al.，2003）。通过前面的分析得知NDVI 与全氮、叶绿素、生物量都存在良好的关系，正是基于以上考虑，对夏玉米 LAI 也采用 NDVI（560/760）、NDVI（660/760）进行拟合（表 4-4），发现除了和其他农学参量一样在苗期因为叶片小、叶绿素含量低、地面背景影响很大而相关性差之外，在抽雄期和开花期可能由于雄穗呈黄褐色，影响光谱的测定，相关性也很差（尤其是第一季）。第二季的结果相对较理想。

4.3　基于作物光谱特征的产量估测

在众多的作物估产手段和工具中，遥感作为一种空间探测工具，其特有的覆盖面积大、探测周期短、资料丰富、费用低等特点，为实现快速、准确的冬小麦估产提供了新的技术手段（Dadhwal & Ray，2000；Bastiaanssen，

表 4-4 基于 NDVI 对夏玉米 LAI 的拟合方程

生育期	回归方程 NDVI(560/760)	R^2	回归方程 NDVI(660/760)	R^2
第一季				
苗 期	$y=-11.478x^2+7.7016x-1.1677$	0.15	$y=-2.4487x^2+1.4207x-0.0804$	0.13
拔节期	$y=-16.528x^2+19.758x-4.9223$	0.48**	$y=9.7482x^2-11.053x+4.0557$	0.39*
孕穗期	$y=-21.932x^2+35.863x-11.645$	0.58**	$y=-46.863x^2+87.58x-37.858$	0.62**
抽雄期	$y=0.3657x^2-0.2851x+2.9916$	0.43*	$y=18.976x^2-32.503x+16.897$	0.30
开花期	$y=-24.356x^2+36.911x-10.978$	0.22	$y=3.1638x^{0.319}$	0.10
乳熟期	$y=-10.504x^2+17.805x-4.4967$	0.57**	$y=-55.249x^2+90.698x-34.305$	0.56**
第二季				
苗 期	$y=-9.1514x^2+8.3888x-1.6808$	0.36	$y=-3.7068x^2+3.5653x-0.6154$	0.33
拔节期	$y=10.614x^2-9.6868x+3.1377$	0.39	$y=12.285x^2-14.455x+5.2538$	0.44*
孕穗期	$y=31.835x^2-41.15x+15.649$	0.81**	$y=199.45x^2-341.32x+148.68$	0.77**
抽雄期	$y=-24.43x^2+38.682x-12.398$	0.58**	$y=34.679x^2-58.65x+27.656$	0.34
开花期	$y=-30.249x^2+45.792x-14.186$	0.47*	$y=3.4129x^{0.4684}$	0.43*
乳熟期	$y=-20.006x^2+32.491x-10.16$	0.76**	$y=3.7888x^{1.3157}$	0.72**

注：第一季：n=28；$r_{0.05}$=0.3809；$r_{0.01}$=0.4869　　第二季：n=21；$r_{0.05}$=0.4329；$r_{0.01}$=0.0.5487

2003）。植被指数作为一种经济、有效和实用的地表植被覆盖和长势的参考量，在作物长势监测和产量预报中被广泛应用。大量研究表明，NDVI 对于植被具有较强的响应能力，其特点决定了 NDVI 指数在大范围植被动态监测中的重要地位（Buheaosier et al.，2003；Soudani et al.，2012）。

4.3.1 作物产量组成成分与产量的关系

冬小麦的穗长、小穗数、退化小穗数、实粒数、千粒重都是产量的重要组成部分，每个成分都会不同程度地影响产量的高低。施氮量高的处理穗长、退化小穗数、实粒数和产量都较高，实粒数的多少取决于雌穗分化的小花数、受精的小花数以及授粉后的小花能否发育成有效的粒数，施氮量较高时雌穗分化的小花数较多，后期发育也较完全。表 4-5 为各组分之间以及与产量的相关性分析结果。从表中可以看出，穗长与实粒数都呈显著性正相关关系，与千粒重呈负相关；退化小穗数则与实粒数呈显著负相关。产量与穗长呈显著正相关，而与小穗数和千粒重呈显著负相关。施氮量高的处理作物籽粒产量无论生育期和年份变化都比施氮量低的处理高。

表 4-5　冬小麦各产量组成间及其与产量的相关性

相关系数	穗长(cm)	小穗数(个/穗)	退化小穗数(粒/穗)	实粒数(粒/穗)	千粒重(g)	产量($Mg\ hm^{-2}$)
穗长	1.00					
小穗数	0.07	1.00				
退化小穗数	0.03	−0.28	1.00			
实粒数	0.73**	0.29	−0.59**	1.00		
千粒重	−0.29	0.04	0.14	−0.36*	1.00	
产量	0.70**	−0.41*	0.33	0.31	−0.36*	1.00

注：n=33；$r_{0.05}$=0.3494，$r_{0.01}$=0.4487

夏玉米的穗长、行粒数、百粒重和产量随施氮量的增加而增大，虚穗长、柱粗成相反的关系，穗粗、穗行数则和施氮量没有明显的关系（表 4-6）。穗长和虚穗长呈极显著相关关系，与行粒数和百粒重呈极显著正相关关系，与产量呈显著正相关；虚穗长和行粒数呈显著负相关；穗粗与穗行数极显著正相关；穗行数和行粒数呈极显著负相关，而与柱粗呈极显著正相关；行粒数与百粒重显著正相关。玉米产量与穗长、百粒重呈显著正相关，与柱粗呈显著负相关。

表 4-6　夏玉米产量组成、产量之间的相关性

相关系数	穗长(cm)	虚穗长(cm)	穗粗(cm)	穗行数(行/穗)	行粒数(粒/行)	柱粗(cm)	百粒重(g)	产量($Mg\ ha^{-1}$)
穗长	1.00							
虚穗长	−0.56**	1.00						
穗粗	0.12	−0.24	1.00					
穗行数	−0.42	−0.02	0.64**	1.00				
行粒数	0.70**	−0.48*	−0.18	−0.60**	1.00			
柱粗	−0.06	−0.20	0.49*	0.56**	−0.06	1.00		
百粒重	0.63**	−0.15	0.25	−0.32	0.46*	−0.14	1.00	
产量	0.45*	−0.17	0.04	−0.31	0.41	−0.45*	0.53*	1.00

注：第二季：n=21；$r_{0.05}$=0.4329；$r_{0.01}$=0.0.5487

4.3.2　作物冠层单波段反射率与产量组成及产量的相关分析

冬小麦产量组成中穗长、退化小穗数、实粒数和产量与各生育期单波段

反射率的相关性相似，在可见光范围内呈负相关（表 4–7），在近红外呈正相关，在可见光范围的相关系数大于在近红外区域的相关系数，在这四个指标中，产量与各单波段的相关系数比冬小麦穗长、退化小穗数、实粒数与反射率的相关系数大 0.10~0.13，但相关性普遍都达到极显著水平。千粒重和小穗数与可见光波段的反射率呈正相关关系，与近红外波段反射率呈负相关关系，只是相关系数都较小，与可见光波段反射率大多刚达到显著水平（r <0.43），在近红外波段反射率在中前期都不显著，开花期和乳熟期为显著或极显著相关。

表 4–7 冬小麦产量组成与冠层单波段反射率的相关性

产量组成	生育期	510 nm	560 nm	660 nm	760 nm	870 nm	1100 nm
穗长	分蘖期	–0.59	–0.55	–0.57	–0.03	–0.03	–0.05
	返青期	–0.72	–0.74	–0.73	0.68	0.70	0.68
	拔节期	–0.74	–0.75	–0.75	0.68	0.69	0.66
	孕穗期	–0.52	–0.50	–0.55	0.48	0.51	0.49
	抽穗期	–0.46	–0.57	–0.57	0.77	0.79	0.78
	开花期	–0.69	–0.69	–0.71	0.75	0.77	0.78
	乳熟期	–0.76	–0.78	–0.79	0.43	0.64	0.63
千粒重	分蘖期	0.38	0.41	0.42	0.22	0.15	0.26
	返青期	0.38	0.38	0.40	–0.25	–0.28	–0.26
	拔节期	0.36	0.32	0.37	–0.24	–0.25	–0.23
	孕穗期	0.33	0.36	0.33	–0.11	–0.12	–0.09
	抽穗期	0.41	0.43	0.43	–0.31	–0.34	–0.31
	开花期	0.36	0.43	0.42	–0.35	–0.35	–0.36
	乳熟期	0.28	0.35	0.36	–0.51	–0.49	–0.42
产量	分蘖期	–0.63	–0.58	–0.66	0.12	0.12	0.03
	返青期	–0.87	–0.88	–0.88	0.85	0.86	0.85
	拔节期	–0.93	–0.93	–0.94	0.82	0.82	0.79
	孕穗期	–0.37	–0.39	–0.41	0.52	0.53	0.51
	抽穗期	–0.84	–0.88	–0.90	0.85	0.87	0.86
	开花期	–0.92	–0.90	–0.92	0.88	0.91	0.90
	乳熟期	–0.86	–0.88	–0.89	0.54	0.70	0.74

夏玉米穗长、行粒数、百粒重、产量与可见光单波段反射率呈负相关关系，与近红外区域反射率呈正相关关系（表 4–8），而且从整体来看，这四个农学参数与可见光反射率的相关性较与近红外好，但相关系数都不高，除了穗长在可见光处的较好（r =0.4378）外，其他均未达到显著水平（$r_{0.05}$=

表 4–8　夏玉米产量组成及产量与冠层单波段反射率的相关性

产量组成	生育期	510 nm	560 nm	660 nm	760 nm	870 nm	1100 nm
穗长	苗　期	–0.35	–0.38	–0.34	0.23	0.23	0.21
	拔节期	–0.60	–0.62	–0.58	0.43	0.39	0.49
	孕穗期	–0.44	–0.30	–0.59	0.40	0.40	0.47
	抽雄期	–0.65	–0.57	–0.70	–0.48	–0.44	–0.27
	开花期	–0.10	–0.02	–0.29	0.41	0.58	0.53
	乳熟期	–0.43	–0.42	–0.50	0.17	0.16	0.15
虚穗长	苗　期	0.38	0.34	0.43	–0.28	–0.28	–0.25
	拔节期	0.25	0.29	0.23	–0.31	–0.29	–0.34
	孕穗期	–0.05	–0.05	0.11	–0.32	–0.30	–0.35
	抽雄期	0.44	0.40	0.29	0.31	0.28	0.09
	开花期	–0.02	–0.03	0.17	–0.36	–0.50	–0.47
	乳熟期	–0.04	0.02	–0.04	–0.20	–0.23	–0.27
产量	苗　期	–0.49	–0.39	–0.46	0.29	0.28	0.26
	拔节期	–0.52	–0.54	–0.41	0.29	0.23	0.33
	孕穗期	–0.22	–0.18	–0.60	0.77	0.77	0.83
	抽雄期	–0.38	–0.23	–0.64	0.22	0.22	0.45
	开花期	–0.43	–0.31	–0.58	0.18	0.29	0.32
	乳熟期	–0.35	–0.32	–0.59	0.50	0.49	0.48

0.4330）。虚穗长、穗粗、穗行数、柱粗与可见光反射率呈正相关关系，与近红外反射率呈负相关，但相关系数还不及前面四个参数，平均相关系数均未达到显著水平。

4.3.3　常见植被指数与作物产量组成及产量的相关分析

冬小麦穗长、退化小穗数、实粒数和产量与各植被指数呈正相关关系，在整个生育期都达到显著水平（表 4–9）。其中，穗长在乳熟期相关关系最好，最佳的指数为 GRVI，而 DVI 最差（r =0.6593）。退化小穗数与各指数的相关系数较小，一般都没有达到显著水平，在返青期与 GRVI 显著相关。实粒数的多少取决于拔节至灌浆初期植株的生长状况，因为这一时期是小麦幼穗分化到花粉粒形成阶段，直接影响颖花发育与结实。相关分析表明，从返青到乳熟实粒数与植被指数普遍达到显著水平，但相关系数并不大，很少达到极显著水平（0.3232~0.5879）。小穗数和千粒重与各植被指数呈负相关关系，但大部分时期和大部分指数都没有显著相关，两个产量组成与各指数的相关系数平均分别为 0.2342 和0.3533。产量是各组成成分的综合反映，它与各植被指数在整个生育期都极显著相关，平均相关系数高达 0.8166，其中拔节期 TSAVI 与之关系最好，相关系数r=0.9524。

不同植被指数与夏玉米各产量组成和产量的相关性比单波段强。从表 4–9 能够看出，穗长、行粒数、百粒重和产量与各植被指数呈正相关关系，平均相关系数分别为：0.4557、0.3530、0.4368 和 0.6381。虚穗长、穗行数和柱粗与各植被指数呈负相关关系，平均相关系数分别为：–0.2584、–0.2198 和–0.2646，都没有达到显著水平；穗粗和各植被指数在苗期和拔节期为负相关关系，到孕穗期以后为正相关关系，但相关性都很差。乳熟期的冠层植被指数与各产量组成的相关性也较好。绿色归一化植被指数 GNDVI 与各农学参量相关性最好。

表 4–9　作物产量组成及产量与最佳植被指数的相关性

产量和产量组成	生育期	植被指数	相关系数
冬小麦			
穗长	乳熟期	GRVI	0.7988**
小穗数	抽穗期	RNDVI	–0.4988**
退化小穗数	返青期	GRVI	0.4335*
实粒数	乳熟期	GRVI	0.5879**
千粒重	乳熟期	DVI	–0.5094**
产量	拔节期	TSAVI	0.9524**
夏玉米			
穗长	孕穗期	GNDVI	0.6118**
虚穗长	苗　期	GNDVI	–0.462
穗粗	孕穗期	DVI	0.3276
穗行数	乳熟期	GNDVI	–0.4659*
行粒数	孕穗期	GNDVI	0.5204*
柱粗	乳熟期	GRVI	–0.4844*
百粒重	孕穗期	RVI	0.6697**
产量	孕穗期	GNDVI	0.9265**

4.3.4　基于作物冠层 NDVI 的产量预测

对单波段反射率和几种常见植被指数与作物产量组成和产量的分析得知

植被指数和产量组成及产量关系密切，而且根据前面作物氮素和叶绿素等的分析结果，采用各生育期作物冠层 NDVI（560/760）和 NDVI（660/760）来对产量进行预测。

从产量形成的基础来看，前期的光谱值决定了营养生长的好坏，中期光谱值可以反映营养生长向生殖生长转化的情况，后期光谱值可反映作物青秆黄熟、贪青徒长还是早衰。从表 4-10 看出，冬小麦收获前的冠层 NDVI 可以对产量提早预测，这对农业管理部分动态监测冬小麦产量变化具有重要意义。分蘖期、返青期、拔节期、孕穗期和乳熟期，NDVI（560/760）以一元二次多项式方程拟合效果为佳，在抽穗期指数方程较好，开花期又以幂函数效果最好，除了孕穗期外，其他六个时期决定系数 R^2 都很大。在分蘖期、返青期和孕穗期，NDVI（660/760）估测产量采用一元二次多项式最理想，拔节期和乳熟期幂函数效果比其他形式的函数更好，而在抽穗期和开花期以指数函数为好，除孕穗期外，其人时期 R^2 很大，可以准确预测冬小麦的产量。NDVI（560/760）和 NDVI（660/760）对产量的预测能力差异非常小，NDVI（560/6760）略好一点。

表 4-10 不同生育期作物冠层 NDVI 对产量的拟合方程

生育期	回归方程 NDVI(560/760)	R^2	回归方程 NDVI(660/760)	R^2
冬小麦				
分蘖期	$y=-142x^2+127.25x-21.89$	0.6696	$y=-75.56x^2+66.908x-8.1834$	0.67
返青期	$y=-26.497x^2+39.378x-7.8774$	0.8712	$y=-14.411x^2+24.413x-3.5383$	0.871
拔节期	$y=-19.236x^2+36.9x-10.622$	0.9139	$y=7.4643x^{1.1349}$	0.9105
孕穗期	$y=-3.576x^2+12.163x-1.1516$	0.2424	$y=37.384x^2-56.781x+27.037$	0.2276
抽穗期	$y=1.0479e^{2.3094x}$	0.8956	$y=0.8139e^{2.316x}$	0.8821
开花期	$y=9.4196x^{1.7899}$	0.8765	$y=0.6452e^{2.5138x}$	0.8797
乳熟期	$y=-43.619x^2+67.111x-19.201$	0.8193	$y=8.7854x^{1.6202}$	0.8077
夏玉米				
苗　期	$y=-131.8x^2+119.98x-21.076$	0.3718	$y=-50.455x^2+48.145x-5.2518$	0.3733
拔节期	$y=16.272x^2-14.603x+9.1118$	0.242	$y=24.823x^2-30.051x+15.084$	0.2018
孕穗期	$y=-114.17x^2+194.11x-75.58$	0.8714	$y=8.5536x^2+7.3478x-7.0208$	0.7814
抽雄期	$y=181.9x^2-274.22x+109.37$	0.306	$y=-175.07x^2+327.61x-146.47$	0.6159
开花期	$y=-21.343x^2+45.853x-15.829$	0.3232	$y=-74.229x^2+135.42x-54.917$	0.4258
乳熟期	$y=1.9326e^{1.6421x}$	0.7153	$y=1.9345e^{1.4587x}$	0.7177

第二季夏玉米从苗期到开花期，两个指数对夏玉米的拟合效果均以一元二次多项式为佳，而在乳熟期则以指数方程较好（表 4-10）。六个典型生育期只有孕穗期和乳熟期决定系数较大，抽雄期 NDVI（660/760）效果也不错，其他时期拟合效果都很不理想。

为了进行准确的估产工作，有必要将与作物最终产量关系密切的关键生育期筛选出来，确立它们与作物产量的关系。筛选估产生育关键期采用逐步回归法，利用 SAS 统计软件，采用第二季冬小麦和第二季夏玉米产量数据。

表 4-11　逐步回归法预测产量的结果

处理	产量观测值	回归方程	拟合值	拟合误差(%)	回归方程	拟合值	拟合误差(%)
		NDVI(560/760)			NDVI(660/760)		
冬小麦							
1	4.71	y=2.25+5.56x3+4.27x5	4.72	−0.01	y=−2.05−4.08x1+4.42x2+9.35x5	4.71	0.00
2	6.04		6.03	0.01		6.08	−0.04
3	6.24		6.19	0.05		6.18	0.06
4	6.43		6.39	0.04		6.42	0.01
5	6.24		6.3	−0.05		6.30	−0.05
6	6.26		6.26	0.01		6.25	0.02
7	6.33		6.35	−0.02		6.31	0.02
8	6.57		6.61	−0.04		6.53	0.04
9	6.47		6.5	−0.03		6.52	−0.05
10	6.57		6.6	−0.04		6.64	−0.07
11	6.60		6.53	0.08		6.51	0.09
r		0.9971			0.9954		
夏玉米							
1	5.55	y=−15.05+24.00x3	5.62	−0.07	y=−9.65+20.54x3	5.6	−0.05
2	6.12		5.96	0.16		6.02	0.1
3	6.44		6.43	0		6.44	0
4	6.04		6.13	−0.09		6.08	−0.04
5	6.24		6.31	−0.07		6.26	−0.02
6	6.08		6.05	0.03		6.03	0.06
7	6.34		6.31	0.03		6.38	−0.04
r		0.9791			0.9532		

注：x1~x7 表示各个生育期的 NDVI 值；y 表示冬小麦和夏玉米的产量。

其中，逐步回归采用的方法为逐步引入–剔除法：模型每次引入一个最显著的变量，然后考虑从模型中剔除一个最不显著的变量，直到没有变量可以引入也没有变量可以剔除为止。最后，当选用 NDVI（560/760）时，确定的冬小麦的关键生育期为拔节期和抽穗期（表 4–11），当选用 NDVI（660/760）时，冬小麦关键生育期为分蘖期、返青期和抽穗期；夏玉米无论植被指数选择 NDVI（560/760）还是 NDVI（660/760），其关键生育期都为孕穗期。采用逐步回归的方法，大大提高了植被指数的估产精度，拟合误差都非常小。

5 不同品种夏玉米光谱特征及其与农学参量相关性的研究

作物的光谱特征是由色素、其他生化组分、组织结构和冠层结构共同决定的。植被的光谱信息要受到植被组分的空间取向、植被结构的非均匀性影响，而品种（株型）是影响植株冠层结构的主要因素，但对品种间的光谱差异性系统研究报道不多，而且一些学者对作物不同品种的光谱间是否存在差异持有不同看法。

Patel et al.（1985）和 Shibayama et al.（1986）对多个水稻品种间的光谱进行研究比较后，认为不同水稻品种间的光谱不存在显著差异，他们认为原因可能是测量的误差掩盖了品种间的差异；田国良等（1992）认为不同水稻品种间的光谱存在显著差异，原因是不同水稻品种的抽穗时间、成熟度、熟相及叶色等差异所致。有人认为不同品种光谱存在显著差异后，又进一步做了其他研究（Reed et al.，1996；Tucker et al.，1985）。赵春江等（2002）指出进入抽穗期以后，可以根据品种氮素运转特性，并利用红边振幅或近红外平台振幅推算叶片全氮含量或叶绿素总量，预测预报籽粒粗蛋白含量，为小麦按质收购、加工提供依据。杨长明等(2006）应用光谱辐射仪对不同株型水稻品种的冠层光谱辐射进行了测定，发现不同株型水稻群体冠层内太阳光谱辐射率、投射率和吸收率及消光系数存在明显差异，尤其以蓝光差异最为明显，在水稻生长后期这些差异表现更为突出。王长耀等（2006）认为利用 GA 算法结合小麦生物学特性进行的特征选择从理论上是可靠的，从实践上是可行的，是一种针对作物品种分类的有效特征选择方法；对不同小麦品种识别的精度超过 90%。卢艳丽等（2005）都指出近红外波段光谱反射率在冬小麦不同株型品种之间具有明显差异，拔节和孕穗期表现为品展品种高于直立品种，拔节期不同株型品种植被覆盖度差异较大，随着植株的生长，冠层品均叶倾角有减小的趋势。拔节期是利用遥感识别冬小麦株型的最佳时期。因此，株型的差异必然会影响到作物生化组分遥感估测的精度。

以上研究多以水稻或小麦为对象，在不同株型夏玉米类型品种间的光谱差异性系统研究至今仍未见报道，尚缺少研究（谭昌伟等，2004）。现利用品种间的光谱系统比较了不同株型夏玉米类型品种间的单波段反射率差异程度及 8 种常见植被指数的差异，分析了不同生长阶段夏玉米冠层光谱特征参量与不同生长阶段农学生化组分指标参数间的相关性，为田间精准栽培管理提供重要信息。

5.1 不同品种夏玉米农学参量的变化

供试夏玉米品种为郑单 958、鲁单 981 和农大 80。其中，郑单 958 是紧凑型株型，根系发达，耐旱抗倒，活秆成熟；鲁单 981 属于高产中早熟品种，植株半紧凑，叶色浓绿，活秆成熟；农大 80 植株为披散型，根系发达，高抗倒伏、抗旱、耐涝，活秆成熟。

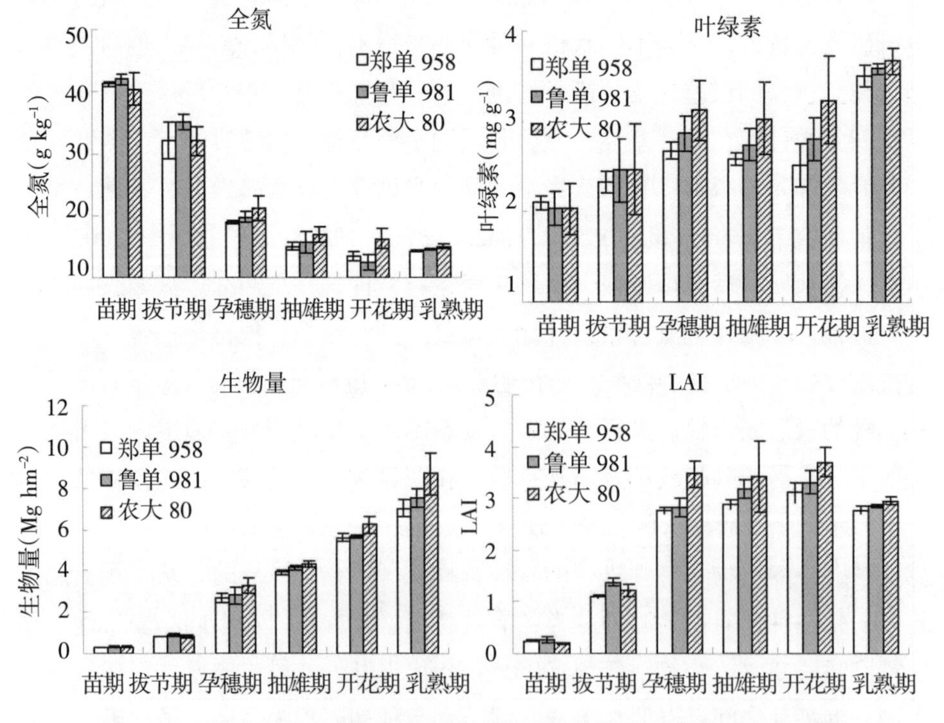

图 5-1 不同生育期、不同品种夏玉米农学参量的变化（线段表示均方根差）

3 个玉米品种各个农学参量在整个生育期变化趋势同前两章中玉米农学参量相同（图 5–1）。在不同品种之间，全氮、叶绿素、生物量和 LAI 相对差异在整个生育期差异都普遍不显著。农大 80 的生物量和 LAI 在中后期相对最大，其次为鲁单 981，郑单 958 最小，因为农大 80 属于披散型，在生长前期其植株特性还没有完全表现出来，孕穗期以后植株株型已定，披散型植株叶片较大，表现在生物量和 LAI 较大上。总体来看，农大 80 的农学参量最大，鲁单 981 次之，郑单 958 最小。

5.2 不同品种夏玉米光谱反射率的差异

5.2.1 利用 DUNCAN 法分析不同品种单波段反射率的差异

不同品种的夏玉米光谱反射率在不同生育期有不同差异（图 5–2）。各品种在生育前期可见光范围内反射率相对于后期来说较高，说明前期各品种的光谱特征较为类似，因为该时期各品种植株较矮小，LAI 小，生物量也很小，植被覆盖度很低，各品种在各波段的反射率相似，没有表现出各自的株型特点。而近红外波段反射率相对较低，近红外波段最大反射率和可见光波段最大反射率一般相差只有 13%左右。随着生育期的推移，玉米叶绿素增加，LAI 增大，植被覆盖度升高，地面背景噪音减弱，造成可见光波段反射率降低，近红外区域反射率升高的趋势，在孕穗期可见光和近红外波段反射率差异明显加大，说明该时期各品种开始表现出各自的株型特点，披散型和半紧凑型品种生物量较大，但顶端叶片有的还未完全展开，所以反射率差异不是很显著；到开花期品种间在可见光和近红外波段差异达到最大，在最大反射率 870 nm 处农大 80 与郑单 958 呈极显著差异，但鲁单 981 和二者都无显著差异。乳熟期植株开始衰老，叶片逐渐变黄，近红外波段反射率开始下降。孕穗期、抽雄期和开花期近红外波段最大反射率在 870 nm 附近处，到乳熟期转移到 1100 nm 处，这也就是随着作物的生长衰老，光谱曲线出现的“红移”现象，但 3 个品种反射率差异最大的波段仍为 870 nm 处。在全生育期绝大多数波段各品种的反射率并未达到显著水平。

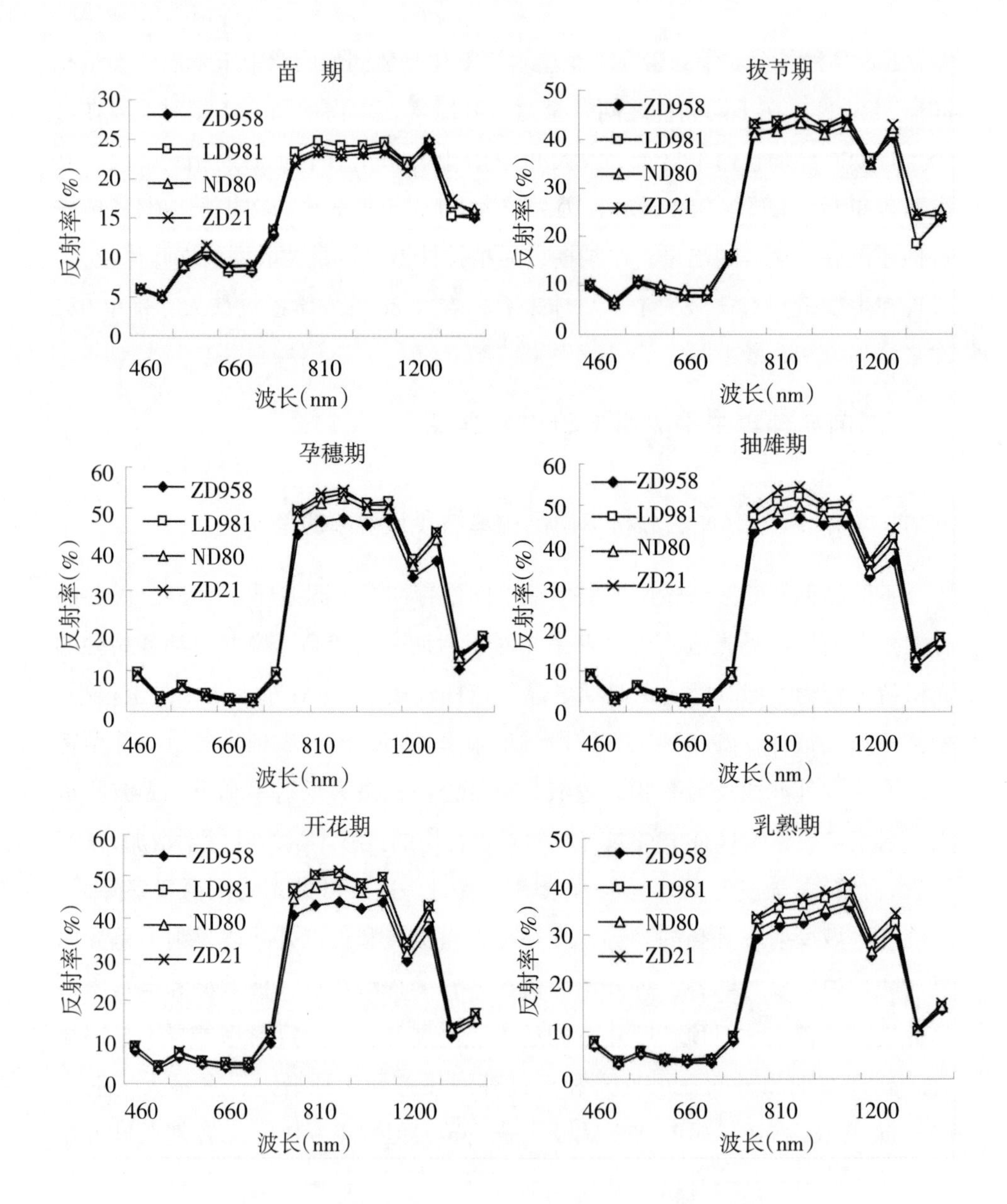

图 5-2 不同品种对玉米不同生育期冠层反射率的影响

5.2.2 利用 DUNCAN 法分析不同品种在整个光谱波段反射率的差异

从上面的分析结果看出，利用 DUNCAN 法简单地从一个波段的反射率来区别不同品种的夏玉米比较困难，所以选择整个可见光和近红外波段的反射率作为一个整体来分析不同品种的长势差异。表 5-1 为各生育期在 460~1650 nm 范围内反射率的整体差异。DUNCAN 法检验结果表明，在分蘖期鲁单 981 与农大 80 和郑单 981 在整个光谱区域都没有极显著性差异（α=0.05），但郑单 985 与农大 80 之间有极显著差异（α=0.01）；拔节期三个品种在整个波段范围内反射率无极显著差异，但郑单 958 与农大 80 呈显著性差异；孕穗期郑单 958 与后两个品种呈极显著差异，但后两个只是呈显著差异；抽雄期三个品种间呈显著差异，郑单 958 与农大 80 反射率呈极显著差异；开花期和乳熟期鲁单 981 和农大 80 均与郑单 958 呈极显著差异，但这二者之间无显著差异。所以，从孕穗期后都可以较准确地区分作物的品种。

表 5-1　不同品种夏玉米在各生育期光谱反射率的差异性分析

生育期	均方差	F 值	α=0.01	α=0.05	均方差	F 值	α=0.01	α=0.05
	苗期				抽雄期			
郑单 958	4.22	4.51	b	b	44.34	9.07	b	c
鲁单 981			ab	a			ab	b
农大 80			a	a			a	a
	拔节期				开花期			
郑单 958	12.46	2.81	a	b	79.49	19.18	b	b
鲁单 981			a	ab			a	a
农大 80			a	a			a	a
	孕穗期				乳熟期			
郑单 958	52.22	17.43	b	c	43.25	14.77	b	b
鲁单 981			a	b			a	a
农大 80			a	a			a	a

5.2.3　利用 F 检验分析不同品种单波段反射率的差异

为了评价不同玉米品种冠层光谱反射率是否存在差异、差异的大小，下面通过计算品种间光谱的 F 值来进行判断。计算某个波长处的 F 值公式为：

$$F=\frac{SS_1/(N-1)}{SS_2/[M\ (N-1)]}$$

式中，M 为各品种光谱测量次数；N 为品种数；SS_1 为不同类型品种间光谱反射率的平方和，及不同品种间光谱差异，其值为 $\sum_{i=1}^{N}(\bar{R}_i-\bar{R})^2$；$SS_2$ 为不同品种内光谱反射率的平方和，即误差平方和，其值为$\sum^{N}\sum^{M}(R_{ij}-\bar{R})^2-SS_1$；为第 i 个品种光谱反射率的平均值，其值为$\frac{1}{M}\sum_{j=1}^{M}R_{ij}$；$R_{ij}$ 为品种的光谱反射率值；$\bar{R}$ 为所有品种光谱反射率的平均值，其值为$\frac{1}{NM}\sum_{i=1}^{N}\sum_{j=1}^{M}R_{ij}$（谭昌伟等，2004）。

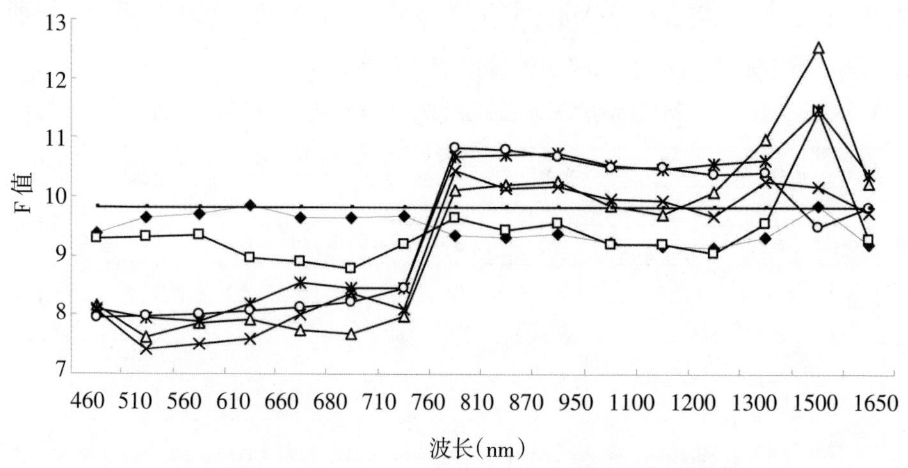

图 5-3　不同生育期不同品种夏玉米冠层反射率的 F 值

图 5-3 显示，除了 1500 nm 波段外，苗期和拔节期不同品种的夏玉米光谱在整个测定范围内都无显著差异，说明这两个时期各品种的光谱特性较为类似。孕穗期不同品种间的光谱差异在 760~1650 nm 较拔节期增大，呈显著性差异，近红外波段均无显著差异。由此表明，孕穗期各品种开始表现出自身的株型特点，农大 80（披散型）和鲁单 981（半紧凑型品种）生物量较大，叶片长而宽，并且较平展，投影叶面积较大，因而土壤的覆盖度较大。叶面积对反射光谱的贡献较大，而郑单 958（紧凑型品种）叶片相对短而窄，而且直立、紧凑，土壤的覆盖度较小，土壤对反射光谱的贡献主要来自植株生长的大土壤，因此这些不同株型间的反射光谱存在显著差异。抽雄期不同品种间的光谱和孕穗期的差异极为相似。开花期不同品种间的光谱在 760~1650 nm 呈显著性差异，而且比抽雄期差异更大，其主要原因可能为：各品种在开花

期营养生长都已经停止，郑单 958 相对生物量、土壤覆盖度和 LAI 都最小，而农大 80 的生物量、LAI 和覆盖度都最大，因此这些不同株型间的反射光谱存在显著差异。乳熟期时各品种开始衰老，叶片逐渐变黄脱落，所以各品种在可见光的反射率有所上升，近红外波段降幅较大。但光谱间的差异并未减小，在近红外区域仍然十分显著。不同品种在拔节期、开花期和孕穗期 1500 nm 处的反射率差异异常，具体原因还有待进一步研究。

5.3 作物冠层光谱与作物农学参量的相关性

5.3.1 作物冠层单波段反射率与植株地上部分农学参量的相关分析

可见光波段反射率与作物地上部分全氮含量、硝态氮含量、叶片叶绿素含量、叶绿素值、生物量和 LAI 呈负相关关系，与近红外波段呈正相关关系。但各波段与农学参量的相关性不尽相同，表 5-2 和 5-3 列出了在可见光和近红外波段与各参量关系最密切的三个。从选择出的波段和相关系数来看，可见光反射率与氮素的相关性不及近红外好，而全波段的反射率与硝态氮的相关性又不及与全氮的相关性；可见光反射率与叶绿素值的相关系数高于与叶绿素含量的，但近红外波段与叶绿素含量的相关系数又高于可见光；近红外波段反射率与生物量的相关性优于与可见光，从拔节期开始就呈显著或极显著相关；整个波段范围内反射率与 LAI 的相关性是各波段与各农学参量的相关性中最好的，这也是不同株型最直接的体现就在 LAI 大小的差异上。

从整个波段范围的反射率与六个农学参量的相关性来看，可见光中 560、660 和 680 nm 表现较好，近红外区域 760、810、1100、1200 和 1300 nm 都较好。各波段反射率与各农学参量在拔节期、孕穗期和乳熟期相关性较稳定，尤其是孕穗期，相关系数大而稳定，乳熟期相关系数低于孕穗期，主要是因为该时期作物开始衰老，叶色变黄，对波段的响应不及孕穗期敏感，但其细胞内部的结构较稳定，所以相关系数还较高；抽雄期和开花期虽然相关系数也较大，但是波动比较大。

表 5-2　单波段反射率在玉米各农学参量中的表现

生育期	可见光						近红外					
	波段（nm）	反射率	波段（nm）	反射率	波段（nm）	反射率	波段（nm）	反射率	波段（nm）	反射率	波段（nm）	反射率
	全氮											
苗　期	460	-0.48	510	-0.42	560	-0.33	810	0.3	870	0.3	1300	0.37
拔节期	560	-0.65	660	-0.65	710	-0.67	760	0.56	810	0.57	870	0.59
孕穗期	510	-0.56	660	-0.6	680	-0.55	760	0.71	870	0.73	1200	0.73
抽雄期	510	-0.63	560	-0.58	660	-0.49	760	0.90	950	0.86	1300	0.92
开花期	510	-0.59	560	-0.56	610	-0.56	760	0.75	1100	0.78	1200	0.76
乳熟期	510	-0.68	560	-0.67	610	-0.72	760	0.78	950	0.76	1100	0.79
	硝态氮											
苗　期	560	0.28	610	0.23	710	0.26	760	0.44	810	0.39	870	0.39
拔节期	610	-0.31	660	-0.36	680	-0.38	760	0.45	810	0.3	870	0.37
孕穗期	510	-0.62	560	-0.56	660	-0.56	760	0.65	870	0.66	1300	0.81
抽雄期	510	-0.72	560	-0.70	660	-0.67	760	0.67	1200	0.69	1300	0.72
开花期	510	-0.66	560	-0.69	610	-0.67	810	0.66	950	0.65	1200	0.68
乳熟期	510	-0.88	560	-0.87	680	-0.88	760	0.58	950	0.61	1100	0.61
	叶绿素											
苗　期	510	-0.49	560	-0.54	710	-0.46	810	0.14	870	0.14	1300	0.16
拔节期	510	-0.55	660	-0.67	680	-0.67	760	0.78	810	0.73	870	0.74
孕穗期	510	-0.59	660	-0.64	680	-0.58	760	0.75	870	0.74	1200	0.78
抽雄期	510	-0.74	560	-0.69	610	-0.63	810	0.83	870	0.79	1300	0.84
开花期	460	-0.69	560	-0.65	610	-0.62	810	0.79	1100	0.79	1200	0.84
乳熟期	610	-0.51	680	-0.57	710	-0.47	760	0.88	950	0.89	1100	0.91
	叶绿素值											
苗　期	460	-0.33	560	-0.35	560	-0.32	1300	0.33	1500	0.44	1650	0.15
拔节期	560	-0.79	610	-0.76	710	-0.79	760	0.47	810	0.52	870	0.57
孕穗期	510	-0.54	660	-0.67	680	-0.63	760	0.80	810	0.77	870	0.78
抽雄期	510	-0.81	560	-0.79	710	-0.75	760	0.57	870	0.54	1300	0.58
开花期	460	-0.75	510	-0.50	560	-0.51	760	0.88	870	0.87	950	0.86
乳熟期	510	-0.71	610	-0.73	680	-0.69	950	0.68	1100	0.71	1300	0.69

注：n=9，$r_{0.05}$=0.666；$r_{0.01}$=0.793

表 5-3 单波段反射率在玉米各农学参量中的表现

生育期	可见光						近红外					
	波段（nm）	反射率	波段（nm）	反射率	波段（nm）	反射率	波段（nm）	反射率	波段（nm）	反射率	波段（nm）	反射率
	生物量											
苗 期	460	−0.31	510	−0.18	560	−0.19	810	0.26	870	0.28	1300	0.34
拔节期	660	−0.59	680	−0.59	710	−0.63	760	0.36	810	0.30	870	0.33
孕穗期	510	−0.68	660	−0.79	680	−0.75	760	0.69	870	0.7	1200	0.69
抽雄期	460	−0.64	510	−0.75	560	−0.70	760	0.83	810	0.84	870	0.83
开花期	460	−0.7	560	−0.58	610	−0.58	810	0.76	1100	0.75	1200	0.79
乳熟期	510	−0.77	560	−0.76	610	−0.80	760	0.73	810	0.74	1200	0.75
	LAI											
苗 期	610	−0.55	660	−0.47	680	−0.50	760	0.47	950	0.47	1100	0.48
拔节期	610	−0.37	660	−0.36	680	−0.36	760	0.48	810	0.35	870	0.38
孕穗期	610	−0.66	660	−0.75	680	−0.69	760	0.64	870	0.65	1200	0.66
抽雄期	510	−0.7	560	−0.64	680	−0.63	810	0.85	870	0.82	1300	0.81
开花期	460	−0.7	510	−0.65	560	−0.69	760	0.76	810	0.79	1200	0.77
乳熟期	510	−0.62	560	−0.63	610	−0.62	760	0.83	950	0.84	1100	0.85

5.3.2 作物冠层植被指数与植株地上部分农学参量的相关分析

选取绿光 560 nm、红光 660 nm 和近红外 760 nm 计算 8 种常见的光谱植被指数，各指数值在各生育期的变化情况趋势相同（图 5-4）：郑单 958 的植被指数最小，农大 80 的最大。乳熟期各品种的 PVI 和 TSAVI 值为负值。从图

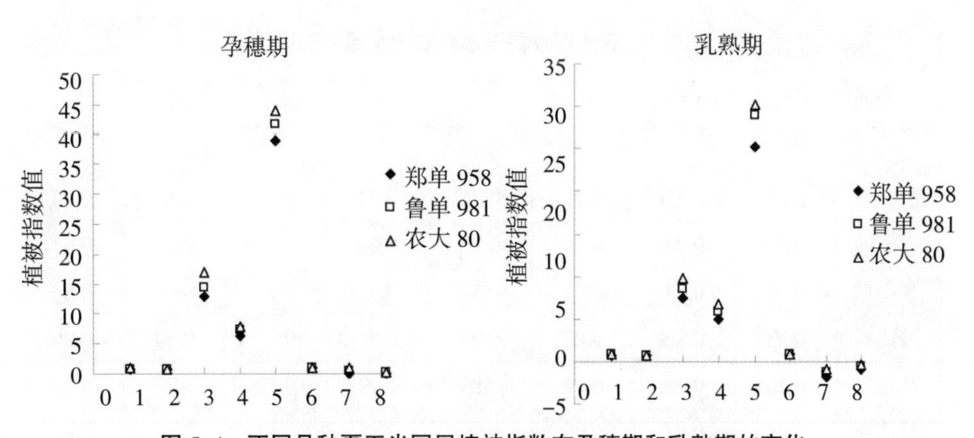

图 5-4 不同品种夏玉米冠层植被指数在孕穗期和乳熟期的变化

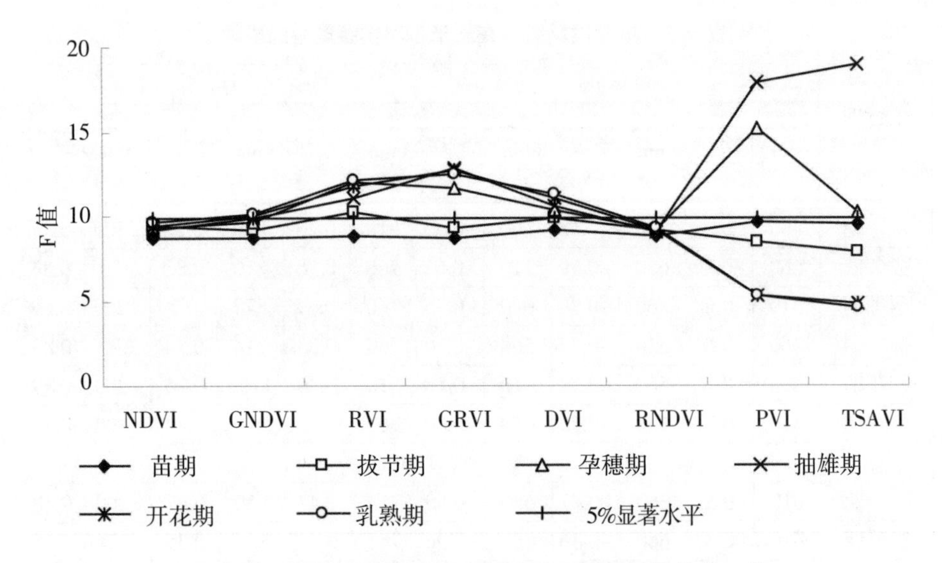

图 5-5　不同生育期不同品种夏玉米冠层植被指数的 F 值

5-5 夏玉米各生育期 8 种植被指数值的 F 值可知，除拔节期的 RVI 外，苗期和拔节期各指数差异均未达到显著水平。NDVI、GNDVI 和 RNDVI 差异很小，RVI、GRVI 差异略大一些，在后面四个生育期都达到显著水平，孕穗和抽雄期的PVI、抽雄期的 TSAVI 差异最大，这和土壤线性指数 a、b 有关。

8 种光谱植被指数与不同品种夏玉米六个植株农学参量的相关系数普遍大于单波段反射率与各农学参量的相关系数（如表 5-4 所列）。从孕穗期到乳熟期，除了差值植被指数 DVI 外，其他七种指数和各农学参量都呈显著或极显著相关。

表 5-4　植被指数在玉米各农学参量中的表现

生育期	NDVI	GNDVI	RVI	GRVI	DVI	RNDVI	PVI	TSAVI
				全氮				
苗　期	0.28	0.35	0.29	0.35	0.24	0.28	0.31	0.26
拔节期	0.67	0.74	0.60	0.72	0.66	0.67	0.66	0.68
孕穗期	0.79	0.83	0.79	0.86	0.75	0.79	0.80	0.80
抽雄期	0.83	0.86	0.85	0.90	0.93	0.83	0.89	0.86
开花期	0.70	0.79	0.71	0.81	0.79	0.70	0.71	0.73
乳熟期	0.85	0.87	0.90	0.90	0.82	0.84	0.87	0.84

续表 5-4

生育期	NDVI	GNDVI	RVI	GRVI	DVI	RNDVI	PVI	TSAVI
硝态氮								
苗　期	0.40	0.29	0.39	0.28	0.44	0.40	0.32	0.41
拔节期	0.39	0.28	0.47	0.31	0.45	0.38	0.38	0.38
孕穗期	0.74	0.83	0.72	0.83	0.69	0.74	0.75	0.76
抽雄期	0.70	0.82	0.71	0.85	0.70	0.70	0.73	0.72
开花期	0.80	0.80	0.81	0.81	0.64	0.79	0.79	0.80
乳熟期	0.83	0.87	0.89	0.91	0.65	0.82	0.87	0.79
叶绿素								
苗　期	0.23	0.35	0.28	0.38	0.15	0.22	0.32	0.18
拔节期	0.73	0.66	0.70	0.64	0.81	0.73	0.71	0.74
孕穗期	0.83	0.84	0.85	0.87	0.79	0.83	0.85	0.85
抽雄期	0.82	0.88	0.85	0.93	0.82	0.82	0.86	0.84
开花期	0.78	0.87	0.78	0.89	0.81	0.77	0.78	0.80
乳熟期	0.87	0.87	0.88	0.86	0.91	0.87	0.86	0.88
叶绿素值								
苗　期	0.12	0.12	0.13	0.12	0.02	0.11	0.21	0.08
拔节期	0.73	0.80	0.69	0.81	0.64	0.73	0.74	0.73
孕穗期	0.87	0.75	0.90	0.79	0.84	0.87	0.90	0.88
抽雄期	0.83	0.86	0.81	0.87	0.62	0.83	0.82	0.84
开花期	0.82	0.84	0.82	0.86	0.92	0.82	0.81	0.85
乳熟期	0.80	0.79	0.85	0.81	0.72	0.80	0.83	0.79
生物量								
苗　期	0.14	0.25	0.18	0.28	0.17	0.12	0.12	0.12
拔节期	0.57	0.59	0.51	0.56	0.50	0.58	0.59	0.58
孕穗期	0.83	0.83	0.84	0.86	0.53	0.83	0.80	0.82
抽雄期	0.78	0.91	0.79	0.92	0.85	0.78	0.83	0.80
开花期	0.81	0.79	0.85	0.85	0.78	0.81	0.83	0.82
乳熟期	0.87	0.90	0.92	0.94	0.78	0.86	0.88	0.85
LAI								
苗　期	0.53	0.57	0.58	0.59	0.53	0.51	0.51	0.50
拔节期	0.41	0.41	0.32	0.37	0.47	0.42	0.39	0.43
孕穗期	0.91	0.86	0.94	0.90	0.74	0.91	0.91	0.92
抽雄期	0.79	0.81	0.84	0.85	0.78	0.78	0.83	0.80
开花期	0.83	0.90	0.83	0.91	0.81	0.83	0.82	0.85
乳熟期	0.81	0.89	0.83	0.89	0.86	0.81	0.80	0.82

5.3.3 冠层 GRVI 对植株地上部分农学参量的估测

通过单波段反射率和组合植被指数与不同品种玉米各项生物物理参数的相关性分析得知，它们从孕穗期到乳熟期有较好的相关性。从上面的分析我们知道不同品种的 GRVI 差异较大，可以区分不同品种在孕穗期、抽雄期、开花期的光谱反射率，而且该指数与各农学参量的相关性也非常强，因此，现利用 GRVI（560/760）对地上部分全氮含量、叶片叶绿素含量、干生物量和 LAI 进行回归拟合，拟合方程和决定系数列于表 5-5 中。回归方程大部分以一元二次多项式最佳，从整个生育期来看，GRVI（560/760）在估测不同品种的农学参量时，与生物量和 LAI 的决定系数 R^2 大于与叶绿素和全氮的 R^2，对全氮的估测相对最差（全生育期 R^2=0.6438）。原因可能在于不同品种全氮和叶绿素含量差异不大，但是由于株型不同，所以导致生物量和 LAI 差异较大，但到开花期下部叶片有的开始衰老变黄，乳熟期时黄叶更多，测定 LAI 时忽略黄叶，但计算生物量时却包括所有地上部分，所以该指数与 LAI 在开花期和乳熟期的拟合决定系数也不大。

表 5-5　不同生育期玉米 GRVI(560/760)和农学参量的关系

生育期	回归方程	R^2	回归方程	R^2
	全氮		叶绿素	
苗　期	$y=2.11x^2-6.71x+44.58$	0.1255	$y=2.63x^2-12.62x+17.07$	0.3722
拔节期	$y=-2.29x^2+21.69x-16.61$	0.566	$y=0.882x^{0.7264}$	0.4304
孕穗期	$y=0.85x^2-9.50x+43.55$	0.7819	$y=0.14x^2-1.71x+7.85$	0.8681
抽雄期	$y=0.28x^2-3.04x+22.28$	0.8665	$y=0.07x^2-0.81x+4.85$	0.9528
开花期	$y=0.19x^2-1.70x+19.56$	0.6897	$y=0.11x^2-0.95x+4.59$	0.8340
乳熟期	$y=0.06x^2-0.28x+14.23$	0.8286	$y=-0.028x^2+0.45x+1.93$	0.7678
	生物量		LAI	
苗　期	$y=0.58x^2-2.79x+3.69$	0.3585	$y=0.74x^2-3.46x+4.25$	0.5229
拔节期	$y=-0.11x^2+0.93x-1.14$	0.4301	$y=-0.28x^2+2.30x-3.46$	0.3494
孕穗期	$y=0.33x^2-4.15x+15.33$	0.9745	$y=0.25x^2-2.99x+11.41$	0.9077
抽雄期	$y=0.0028x^2+0.12x+3.06$	0.8383	$y=0.10x^2-1.24x+6.50$	0.8269
开花期	$y=0.22x^2-2.45x+12.50$	0.9252	$y=0.041x^2-0.21x+3.06$	0.8433
乳熟期	$y=0.26x^2-2.02x+10.48$	0.9285	$y=-0.0059x^2+0.16x+2.13$	0.7998

注：n=9，$r_{0.05}$=0.666；$r_{0.01}$=0.793

6　基于 GreenSeeker 的冬小麦植被指数的氮素诊断研究

目前，卫星遥感、飞机航空遥感等影像的空间分辨率和光谱分辨率比较低，测量误差比较大，而且遥感作业成本太高，目前普及范围很小，另外许多技术也还处于研究阶段；通常所用的土壤数据采集仪器价格昂贵，性能不是很好，大面积高密度土壤取样化验成本太高，工作量大，耗时长，很难推广应用。所以，寻求简便、快速、无破坏地监测作物生长状况的方法，进而指导作物生产管理乃是当务之急。

便携式植物光谱仪（GreenSeeker）是利用 Ntech 的第二代光谱传感器技术，研究作物光谱的一种工具。它可以提供精确测量的 NDVI、植物在红光和近红外区的光谱比率，这些数据可以定量反映其他参数和指数、植物生长状况、潜在产量、胁迫以及病虫害的影响等。它可以监测不同作物在不同生育期和不同施肥水平下冠层反射光谱的情况。Sembiring et al.（2000）利用该仪器研究发现冬小麦在 Feekes4、5、7 和 8 的 NDVI 值与地上部分吸氮量高度相关，但不同品种试验 NDVI 值并没有显著差异。NDVI 还可以较准确地估测作物生物量。Lukina et al.（1999）指出 NDVI 与植被覆盖度具有良好的相关性。Raun et al.（2001）利用GreenSeeker 提出 INSEY 参数，并得出 INSEY 可以准确估测冬小麦产量的结论。LaRuffa et al.（2001）提出 Feekes5 时期 NDVI 可以估算施氮量，但是由于土壤养分空间变异性的影响，最好小区面积小于 53.51 m^2，这样会提高产量，降低成本，减少施氮过多对环境的危害。Lukina et al.（2001）、Raun et al.（2002）提出氮肥优化算法模型，并建议将微区划分为 1 m^2 以达到最佳效果（Raun et al.，1998）。Thomason et al.（2002）分析了不同作物品种、收获物、氮肥种类、施肥时期、施肥量、监测面积大小、其他肥料等对情况下作物的产量和氮肥利用率，最后总结出基于 INSEY 计算施氮量的处理总是具有最高产量和最大氮素利用率。Mullen et al.（2003）在 Oklahoma 州 23 个实验基地采用 GreenSeeker 测定的 NDVI 的基础上提出响应指数 RINDVI，并验证了 RIHarvest 与 RINDVI 的之间在 Feekes5、9、10.5 生育期具有良好的相关性，RINDVI 拟合 RIHarvest 的决定系数>0.56。其他人也基于 GreenSeeker 的 NDVI 与产量、籽粒含氮量、秸秆含氮量、籽粒吸氮量、秸秆吸氮量、总吸氮量等的关系作了较深入的研究（Hodgen et al.，2005；Raun et al.，2005b；Kefyalew，2007；Freeman，2007）。估测早期作物氮素水平的主要目的之一是确定追肥的最佳时期，Roth（1989）指出起身期前后是冬小麦追施氮肥的最理想时期，利用 NDVI 估测施肥量，氮素利用率提高了近 20%（Stone et al.，1996）。

本研究分析了冬小麦不同生育期利用 GreenSeeker 测定的 NDVI 和 RVI 与冬小麦基本农学参量之间的关系，验证该仪器是否可以准确估测当地作物的氮素水平、生物量和产量等，并选出更能预测冬小麦氮素水平的植被指数和最佳表征时期，以期为作物提供一种更廉价、快速、准确的氮素诊断的仪器和方法。

6.1 GreenSeeker 光谱仪测定的植被指数

图 6-1 和图 6-2 显示了利用便携式光谱仪测定的冬小麦不同处理在返青、拔节、抽穗和乳熟四个关键生育期 NDVI 和 RVI 的变化情况。从返青期到抽穗期，两种植被指数都逐渐增大，尤其是抽穗期的指数值比拔节期有较大幅度的提高，各施肥处理在乳熟期的指数值有所降低，不施肥处理略有升高。从两个图可以了解到相同处理不同重复在各生育期间 NDVI 值的标准差都较小，测定值比较稳定；在生长前期，相同处理各重复间 RVI 值标准差非常小，但随着覆盖度的增加，尤其是在抽穗期，重复间的标准差有很大幅度的增加，说明在冬小麦生长的中后期利用 RVI 表征作物长势效果较差。

对相同生育期不同处理进行显著性检验可知，在分蘖期，处理 2 与其他 8 个处理 NDVI 值呈显著性差异（而 RVI 值虽然最小，但差异不显著），这是由于该处理基肥施用量过大（一次性施入 200 kg N hm^{-2}），有一定程度的“烧苗”现象出现，随着分蘖过程的完成，到返青期生长基本正常。从返青期到乳熟

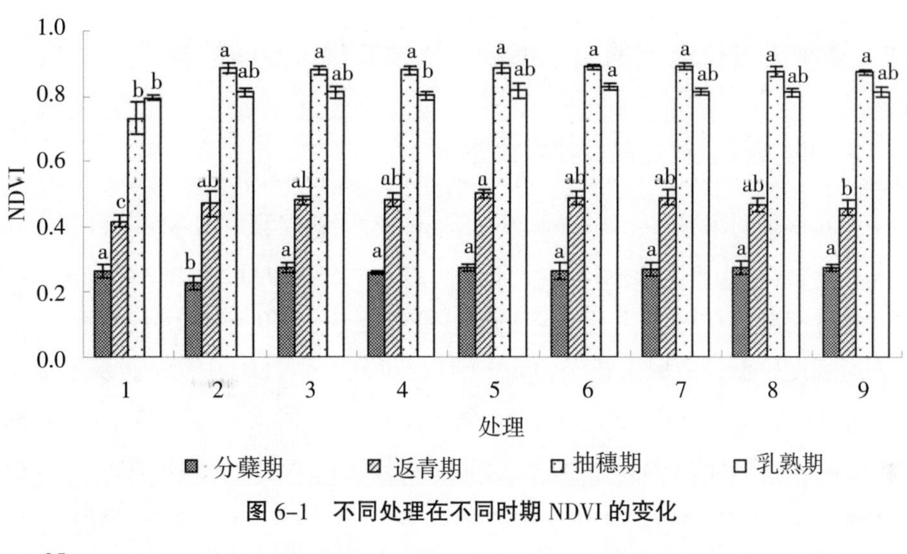

图 6-1　不同处理在不同时期 NDVI 的变化

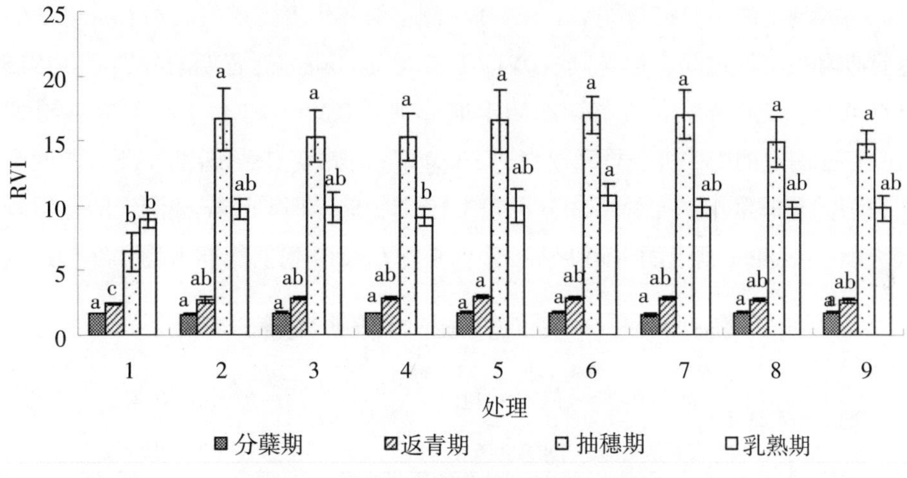

图 6-2　不同处理在不同时期 RVI 的变化

期，不施肥处理的两种植被指数值与其他施肥处理的指数值差异均达到 α=0.05 水平，抽穗期各施肥处理间指数值无显著差异，乳熟期处理 6 指数值最大，处理 1 和 4 最小，与其他处理差异显著。从显著性分析可以看出，除不施氮的处理外，其他处理虽然追肥次数或总施氮量不同，但小麦冠层的两种植被指数值相差并不很大，这说明该地区土壤肥力较高，施肥次数对其影响很小，而且当地传统施肥量过高，以至于造成不必要的经济损失，同时也污染了环境。

6.2 两种光谱仪测定的植被指数与植被农学参量间的异同

6.2.1 两种光谱仪测定的植被指数差异

表 6-1 是利用 GreenSeeker 和 Cropscan 两种光谱仪测定的 NDVI 和 RVI 的情况。分蘖期测定时间跨度较大，原因是第二季 9~10 月份降雨量很大，田块一直过于潮湿，直到 10 月下旬才播种（通常是 10 月 10 日到 15 日播种），由于当时温度较低，所以出苗慢，到 12 月初和第一季 11 月中旬的分蘖情况相似，所以到 12 月 1 日才测定了冬小麦光谱值和其他农学参量。分蘖期 GreenSeeker 测定的 NDVI 相对于 Cropscan 测定的 NDVI（660/760）平均小 0.1166，RVI（66/760）平均小 0.5591；该时期两个指数变异系数都比 Cropscan 测定的小。拔节期 GreenSeeker 测定的冬小麦光谱值居于 Cropscan 的返青期和拔节期之间，但是其 NDVI、RVI 比 Cropscan 返青期的分别低 0.1915 和 2.4918，比Cropscan 拔节期的测定值分别低 0.3795 和 11.7406，在拔节期 Cropscan 测定的RVI 值变异系数高达 32.84%。乳熟期 GreenSeeker 测定的两个指数值差异非常小，变异系数分别为 1.19 和 5.56，但 Cropscan 测定的变异较大。GreenSeeker 测定的 NDVI 从拔节期平均 0.4719 到抽穗期平均 0.8659，在

表 6-1 GreenSeeker 和 Cropscan 测定的植被指数的差异

生育期	测定日期	极小值	极大值	平均值	变异系数	极小值	极大值	平均值	变异系数
		NDVI				RVI			
GreenSeeker									
分蘖期	11/13	0.2276	0.2762	0.2640	5.87	1.58	1.75	1.68	4.60
拔节期	3/20	0.4157	0.5003	0.4719	5.22	2.40	2.97	2.77	5.95
抽穗期	4/15	0.7326	0.8904	0.8659	5.82	6.41	17.03	14.88	22.14
乳熟期	5/15	0.7949	0.8297	0.8118	1.19	8.90	10.81	9.74	5.56
Cropscan									
分蘖期	12/1	0.3005	0.4243	0.3806	8.54	1.86	2.48	2.24	7.29
返青期	3/12	0.4800	0.7300	0.6634	11.23	2.85	6.90	5.26	22.82
拔节期	3/26	0.6718	0.9090	0.8514	7.67	5.10	21.26	14.51	32.84
抽穗期	4/19	0.7561	0.8985	0.8764	4.60	7.27	18.72	16.18	19.11
乳熟期	5/15	0.6935	0.8373	0.8072	4.98	5.53	11.35	9.75	16.36

相差25天的时间里增加了83.48%，但Cropscan从分蘖期到返青期急剧增加了74.30%，然后在后来的几个生育期中最大的NDVI值（抽穗期）比返青期的增加了32.10%，RVI的变化规律和NDVI类似，只是变幅更大。所以，从返青期到乳熟期，GreenSeeker测定的植被指数值变异较大，但在单个生育期变异较小；Cropscan在该时段内测定的值差异较小，从拔节期到乳熟期单个生育期变异也较小。

导致两种光谱仪测定结果的差异原因除了种植冬小麦的地块本身肥力不同、施氮量不同和由于播种时间和天气条件影响到作物吸收养分的多少不同、测定时日期和天气条件不同等之外，另外一个主要原因在于仪器本身的差异：GreenSeeker选择的红光波段为671±6 nm，近红外为780±6 nm；Cropscan的红光波段为661±9.4 nm，中心波段为661.7 nm，近红外为780±6 nm，中心波段为761.2 nm，所以，波段上的差别是导致植被指数值差异的另外一个原因。另外，两种仪器虽然都采用光电二极管和特定波段光学滤波器来接收光线，但也许滤波器材料的不同也会影响光谱的测定。

6.2.2 不同生育期冬小麦植被指数（NDVI和RVI）与相应时期农学参量的关系

6.2.2.1 植被指数与生物量的相关关系

分蘖期冬小麦叶片叶绿素含量、生物量和LAI都很小，土壤背景噪声很大，所以两个植被指数与生物量的相关性都很差。随着植株的生长，在后来三个生育期，NDVI与生物量之间呈现较好的正相关关系。其中返青期和抽穗期呈显著相关，以返青期相关性最强。RVI与生物量在分蘖期和乳熟期具有较好的二次多项式相关关系，而在返青期和抽穗期呈现指数相关关系（表6-2）。从返青期到乳熟期，NDVI与生物量之间的拟合相关性略高于RVI与生物量的相关性，但都有逐渐减小的趋势。

6.2.2.2 植被指数与全氮含量的相关关系

由表6-3 NDVI和RVI与叶片氮素含量的拟合关系表明，在返青、抽穗和乳熟期，两种植被指数与冬小麦茎叶氮素含量均呈极显著正相关，抽穗期呈指数相关关系，决定系数$R^2>0.85$，且高于其他三个时期（$R^2<0.70$），其次为乳熟期。抽穗期两个植被指数与含氮量的关系最密切。NDVI在分蘖期与作

表 6–2 不同生育期冬小麦 NDVI、RVI 和生物量的回归方程

生育期	NDVI	RVI
分蘖期	$y=-1.3419x^2+1.0182x+0.2013$ $R^2=0.3862$	$y=-0.1083x^2+0.4648x-0.1012$ $R^2=0.4122$
返青期	$y=80.037x^2-68.149x+16.217$ $R^2=0.7525$	$y=1.5423x^2-7.5058x+10.851$ $R^2=0.742$
抽穗期	$y=19.075x^2-23.903x+11.527$ $R^2=0.6018$	$y=3.8607e^{0.0195x}$ $R^2=0.5966$
乳熟期	$y=-163.04x^2+309.64x-133.88$ $R^2=0.6422$	$y=-0.0847x^2+2.4286x-5.5622$ $R^2=0.6203$

表 6–3 不同生育期冬小麦 NDVI、RVI 和作物含氮量的回归方程

生育期	NDVI	RVI
分蘖期	$y=-392.2x^2+265.74x-0.1915$ $R^2=0.3712$	$y=-31.491x^2+125.5x-79.846$ $R^2=0.3929$
返青期	$y=590.98x^2-478.24x+120.18$ $R^2=0.6006$	$y=11.502x^2-52.378x+83.058$ $R^2=0.5995$
抽穗期	$y=1.8766e^{2.5212x}$ $R^2=0.869$	$y=9.6811e^{0.0364x}$ $R^2=0.8651$
乳熟期	$y=-810.73x^2+1399.4x-590.04$ $R^2=0.6929$	$y=-0.3162x^2+7.6419x-32.696$ $R^2=0.6801$

物含氮量的相关性最差。

6.2.2.3 植被指数与地上部分吸氮量的相关关系

氮素积累量（作物吸氮量），它是单位面积上茎叶所含氮素的总量，等于茎叶含氮量与单位土地面积上叶片干重的乘积。NDVI 和 RVI 与氮素积累量的相关性与它们与茎叶含氮量的相关性趋势一致（表 6–4）。

表 6–4 不同生育期冬小麦 NDVI、RVI 和氮素积累量的回归方程

生育期	NDVI	RVI
分蘖期	$y=37.486x^{0.6408}$ $R^2=0.5221$	$y=8.0187x^{1.2869}$ $R^2=0.5513$
返青期	$y=3652.1x^2-3085.4x+691.8$ $R^2=0.8107$	$y=71.788x^2-346.6x+458.93$ $R^2=0.8052$
抽穗期	$y=2.911e^{3.9093x}$ $R^2=0.9257$	$y=16.143x^{0.6288}$ $R^2=0.942$
乳熟期	$y=-5808.5x^2+10754x-4785.3$ $R^2=0.8197$	$y=-3.0889x^2+83.389x-401.07$ $R^2=0.8005$

6.2.2.4 植被指数与冬小麦收获期农学参量的相关关系

施氮量高的处理收获后产量、籽粒含氮量、秸秆生物量、秸秆含氮量、籽粒吸氮量、秸秆吸氮量以及地上部分总吸氮量（地上部分秸秆吸氮量+籽粒吸氮量）一般情况下都较高（数据未列出）。返青期和抽穗期的 NDVI、RVI 两种植被指数与收获期的农学参量都有良好的相关性，均达极显著水平，但在分蘖期和乳熟期相关性较差，未达到显著水平。图 6–3 是返青期的 NDVI、收获期产量和籽粒吸氮量组成的三维立体图，可以看出，在产量很低或很高的情况下，三者的关系较差，NDVI 无法准确估测作物产量和籽粒吸氮量，但在一般情况下，三者具有一致的渐变趋势，NDVI 可以达到准确拟合这些参量的目的。图 6–4 为返青期 NDVI 和 RVI 和收获期各农学参量的拟合方程，其决定系数 R^2>0.75。两个指数中又以 NDVI 略好，但二者与各农学参量的关系并无显著性差异。分蘖期由于冬小麦覆盖度小，土壤背景干扰强，植被指数精度较低；且在作物生长初期，氮素积累量很小，土壤本身的氮素可以维持其生长，故不能准确地反映不同施氮条件下作物的产量，所以该时期植被指数与产量的相关系数最小。乳熟期冬小麦开始衰老，叶片变黄，穗也逐渐变黄，所以对红光和近红外的响应不如返青期和抽穗期敏感。两种植被指数与籽粒吸氮量、整个地上部分总吸氮量的相关性高于与产量、地上部分生物量的相关性，表明红光和近红外波段组成的 NDVI 和 RVI 对作物氮素敏感。

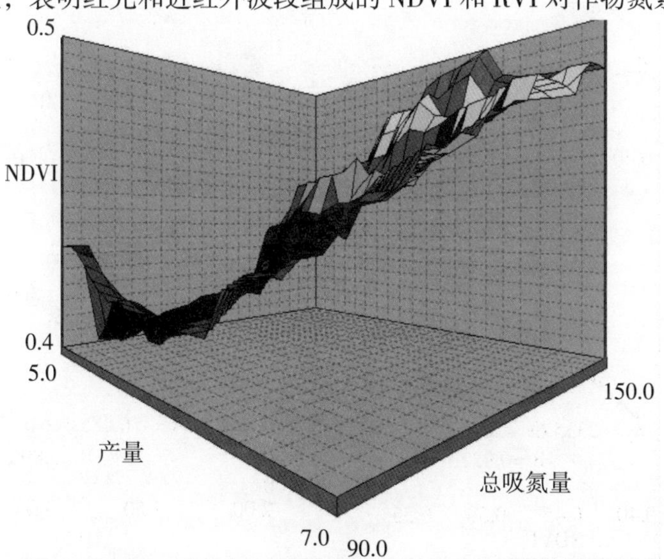

图 6–3 返青期 NDVI、收获期产量和地上部分总吸氮量的 3D 关系图

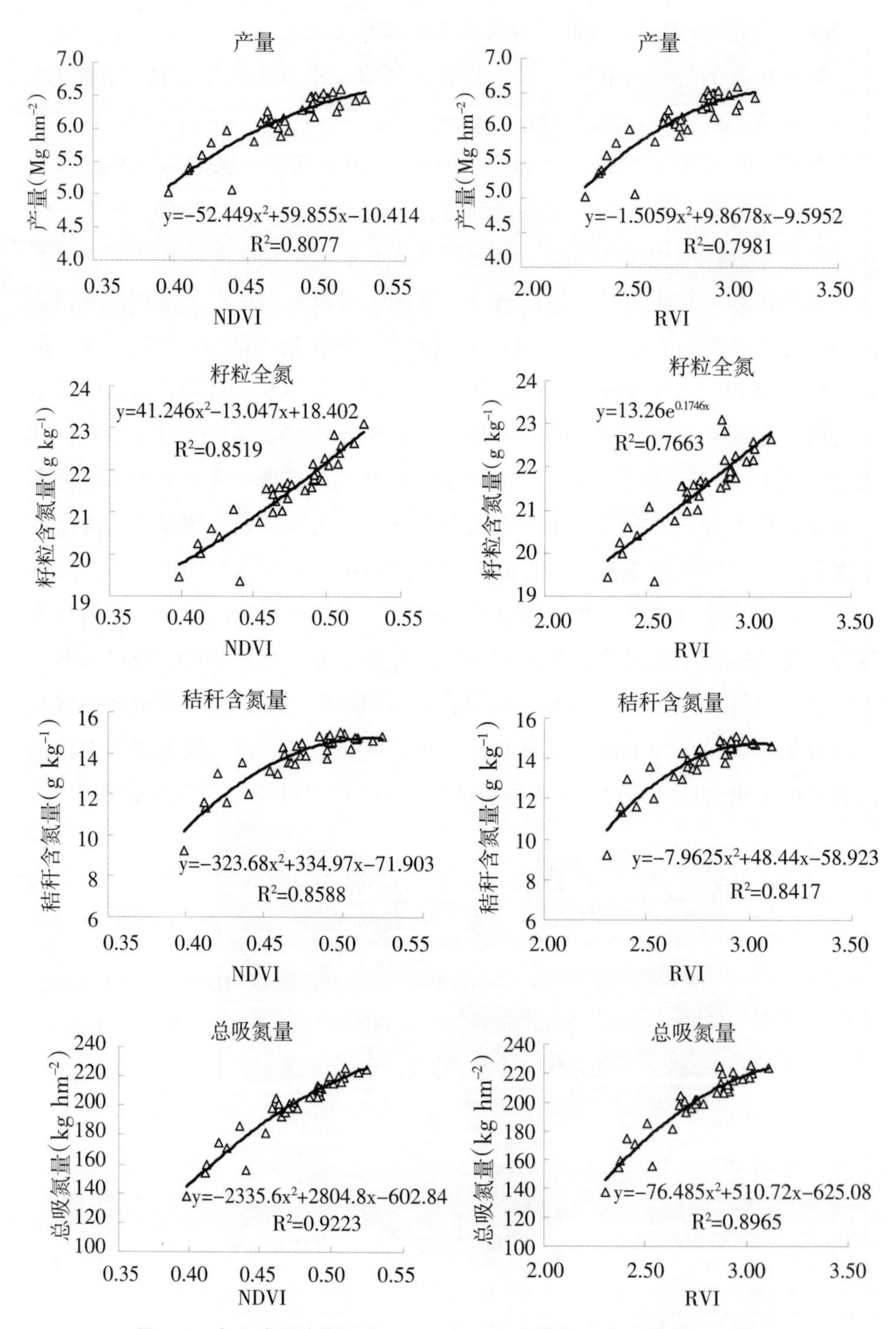

图 6-4 冬小麦返青期冠层 NDVI、RVI 与收获期农学参量的拟合方程

7 基于作物光谱特征的施氮模型研究

小麦是世界上最重要的粮食作物，其种植总面积、总产量及总贸易额均居于粮食作物的第一位。以小麦为主要粮食的人口占全世界总人口的 1/3 以上。小麦分布极广，但主要分布在 67°N 到 45°S 之间。玉米是重要的饲料、工业原料和粮食作物，在国民经济中占有非常重要的地位，而且随着社会经济的发展，全球的玉米需求量持续增长。施肥是增加作物产量的有效途径，长期以来，农民为了获得高产稳产，大量施用化肥。赵久然等（1997）对北京地区 250 多个点的二茬平播小麦、玉米地块进行调查表明，小麦、玉米两茬化肥投入平均每公顷纯氮 565 kg，其中，小麦为 309 kg hm^{-2}，玉米为 256 kg hm^{-2}。但氮肥试验结果表明，北京市冬小麦/夏玉米轮作制中大部分田块在施氮量超过 180 kg hm^{-2} 时，产量将不再增加，而氮素利用率明显降低（陈新平，2000）。

导致作物氮素利用率低的原因很多。谷类从开花期后作物组织中的氮主要是以 NH_3-N 的形式损失（Harper et al.，1987；Francis et al.，1993）。Francis 等（1993）通过 15N 研究出玉米损失的氮总共有 52%到 73%，小麦中大约有 21%（Harper et al.，1987）到 41%（Daigger et al.，1976），大豆中以气态形式损失的氮超过45 kg N hm^{-2}（Stutte et al.，1979）。据报道，冬小麦以气态形式损失的氮有 9.5%是氮肥反硝化作用导致的（Aulakh et al.，1982），水稻约 10%（Datta et al.，1991），玉米约10%（常规耕种）到 22%（免耕）（Hilton et al.，1994）。土壤表层损失的氮大约占总施肥量的1%（Chichester & Richardson，1992）到 13%（Blevins et al.，1996），免耕条件下通常较低。如果尿素直接施到土壤表面，氮肥以 NH_3-N 的形式损失将超过 40%（Fowler & Brydon，1989），而且该量会随温度、pH 和表层氮肥残留量的增加而增大。当施氮量超过最大产量需氮量时，NO_3-N 淋失就会显著增多（Olson & Swallow，1984）。总之，氮肥损失量主要的途径是反硝化作用、挥发和径流（Karlen et al.，1996）。

由于以上原因，根据作物不同生育期土壤氮素供应与作物氮素需求，合理施肥是减少农业投入、提高氮素利用率的关键。本书通过研究作物在不同生育期的光谱特征与相应时期地上部分吸氮量的相关性，结合作物需肥的生理特征，在前人研究的基础上建立施肥模型，以期为当地乃至更广泛地区的氮肥管理提供依据。

7.1 原始施氮模型简介

很多确定氮肥施用量的方法都是基于大田目标产量和生产单位籽粒氮素转化量进行的。现在，由于遥感技术的发展，大量试验证明作物的产量和特定生育期的光谱值有很好的相关性，因此，有人提出利用作物的光谱特征确定施氮量。本研究采用了其中两个模型的基本原理，其中原始模型 2 在美国的应用已经十分广泛、成熟。

7.1.1 原始模型 1

李立平等（2004）在 2003~2004 年中国科学院南京土壤研究所封丘农业生态实验站采用 GreenSeeker 测定光谱的试验得出：冬小麦从返青期开始其冠层 NDVI 值（红外 671±6nm，近红外 780±6 nm）与整个地上部分吸氮量显著相关。返青期后冬小麦氮素积累量等于收获期作物地上部分氮素积累量与返青期前作物氮素积累量之差，即：

Feekes4-7 生育期应追肥数量=（收获期作物氮肥吸收数量-播种到 Feekes4-7 生育期作物氮素吸收数量-Feekes4-7 生育期到收获期土壤向作物供应的氮素数量）/ 氮肥利用率。

采用返青期 NDVI（x）与该时期到收获期氮素积累量（y）建立多项式方程：

$$y=a_1x^2-a_2x+b_0$$

a_1、a_2 和 b_0 为拟合方程的系数，其值随时间和地点的变化而变化。同时假设这段时期冬小麦从土壤中吸收的氮素占其氮素积累量的 50%，则这一时期需要追肥量（z）为：

$$z=0.5\times y$$

以上公式中，收获期作物氮肥吸收数量在正常生长条件下为一定值；播种到 Feekes4-7 生育期作物氮素吸收数量可以通过便携式植物光谱仪测定 NDVI 来计算；Feekes4-7 生育期到收获期土壤向作物供应的氮素数量对于同一土壤和作物为一定值，可通过试验测定。

作者指出，黄淮海平原冬小麦产区的成土因素和土壤性质比较单一，各地土壤的供氮能力比较一致。因此，在较大面积范围内，只要测定一次土壤的供氮能力，即可将这一数字推广到其他未测定地区，并且这一数字在不同年度间变化可能也较小，土壤供氮肥力与土壤有机氮这一基本稳定的性质相关研究表明，土壤的氮素供应能力是比较客观的，作物生育期间吸收的氮素有一半以上来自土壤，所以在公式中采用 0.5。

7.1.2 原始模型 2

Lukina et al.（2001）建立了氮肥优化算法模型（NitrogenFertilizationOptimaization Algorithm，NFOA）。他们经过长期多地区研究发现在冬小麦 Feekes4 到 Feekes6 时期（第一个茎节可见）的 NDVI（红外 671±6 nm，近红外780±6 nm）与早期作物吸氮量高度相关，进一步研究得出 NDVI 除以从播种到光谱测定时期积温大于 4.4 ℃的天数与最终产量也密切相关。所以，他们提出当季产量估算参数 INSEY，用来估算迁移到籽粒中的氮量。具体步骤如下：

1. 生长积温天数 GDD（Growing degree days）= $[(T_{min}+T_{max})/2-4.4℃]$

2. 当季产量估测参数 INSEY（In-season estimated yield）=NDVI/GDD

3. 根据 INSEY 估算潜在籽粒产量（Potential grain yield，PGY）

$PGY = 0.74076+0.10210e^{577.66INSEY}$

4. 基于 PGY 估算籽粒含氮量（Percent N in the grain，PNG）

$PNG = 0.0703PGY^2+0.5298PGY+3.106$

5. 计算作物吸氮量（Grain N uptake，GNUP）

$GNUP = PGY\times PNG$

6. 计算秸秆早期吸氮量（Early-season forage N uptake，FNUP）

$FNUP = 14.76+0.7758e^{5.468NDVI}$

7. 估算追施氮肥的数量（Fertilization N requirement，FNR）

FNR = （GNUP− FNUP）/ 0.70

在这个模型中，0.70 是指他们试验中所达到的最大氮肥利用率，在一些地区，因为氮肥的固定、反硝化作用和氨挥发因素的影响，氮肥利用率很小，一般该系数取 0.33~0.80。在这个模型的实施中，他们将地块分为 1.0 m^2 为一个单元来测定光谱植被指数，施氮量也是按照 1.0 m^2 来计算的。

后来，Raun 等（2002）又提出了响应系数（Response index，RI_{NDVI}= $NDVI_n/NDVI_0$）来估算潜在产量（$YP_n=YP_0\times RI_{NDVI}$），计算式中 $NDVI_n$ 指施氮处理的 NDVI 值，$NDVI_0$ 指没有施肥的处理的 NDVI 值。而且规定 RI_{NDVI} 不超过 2.0，YP_n 不超过最高产量（YP_{max}），后面的估算方程同上面的方程形式基本相同。RI_{NDVI} 和 $RI_{HARVEST}$ 高度相关。

本研究的施氮模型就是根据这两个模型的原理，运用本试验测定的数据建立起适合当地气候条件、土壤和所种植品种的冬小麦和夏玉米施氮模型。

7.2 建立基于作物光谱特征的施氮模型

7.2.1 作物地上部分吸氮量与冠层光谱的关系

7.2.1.1 不同生育期作物地上部分吸氮量的变化趋势

叶片吸氮量（氮素积累量）即叶片氮素积累量为单位土地面积上叶片所含的氮素总量，单位为 g m^{-2} 或 kg hm^{-2}，等于叶片含氮量与单位土地面积上叶片干重的乘积（薛利红等，2004）。光谱仪测定作物冠层光谱在可见光范围内主要受叶绿素的吸收影响，在近红外波段受冠层结构的影响，叶绿素与作物全氮含量密切相关，而冠层结构和作物生物量也息息相关，所以全氮和生物量二者的有机结合将更准确地反映作物氮素水平及氮素对肥料的吸收情况。

7.2.1.1.1 不同生育期冬小麦吸氮量的变化

冬小麦的吸氮量随着生育期的推移逐渐增大，而且施氮量较高的处理吸氮量相应也较高，分蘖期由于作物生长时间短，虽然施氮量多的处理吸氮量较大，但所有处理间的差异并未达到显著水平。越冬后，冬小麦开始返青，经过一个冬天的吸收，处理间的吸氮量已经有显著或极显著差异（表 7–1），到拔节期差异更大，这种显著差异性一直保持到开花期。到乳熟期后，各处

表 7–1 冬小麦吸氮量随生育进程的变化

处理	平均值	均方根差	显著性	平均值	均方根差	显著性	平均值	均方根差	显著性
	分蘖期			返青期			拔节期		
1	8.81	0.45	a	32.11	4.39	c	40.25	6.81	d
2	14.81	2.17	a	57.11	8.59	bc	61.68	8.00	cd
3	10.81	0.55	a	64.63	8.74	ab	77.32	15.07	bc
4	12.30	1.42	a	75.95	3.82	ab	113.12	16.29	abc
5	13.60	2.70	a	61.27	7.53	ab	89.99	14.22	abc
6	10.39	1.48	a	62.21	2.75	ab	73.29	7.30	bc
7	12.02	1.82	a	67.14	4.57	ab	77.34	8.28	bc
8	13.09	3.15	a	88.48	12.13	a	125.67	15.60	ab
9	14.69	1.90	a	77.29	14.14	ab	133.34	27.36	a
10	14.43	2.91	a	88.94	5.51	a	136.06	20.43	a
11	13.97	1.78	a	80.78	13.56	ab	139.92	23.73	a
	孕穗期			开花期			乳熟期		
	平均值	均方根差	显著性	平均值	均方根差	显著性	平均值	均方根差	显著性
1	81.38	27.92	c	65.72	2.84	d	54.58	2.47	b
2	90.46	18.57	bc	122.14	2.18	bc	136.05	2.95	a
3	113.05	10.93	abc	115.85	5.39	c	153.02	36.50	a
4	131.52	2.71	a	137.81	2.66	ab	174.32	3.62	a
5	142.35	8.62	a	127.41	8.26	abc	166.75	20.97	a
6	116.62	6.59	abc	125.45	2.07	bc	163.48	11.72	a
7	118.00	7.23	abc	131.64	5.52	ab	162.70	14.45	a
8	133.72	7.96	a	142.51	5.37	a	177.82	18.96	a
9	132.77	5.37	a	141.98	4.18	a	178.69	11.76	a
10	133.34	3.65	a	136.71	1.89	ab	186.05	9.98	a
11	127.77	11.87	ab	136.19	7.14	ab	153.51	5.68	a

理吸氮量差异又逐渐缩小。因为作物产量有一定的范围，不可能随着施氮量的增加无限量地增大，施氮量增加到一定量，多施的氮肥不会被作物吸收。但是各施氮处理与不施氮的处理在乳熟期差异非常大，从图 7–1 对不同生育期不同施氮条件下的吸氮量模糊聚类分析也可以得到相同的结论：返青期不同施氮处理间的吸氮量差异较大，而抽穗期施氮处理间的吸氮量差异很小，

但与不施氮处理的吸氮量差异比返青期大。

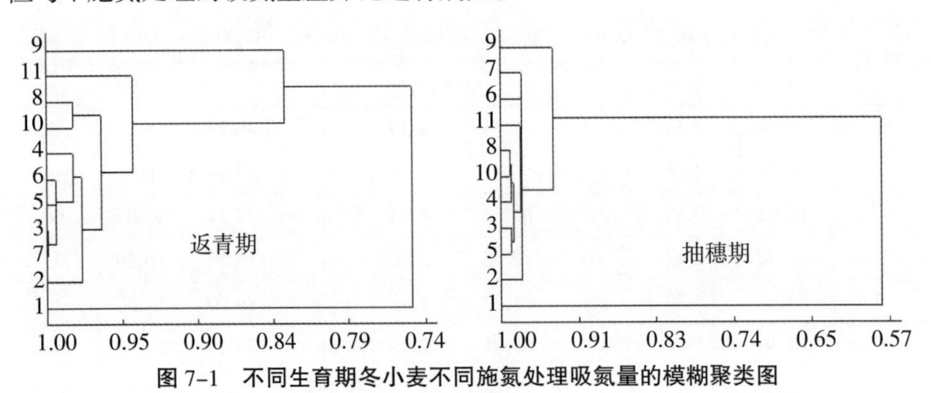

图 7-1　不同生育期冬小麦不同施氮处理吸氮量的模糊聚类图

7.2.1.1.2　不同生育期夏玉米吸氮量的变化

玉米不同生育时期吸收氮的速度和数量不同，一般来说，苗期生长慢，植株小，吸收的养分少，拔节期至开花期生长快，正是雌穗和雄穗的形成和发育时期，吸收养分的速度快，数量多，是玉米需要营养的关键时期，此期应供给充足的营养物质，生育后期，吸氮量速度减缓，吸收量也少。由于第

表 7-2　夏玉米吸氮量随生育进程的变化及差异性分析

处理	苗期	拔节期	孕穗期	抽雄期	开花期	乳熟期
第一季						
1	6.14(0.29)*a**	10.3(0.67)b	45.6(1.56)d	56.6(2.38)d	73.22(5.95)b	83.2(4.99)d
2	5.84(0.35)a	12.4(1.17)ab	56.9(3.09)c	62.4(3.13)c	88.17(8.41)a	101(3.28)c
3	5.84(0.50)a	13.4(0.42)a	59.3(4.70)bc	65.2(4.40)bc	90.33(11.44)a	107(11.0)bc
4	4.84(0.41)a	11.1(2.42)ab	61.6(1.86)bc	65.8(3.99)bc	88.40(4.83)a	107(7.48)bc
5	4.40(0.22)a	12.2(3.20)ab	63.0(3.62)b	68.3(1.19)abc	87.22(3.76)a	115(14.1)abc
6	5.45(0.28)a	13.8(2.41)a	68.9(3.24)a	71.3(3.41)ab	96.42(11.28)a	118(11.2)ab
7	6.83(0.27)a	12.7(2.95)ab	71.9(3.82)a	73.7(1.57)a	94.99(3.93)a	124(4.79)a
第二季						
1	13.6(1.36)b	19.2(2.15)c	49.3(0.43)c	54.3(0.87)d	71.24(1.39)c	81.5(3.10)c
2	14.8(1.41)a	22.4(2.31)c	53.5(5.29)bc	64.1(5.18)bc	74.39(4.12)bc	96.7(7.48)b
3	15.9(1.21)a	25.5(2.34)abc	60.3(2.93)a	79.7(4.32)a	80.28(1.28)a	115(5.79)a
4	15.4(0.94)a	27.4(3.63)ab	55.0(3.62)abc	59.9(0.87)bcd	75.40(4.02)abc	101(4.17)b
5	15.8(1.29)a	26.4(3.00)ab	60.2(1.16)a	68.2(8.42)bc	78.01(1.44)ab	107(9.31)ab
6	16.2(0.87)a	23.1(4.82)bc	56.2(3.44)ab	59.2(4.17)cd	74.33(3.58)bc	99.5(11.2)b
7	23.6(1.40)a	30.5(5.18)a	60.3(4.67)a	69.2(1.57)b	77.19(1.37)ab	109(3.17)ab

注：* Values in parentheses are standard deviations.

二季6月底到7月中旬天气情况不佳，所以推迟了苗期和拔节期的测定工作，因此玉米植株个体比第一季大，故第二季这两个时期的作物吸氮量比第一季高。夏玉米吸氮量的变化趋势与冬小麦一致（表7–2）。

7.2.1.2　作物冠层单波段反射率与吸氮量的相关性分析

大量研究表明，作物的全氮含量与作物的光谱反射率有密切关系，而作物的生物量累积又与含氮量密切相关，因此作物氮素的累积必然在某种程度上与作物的光谱反射率密切相关。除了460 nm和1650 nm外，其他可见光波段反射率和冬小麦在每个生育期的吸氮量都呈负相关关系（图7–2），并且从510 nm到710 nm，在整个生育期都呈极显著相关，而在近红外区域（从760 nm到1200 nm）从返青期到乳熟期则都呈极显著正相关关系，分蘖期近红外波段反射率也呈负相关，这可能与当时测定天气和地面背景影响有关。除了近红外反射率在分蘖期外，其他波段在其他时期与地上部分吸氮量的相关性均优于与全氮和生物量的相关性。

两季夏玉米地上部分吸氮量与单波段反射率的相关性和冬小麦类似（表7–3），但苗期都未达到显著水平；拔节期和孕穗期达显著或极显著水平，而且可见光波段优于近红外；抽雄期和开花期反射率与吸氮量的相关系数下降，显著和不显著机会基本均等；乳熟期相关系数有较大幅度上升，而且近红外波段明显较可见光理想。

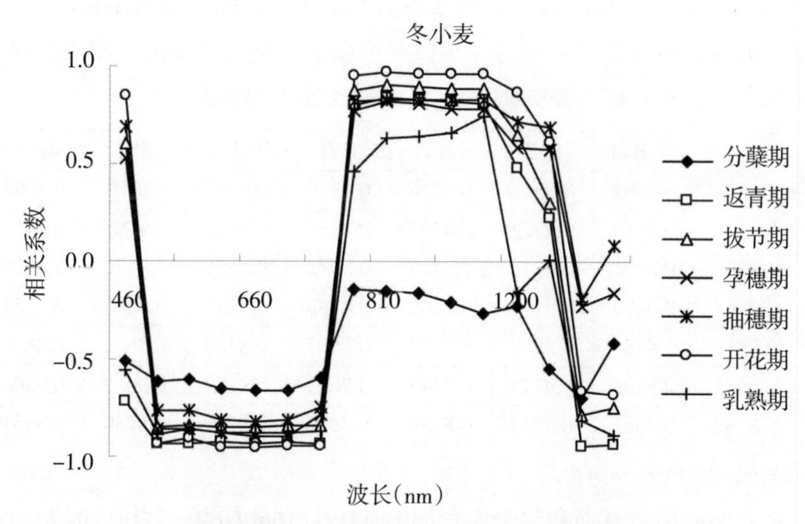

图7–2　不同生育期冬小麦冠层单波段反射率与吸氮量的关系

表 7-3　不同生育期单波段反射率与夏玉米吸氮量的关系

生育期	560	660	680	760	810	1100
第一季						
苗　期	ns	ns	ns	ns	ns	ns
拔节期	*	**	**	*	*	*
孕穗期	ns	**	**	**	*	**
抽雄期	ns	ns	ns	**	**	**
开花期	ns	*	*	ns	ns	ns
乳熟期	*	**	**	**	**	**
第二季						
	560	660	680	760	810	1100
苗　期	ns	ns	ns	*	*	*
拔节期	**	**	**	**	**	**
孕穗期	ns	**	**	**	**	**
抽雄期	ns	**	*	*	*	**
开花期	ns	*	ns	ns	ns	*
乳熟期	*	**	**	*	*	*

7.2.1.3　作物吸氮量与常见植被指数的相关性分析

除了分蘖期 DVI 与冬小麦吸氮量呈显著相关外，其他植被指数在全生育期与冬小麦吸氮量都呈极显著相关关系，相关系数大于组成这些指数的单波段反射率。除 DVI 外，相同时期不同指数与其吸氮量的相关系数间彼此并无显著差异。所以，利用其中任何一种指数都可以准确估测当季的作物吸氮量。

表 7-4　常见植被指数在冬小麦吸氮量中的表现

生育期	NDVI	GNDVI	RVI	GRVI	DVI	RNDVI	PVI	TSAVI
分蘖期	0.6446	0.6267	0.6501	0.6336	0.4239	0.6401	0.6707	0.5694
返青期	0.9195	0.9080	0.9272	0.9253	0.8854	0.9112	0.9281	0.8987
拔节期	0.8558	0.8771	0.9540	0.9429	0.8978	0.8453	0.8790	0.8339
孕穗期	0.9283	0.9299	0.9121	0.9296	0.8366	0.9272	0.9364	0.9277
抽穗期	0.8513	0.8487	0.8898	0.8553	0.8517	0.8480	0.8672	0.8476
开花期	0.9552	0.9468	0.9744	0.9443	0.9603	0.9532	0.9667	0.9500
乳熟期	0.8762	0.8661	0.9053	0.8798	0.7236	0.8729	0.8750	0.8661

注：$n=33$，$r_{0.05}=0.349$；$r_{0.01}=0.449$。

冬小麦七个典型生育期和整个生育期的 NDVI（660/760）对相应时期的作物吸氮量拟合关系大多以指数函数最佳，其次为幂函数（图 7-3），决定系数都很大，全生育期的决定系数高达 0.8323。全生育期可以采用同一个方程拟合吸氮量，决定系数达到 0.9019。

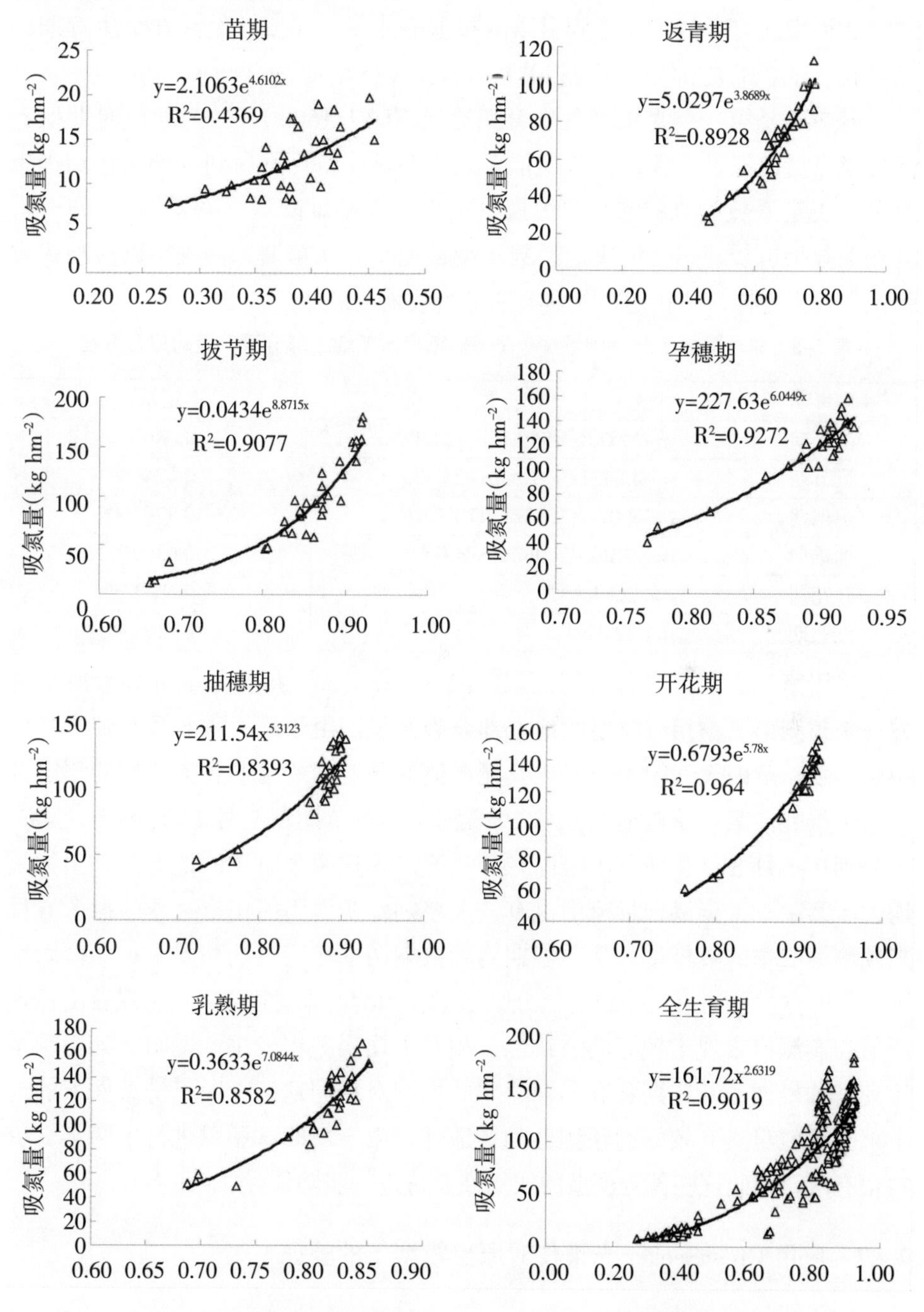

图 7-3 全生育期冬小麦冠层 NDVI（660/760）对吸氮量的拟合方程

第一季夏玉米在苗期地上部分吸氮量与上述 8 种常见植被指数相关性均不显著（数据未列出），开花期 DVI 与该时期的吸氮量也未达显著水平，其他时期 8 种指数与吸氮量均达到显著或极显著水平。第二季结果在全生育期都显著或极显著相关。但两季的相关系数都低于冬小麦。

表 7-5 是第一季夏玉米各生育期冠层 NDVI（660/760）与相应时期地上部分吸氮量的拟合方程，拔节期拟合效果明显比苗期好，到孕穗期达到理想效果，决定系数为 0.8705，孕穗期决定系数大幅度降低，开花期略有升高，乳熟期效果也较理想，但决定系数比孕穗期小。从苗期到抽雄期以多项式方程拟合效果为佳，开花期和乳熟期则是指数函数最好。

表 7-5　第一季夏玉米 NDVI(660/760)对相应时期地上部分吸氮量的拟合方程

生育期	回归方程	决定系数
苗　期	$y=-1952.8x^2+999.15x-121.42$	0.0867
拔节期	$y=-45.457x^2+91.556x-23.025$	0.4246*
孕穗期	$y=7600x^2-12732x+5370.7$	0.8705**
抽雄期	$y=12356x^2-20962x+8942$	0.6309**
开花期	$y=0.2684e^{6.8371x}$	0.6611**
乳熟期	$y=1.3999e^{5.4261x}$	0.8177**

采用第一季夏玉米各时期冠层 NDVI（660/760）拟合地上部分吸氮量的方程来预测第二季相应时期的地上部分吸氮量。由于第二季 6 月底到 7 月中旬雨水多，晴朗天气较少，影响其光谱值的测定，故苗期和拔节期的测定都比第一季晚（第一季苗期在 6 月 29 日测定，拔节期在 7 月 11 日测定；第二季分别在 7 月 5 日和 7 月 14 日测定），第二季这两个时期的地上部分生物量均大于第一季，全氮含量范围也有较大差别，所以不能用第一季的拟合方程来预测第二季的吸氮量。从孕穗期到乳熟期两季相应时期相差很小，可以用第一季的方程预测第二季地上部分吸氮量，预测结果见图 7-4。可以看出，预测值与实测值表现出较好的一致性，相对平均误差也较小。说明在第一季孕穗期、抽雄期、开花期和乳熟期建立的模型对相同地区不同年份条件下的地上部分吸氮量具有较好的预测性和普适性。由于田间试验只进行了两年，资料很有限，因此这些预测模型的实用性有待进一步验证。

7.2.2　应用 GreenSeeker 光谱仪对原始模型 1 的验证

作物在不同生育时期，对养分的吸收数量和比例是不同的。小麦对氮肥

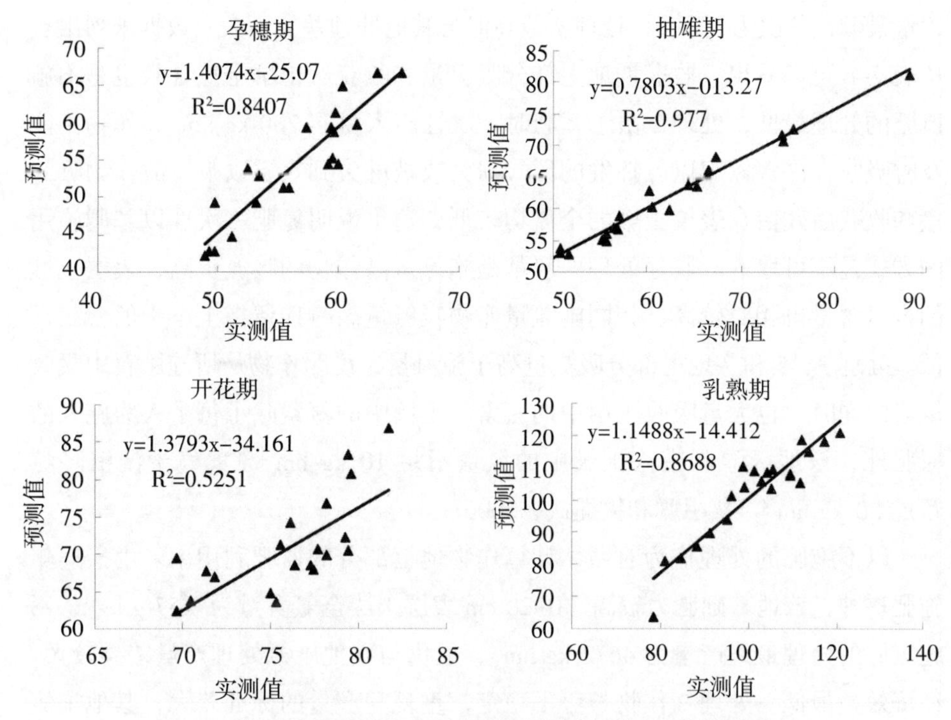

图 7-4 第二季夏玉米地上部分吸氮量的实测值与预测值的比较

的吸收有两个高峰：第一个高峰在出苗到拔节前（在河南省是越冬至返青期，尤其是小麦返青后，生长旺盛，对养分需求增多），吸收氮总量的 40%左右，第二个高峰从拔节至孕穗开花，占吸收总量的 35%~40%，开花以后，仍有少量吸收。因此，返青到开花是小麦一生中吸收养分最多时期，需要较多氮肥，以巩固分蘖成穗，壮秆增粒。2004 年李立平应用 GreenSeeker 光谱仪研究发现冬小麦从返青期开始其冠层 NDVI 值与整个地上部分吸氮量呈显著相关，采用返青期 NDVI（x）与该时期到收获期氮素积累量（y）建立多项式方程：

$$y=87.6x^2-188.8x+188.2$$

同时假设这段时期冬小麦从土壤中吸收的氮素占其氮素积累量的50%，则这一时期需要追肥量（Z）为：

$$Z = 0.5\times y$$

将李立平 2004 年建立的施氮模型应用到第一季的冬小麦氮肥管理中（都是用 GreenSeeker 光谱仪测定），基肥和追肥方式见第二章 4.2.1。通过该季小麦试验研究表明，不同处理小麦秸秆和籽粒的含氮量不同，不施氮肥的处理 1

含量最低，其次为处理 9，处理 7 最高但与其他处理差异不大（数据未列出）。从表 7-6 可以看出，收获期地上部分吸氮量和收获后土壤全氮含量也是不施氮肥的处理最低，处理 2 由于基肥时一次性施入氮肥 200 kg hm^{-2}，作物不能及时吸收，许多氮肥以氨挥发的形式损失或被淋失到表层以下，故作物吸氮量和收获后残留在表层土壤的全氮均较低，这也说明氮肥一次性以基肥施用的方式是不可取的。其他处理一般都是施氮量高作物的吸氮量高，表层土壤的全氮含量也相对较高，相同施氮量作物吸氮量高时残留在土壤中的含氮量低。处理 3、5 和 7 地上部分吸氮量高于施氮量，说明作物从所施肥料中吸收氮素的同时，也大量吸收土壤中的氮素。土壤中的氮素除了每季人为施入的氮肥外，该地区灌溉带入土壤中的氮量不足 10 kg hm^{-2}，大气干湿沉降氮超过 50 kg hm^{-2}（蔡祖聪和钦绳武，2006）。

以不施肥的处理作为对照，计算作物地上部分的氮肥利用率。由于连年施肥耕种，该地基础肥力较高（0~20 cm 表层土壤全氮含量为 0.57 g kg^{-1}，不施氮肥的处理最终产量为 4672 kg hm^{-2}，但仍与其他施氮处理产量差异较大，经济效益最低。处理 2 作物长势不稳定，重复间产量的标准差大，其他施氮处理重复间的较小。除处理 4 外，其他处理若总施氮量相同，追肥两次的产量高于追肥一次的产量。从整体来讲，8 个施氮处理产量差异不大，变异系数仅 0.06，但施肥量相差较大，表明在产量一定、满足冬小麦生长养分基本需求的情况下，氮肥利用率随着氮肥施用量的增加而下降，进入环境的氮随着

表 7-6　第一季冬小麦不同处理施氮量与氮素利用率

处理	产量（kg hm^{-2}）	总施氮量（kg N hm^{-2}）	施肥方式		收获期地上部分吸氮量（kg hm^{-2}）	收获后土壤全氮含量（g kg^{-1}）	当季氮肥利用率（%）
			基肥（kg N hm^{-2}）	追肥（kg N hm^{-2}）			
1	4672±149	0	0	0	130.1	0.503	–
2	5728±528	200	200	0	193.8	0.537	31.85
3	5725±217	200	70	130+0	203.0	0.570	36.46
4	5696±80	200	100	50+50	192.7	0.574	31.30
5	5936±126	200	100	100+0	202.9	0.581	36.44
6	5866±229	159	100	59+0	190.8	0.536	38.29
7	6050±199	158	100	39+19	204.6	0.530	47.03
8	5749±241	130	70	60+0	193.6	0.532	49.00
9	5885±157	130	70	40+20	187.8	0.545	44.41

施氮量的增加而增加，致使经济效益和环境效益变差。同时说明该地区土壤肥力较高，而当地传统施肥量过高，以至于造成不必要的经济损失，同时也污染了环境。根据返青期作物光谱植被指数与其氮素水平的关系，建立施氮模型估算的施氮量比当地通常的施氮量减少 20%~35%，氮素利用率提高了 5%~16%。最终经济效益为粮食收入减去肥料和麦种花费。按当地尿素 1.90 元每千克，小麦 1.37 元每千克，不计农药和人工费用，采用该方法估测施氮量的处理产生的经济效益比通常农民常规施肥的经济效益增加 2.3%~6.5%，并且兼顾了经济效益和环境效益。

7.2.3 冬小麦施氮模型的建立

7.2.3.1 冬小麦返青期 NDVI 对收获期农学参量的拟合

从前面几章分析得知 Cropscan 光谱仪测定的返青期的光谱植被指数与返青期的全氮、叶片叶绿素含量、生物量及地上部分吸氮量都有很好的相关性。返青期又是冬小麦吸收养分最多的时期，如果该时期的光谱植被指数和收获后的产量、吸氮量等也有良好的相关性，那么，采用该时期的植被指数估测产量和整个生育期的吸氮量，进而估算施氮量就成为可能。图 7-5 是返青期 NDVI 与收获后籽粒产量的拟合关系图，从中可以看出，他们之间显著相关，用指数函数拟合决定系数最大；INSEY 对籽粒产量拟合的决定系数和 NDVI 一样，并且也是用指数函数效果最佳（从第二季冬小麦播种到返青期光谱测定，GDD=64 天）。所以，在同时同地区作物中，INSEY 引入的 GDD 参数对农学参量的拟合效果与 NDVI 相同。但是，当不同年份或播种、光谱测定时间或地区不同时，两者对农学参量的拟合效果就很可能不同，此时 INSEY 比 NDVI 更能反映作物的生长状况，这也是 Raun 等引入 INSEY 参数的目的。

返青期的 NDVI 与收获后籽粒的含氮量、秸秆生物量、秸秆含氮量也呈极显著相关关系（数据未列出），与籽粒吸氮量和秸秆吸氮量相关性也达到极显著水平（图 7-5），分别用多项式方程和幂函数拟合效果最理想，且与籽粒吸氮量的决定系数略高于与秸秆吸氮量的，这与籽粒含氮量高有关，也可能与秸秆生物量较难准确测定有关。返青期 NDVI 与收获期总吸氮量（籽粒吸氮量+秸秆吸氮量）的决定系数高达 0.9497，与吸氮量差值（收获期总吸氮量-返青前吸氮量）的决定系数较小，相关性相对较差，相关系数为 0.8314，但也为极显著相关（n= 33，$r_{0.05}$=0.349，$r_{0.01}$=0.449）。

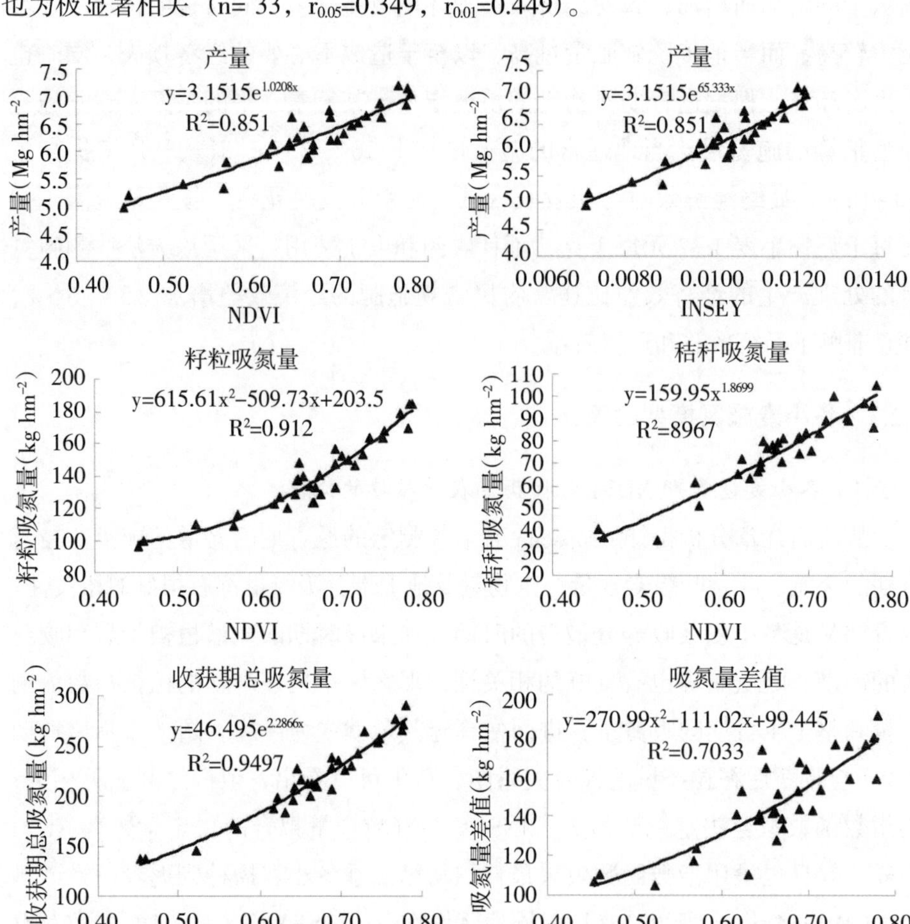

图 7-5　冬小麦返青期冠层 NDVI、RVI 与收获期农学参量的关系

7.2.3.2　基于返青期 NDVI 的冬小麦施氮模型的建立

大量研究得知，绿色归一化植被指数（GNDVI）与作物很多农学参量的相关性比 NDVI 强，但是绿色滤光片比红色滤光片昂贵，考虑到经济因素和推广该施氮模型的难易程度，所以我们选用 NDVI 来建立施氮模型。从理论上讲，应用 GNDVI 来估算作物施氮量效果会更理想。

7.2.3.2.1　模型 1

由于所用的光谱仪不同，所以光谱植被指数与吸氮量间遵循的具体关系也不同。根据第二季冬小麦 Cropscan 光谱仪测定的数据，依照李立平的施氮模型的原理，建立基于 Cropscan 光谱植被指数的施氮模型：

(a)返青期 NDVI（x）与返青期吸氮量（y'）的关系式：

$$y'=5.0297e^{3.8689NDVI}$$

(b)返青期 NDVI（x）与从返青期到收获期冬小麦吸氮量（y）的关系式为：

$$y=270.99x^2-111.02x+99.445$$

(c)假定这段时期土壤供氮量占作物吸氮量的一半，施氮量（FNR）为：

$$FNR=0.5y$$

7.2.3.2.2 模型 2

从第二季冬小麦播种到返青期光谱测定，GDD=64 天。利用第二季冬小麦 Cropscan 光谱仪测定数据，依照 Lukina 等的 NFOA 模型原理，建立基于 Cropscan 植被指数的施氮模型：

1. $GDD=[(T_{min}+T_{max})/2-4.4℃]$
2. $INSEY=NDVI/GDD$
3. $PGY=3.1515e^{65.333x}$
4. $PNG=1.2625PGY^2-11.897PGY+47.214$
5. $GNUP=PGY\times PNG$
6. $FNUP=5.0297e^{3.8689NDVI}$
7. $FNR=(GNUP-FNUP)/0.70$

如果引入响应植被指数 RI_{NDVI}，则施氮量的计算步骤为：

1. $GDD=[(T_{min}+T_{max})/2-4.4℃]=64$
2. $RI_{NDVI}=NDVI_n/NDVI_0$
3. $YP_N=YP_0\times RI_{NDVI}$

接下来的计算同上面的步骤 3~7。

但是，根据第二季返青期的 NDVI（660/760）的数据，RINDVI 介于1.23~1.53，根据步骤算出的 YP_N 则介于 6.39~7.95 Mg kg^{-1}，平均产量为 7.39 Mg kg^{-1}，这与现实差距较大。究其原因，发现在 Lukina 等发表的文章中，用GreenSeeker 测定的 Feekes4-6 时期的 NDVI 介于 0.2~0.9 之间（Lukina et al., 2001），冬小麦产量在 1~6 Mg kg^{-1}，而本试验所研究的小区中不施氮肥的空白处理 NDVI 为 0.4789，其产量为 5.19 Mg hm^{-2}，所以，由于两个仪器测定的 NDVI 的差别，用 Cropscan 测定的返青期 NDVI 不能采用 RINDVI 的方法来估算施氮处理的潜在产量。

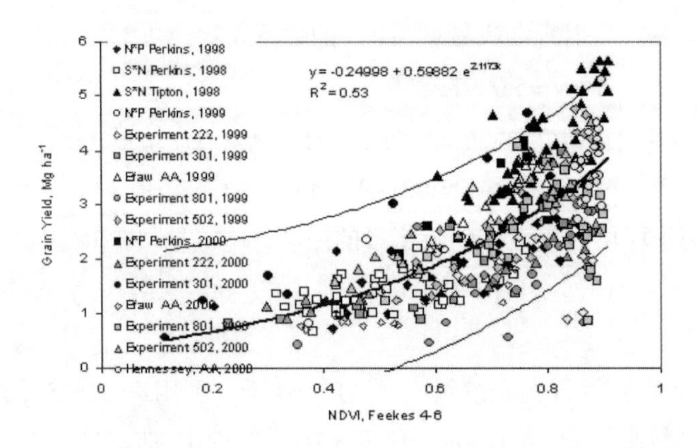

FIGURE 2. Relationship between the normalized difference vegetation index computed from red and near infrared reflectance readings from winter wheat at Feekes physiological stages 4 to 6 and measured grain yield from sixteen experiments, 1998-2000.

该季利用 Cropscan 光谱仪冬小麦得出的施氮模型 M1 和 M2 将在下一季的冬小麦试验中进行验证。

7.2.4 夏玉米施氮模型的建立

7.2.4.1 夏玉米孕穗期 NDVI 对收获期农学参量的拟合

通过两季夏玉米试验，发现孕穗期和收获期籽粒产量、籽粒含氮量、籽粒吸氮量、秸秆生物量、秸秆含氮量、秸秆吸氮量以及各农学参量间都有很好的相关性（表 7–7），都分别达到极显著相关水平，秸秆含氮量和其他指标

表 7–7 夏玉米孕穗期冠层 NDVI 及收获期农学参量间的相关性

相关系数	NDVI	产量	籽粒含氮量	籽粒吸氮量	秸秆生物量	秸秆含氮量	秸秆吸氮量	地上部分总吸氮量
NDVI	1.00							
产量	0.87**	1.00						
籽粒含氮量	0.87**	0.88**	1.00					
籽粒吸氮量	0.89**	0.98**	0.95**	1.00				
秸秆生物量	0.84**	0.89**	0.86**	0.90**	1.00			
秸秆含氮量	0.79**	0.67**	0.73**	0.72**	0.62**	1.00		
秸秆吸氮量	0.87**	0.90**	0.88**	0.92**	0.99**	0.71**	1.00	
总吸氮量	0.89**	0.95**	0.93**	0.97**	0.97**	0.73**	0.99**	1.00

注：* $p<0.05$，** $p<0.01$

相关性差一些，相关系数低于0.80，其他指标间的相关系数均大于0.84。孕穗期NDVI（660/760）与以上收获期各农学参量均呈极显著相关，与秸秆含氮量相关系数略差。因此可以由夏玉米孕穗期冠层的NDVI值来准确拟合收获期的产量、含氮量和吸氮量。

图7–6为夏玉米孕穗期NDVI（660/760）与产量、籽粒含氮量和地上部分吸氮量的拟合关系。各关系用一元二次多项式拟合最理想。如果用各自年度的NDVI来估算各自的农学参量，决定系数更大。玉米孕穗期为营养生长和生殖生长并进阶段，根、茎、叶的生长非常旺盛，体积迅速扩大、干重急剧增加，同时，雄穗已发育成熟，各器官间开始争夺养分，群体和个体以及个体之间矛盾日益突出。因此，这一时期是玉米营养与生殖生长两旺时期，是玉米一生中生长发育最旺盛、对肥水条件最为敏感、最大养分需求期。因此，该时期光谱植被指数与收获期产量、吸氮量的良好相关性为利用该时期的光谱特征计算施氮量提供了理论依据。

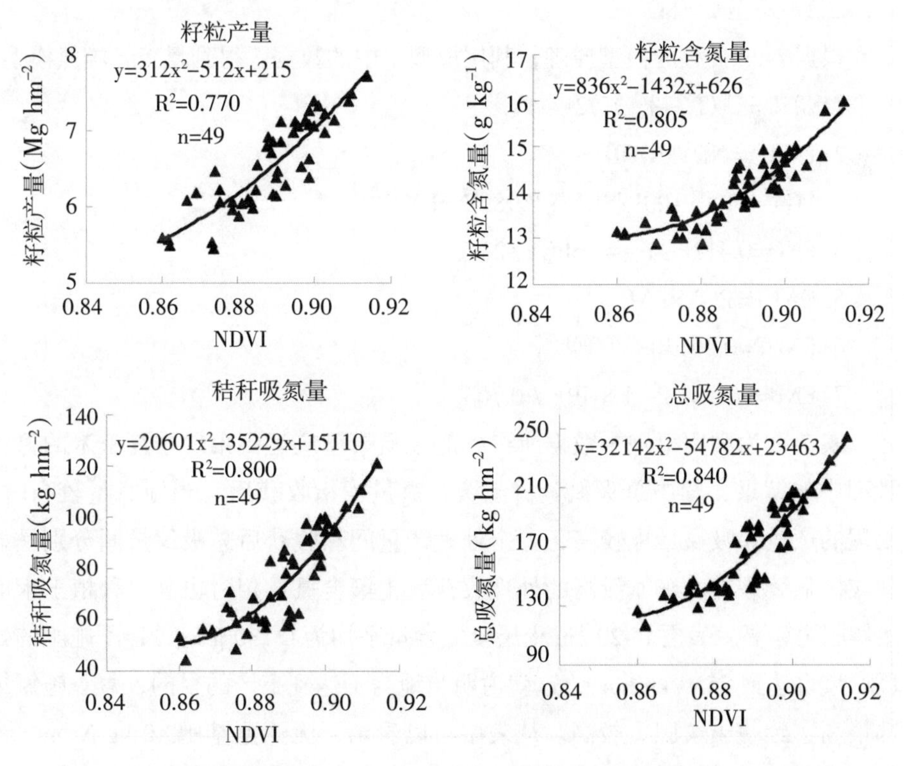

图7–6　孕穗期夏玉米冠层NDVI（660/760）对收获期农学参量的拟合方程

7.2.4.2　基于夏玉米孕穗期 NDVI 的施氮模型的建立

7.2.4.2.1　模型 1（M1）

以上各项分析得知夏玉米孕穗期的 NDVI（660/760）与吸氮量关系密切，利用第一季夏玉米的孕穗期 Cropscan 测定光谱和该时期的农学参量及收获期各农学参量数据，根据李立平的施氮模型原理，得出适合夏玉米的施氮模型：

(a)孕穗期 NDVI（x）与孕穗期地上部分吸氮量（y'）的关系式：

$$y'=0.00130e^{11987\times NDVI}$$

(b)返青期 NDVI（x）与从返青期到收获期冬小麦地上部分吸氮量（y）的关系式为：

$$y'=13371x^2-23430x-10348$$

(c)假定这段时期土壤供氮量占作物吸氮量的一半，施氮量（FNR）为：

$$FNR=0.5\times y$$

7.2.4.2.2　模型 2（M2）

根据 Lukina 等的模型原理，利用模型 1 中的数据，得到夏玉米施氮模型：

1. $GDD=[(T_{min}+T_{max})/2-4.4℃]$

2. INSEY=NDVI/GDD

3. $PGY=-1049100INSEY^2+40989INSEY+393$

4. $PNG=0.412PGY^2-4.16PGY+23.5$

5. GNUP=PGY×PNG

6. $FNUP=0.00130e^{11987\times NDVI}$

7. FNR=（GNUP- FNUP）/ 0.70

表 7-8 为利用第一季数据所得到的施氮模型应运到第二季夏玉米的氮肥管理中的结果，图中总吸氮量、土壤含氮量均指收获后。当施氮量较高时，处理的产量和吸氮量也较高，七个处理产量间和收获后总吸氮量间分别呈显著或极显著差异，施氮量高的处理收获后土壤含氮量相对也高。种植玉米前土壤肥力较高（表层 0~20 cm 土层全氮含量平均为 0.730 g kg^{-1}），不施肥的处理产量也达到 5550 kg hm^{-2}，这就说明当地为了达到高产的目的，每季施氮量都很高，致使土壤肥力较高。从表中可以看出，无论是基肥 40 kg N hm^{-2} 还是 80 kg N hm^{-2} 的处理，利用施氮模型 2（M2）计算的施氮量比模型 1（M1）

略高。考虑到当季当地玉米价格为 1400 元/吨，尿素为 1.90 元/千克，忽略人工劳动力费用，施氮量为 200 kg hm^{-2} 的处理虽然产量很高，与其他处理呈极显著差异，但是经济效益却不是最高。采用 M2 计算施氮量（基肥为 80 kg hm^{-2}）的处理经济效益最好，其次为采用 M1 的处理（基肥为 80 kg hm^{-2}），不施氮处理的最差。

表 7–8　第二季夏玉米不同处理施氮量等情况

处理	施氮量		产量（kg hm^{-2}）	总吸氮量（kg hm^{-2}）	土壤含氮量(g kg^{-1})	经济效益（元）	氮肥利用率（%）
	基肥（kg N hm^{-2}）	追肥（kg N hm^{-2}）					
1	0	0	5 550 ±62 d	123 d	0.613	7770	–
2	40	60	6 122±159 bc	136 c	0.658	8158	13.00
3	80	120	6 438±262 a	153 a	0.668	8187	15.00
4	40	44(M1)	6 037±65 c	137 bc	0.624	8105	16.67
5	80	45(M1)	6 243±158 ab	146 a	0.638	8224	18.40
6	40	52(M2)	6 080±131 bc	138 c	0.626	8132	16.30
7	80	58(M2)	6 339±158 abc	148 ab	0.639	8305	18.12

由于第二季 6 月底到 7 月中旬降雨量过多，而这段时间包括夏玉米的孕穗期、抽雄期和开花期，太阳辐射较小，作物光合作用减弱，生长受到很大影响，尤其是开花期雨滴将部分花粉打落在叶片和地面上，没有落在雌穗上，致使产量普遍较低，所以地上部分吸氮量也比第一季低很多，故 NUE 都很低。但是试验证明，利用 M1 计算施氮量的处理（基肥为 80 kg hm^{-2}）NUE 比其他处理高，其次为采用 M2 计算施氮量（基肥为 80 kg hm^{-2}）的处理。所以，采用两个施氮模型都可以在保证产量的前提下减少农业投入、提高氮肥利用率，从而达到经济效益和环境效益双赢。

由于土壤肥力较足，而且 Cropscan 在孕穗期测定的 NDVI 值本身比较高，所以不施氮肥的处理 NDVI（0.8613）和各处理 NDVI 差异不大，各施氮处理的 NDVI 差异更小，引入 RINDVI 估算的夏玉米产量过低而且差异非常小(5.59~5.71 Mg hm^{-2})。因此，利用 Cropscan 测定夏玉米的光谱植被指数来估算玉米产量也不适合。

8 长期试验地不同养分胁迫条件下作物光谱特征研究

20 世纪 80 年代后期，随着我国农业的进一步发展，化肥施用量增加，以及受国外大量肥料长期定位试验结果对农业生产的现实指导作用的启迪，施肥效应以及对土壤肥力演变影响的长期定位试验工作才为我国有关部门重视。1989 年中国科学院在全国不同生态类型区布置了“土壤养分循环和平衡的长期定位试验”，作为生态网络研究的重要内容之一，进行全国联网研究，本项长期试验就是该网络中的一个点。N、P、K 是作物生长的三大营养元素，其丰缺程度直接影响作物产量，农业上施肥也主要为了满足作物对养分三要素的需求。本研究选取的长期定位试验由于多年来肥料施用量不同，作物缺素症状明显，作物长势差异非常显著，这些现象都表现在作物光谱特征上，更有利于研究缺素作物光谱特征差异。小麦和玉米是世界上种植最广泛的作物，黄淮海地区是我国主要粮仓之一，本文以该地区长期定位施肥试验的冬小麦和夏玉米为研究对象，定量研究相似生育期 C3 和 C4 植物冠层光谱反射率的异同点；明确作物缺乏不同营养元素条件下冠层光谱特征差异，有助于从光谱角度区分作物缺素种类；确定典型生育期两种作物冠层光谱反射率与收获期作物秸秆、籽粒及地上部分 N、P、K 吸收量的关系，建立该地区不同生育期 2 种主要作物冠层光谱对收获期作物地上部分 N、P、K 吸收量的预测模型，为典型生育期冬小麦和夏玉米缺素诊断和肥料管理提供科学依据。

8.1 长期施肥试验地情况介绍

8.1.1 试验设计

8.1.1.1 试验地点

试验设在中国科学院封丘农业生态实验站，位于黄河北岸的河南省封丘县潘店乡（东经 114°24′，北纬 35°01′），该地区属半干旱、半湿润的暖温带季风气候。年平均降水量为 605 mm，年蒸发量 1875 mm，年平均气温为 13.9℃，≥0℃积温在 5100 ℃以上，无霜期 220 d 左右。供试土壤类型为黄河沉积物发育的轻质潮土。

8.1.1.2 试验时间

该试验于 1989 年秋季开始，其土壤本底理化性状如下（1989 年，0~20 cm）：土壤有机质含量为 5.83 g kg^{-1}，全氮 0.445 g kg^{-1}，全磷 0.50 g kg^{-1}，全钾18.6 g kg^{-1}，碱解氮 9.51 mg kg^{-1}，速效磷 1.93 mg kg^{-1}，速效钾 78.8 mg kg^{-1}，土壤pH 为 8.65（钦绳武等，1998）。

8.1.1.3 肥料设计

试验设 7 个处理：(1)CK（不施任何肥料，用做对照）；(2)NP（氮肥和磷肥）；(3)NK（氮肥和钾肥）；(4)PK（磷肥和钾肥）；(5)NPK（氮肥、磷肥和钾肥）；(6)OM（有机肥）；(7)1/2OM +1/2NPK（有机肥、氮肥、磷肥、钾肥，各肥料施用量为前面处理施用量的一半，简称为 OMF）。小区面积为 47.5 m^2，随机区组排列，四个重复。小区四周埋设水泥预制板隔层，以防水、肥的相互渗透。试验区四周设 1.5 m 保护行，保护行中埋设地下灌水管道，接上水表后可以进行定额灌溉，冬小麦和夏玉米灌溉定额分别为 1350 m^3 hm^{-2} 和 900 m^3 hm^{-2}。肥料品种氮肥为尿素，磷肥为过磷酸钙，钾肥为硫酸钾（施肥量见表 1）。有机肥（OM）以粉碎的麦秆为主，每季用量约 4500 kg hm^{-2}，加上适量粉碎后的大豆饼和棉仁饼，以提高有机肥的含氮量。试验地为冬小麦–夏玉米轮作(表 8–1)。

8.1.2 光谱数据及其他指标的测定

在冬小麦和夏玉米四个有明显生理特征的生育期进行光谱测定：拔节期、

表 8-1 施肥方案

作物	施肥时期	氮肥 /N kg hm^{-2}	磷肥 /P_2O_5 kg hm^{-2}	钾肥 /K_2O kg hm^{-2}
冬小麦	基肥	90	75	150
	追肥	60	0	0
夏玉米	基肥	60	60	150
	追肥	90	0	0

抽穗期（抽雄期）、开花期和灌浆期。冠层光谱数据测量采用美国 CROPSCAN 公司研制的便携式多光谱辐射仪（MSR-16），光谱范围 452~1650 nm，16 波段（460，510，560，610，660，680，710，760，810，870，950，1100，1200，1300，1500，1650 nm），仪器的视场角为 31.1°。测量时传感器探头垂直向下，距作物冠层高 1.0 m。

冠层光谱测定之后迅速用 SPAD-502（Minolta Osaka Co.，Ltd.，Japan）测定被标记玉米叶片的叶绿素含量，每株玉米测定最上部 5 片展开叶的中部，每片叶测定 4 个点，最后求平均值作为该小区叶绿素相对含量。然后用尺子测量每株玉米叶片的叶长和最大叶宽，LAI 根据谭昌伟（2004）方法求得。

收获期植物样品指标的测定：在每个小区采集 1 m^2 地上部分植物样品带回实验室，称取鲜生物量，然后用铡刀将鲜样铡成约 5 cm 长小节，装入网兜在室外晾干，称取生物量，粉碎后每个小区取 200 g 样品烘干，再次称取生物量，用于植物秸秆干生物量换算，粉碎后的样品进行养分测定。作物产量实打实收，首先称取整个小区新鲜籽粒重量，然后采小样（约 1.0 kg）称取籽粒烘干前和烘干后的重量，计算不同处理作物最终产量。籽粒粉碎后进行 N、P、K 含量的测定。作物秸秆和籽粒含氮量采用凯氏定氮法，含磷量采用钼锑抗比色法，含钾量采用火焰光度计法。

8.2 长期试验地夏玉米光谱特征及对叶绿素和 LAI 的估测

作物冠层光谱分析是一种无损测试遥感技术，为当今作物长势监测的有效方法。许多学者对大豆、柑橘、棉花、玉米、甜椒、高粱、水稻、玉米等作物在不同Fe、S、Mg、N、P、K、盐分、水分等条件下的光谱特征以及光谱与叶绿素、叶片水分、叶片厚度、生物量、全氮、LAI 等农学参量的关系进行了研究，寻找对作物生长状况反应敏感的波段。由于单波段反射率易受土壤背景和大气的干扰，随着遥感多光谱融合技术的发展，出现了由多波段组合而成的植被指数，其中，归一化差异植被指数（简称归一化植被指数，Normalized Difference Vegetation Index，NDVI）就是目前已有的多种植被指数中应用最广泛的一种。

关于不同施氮条件下玉米的光谱特征与叶绿素含量和LAI的研究有很多报道，但对同一试验中缺乏不同营养元素的作物光谱特征的研究还很少，特别是将长期试验地作物叶绿素、LAI和冠层光谱特征有机结合起来的研究国内还鲜见报道。试验以不同施肥条件下长期试验地夏玉米为研究对象，研究其叶绿素含量、LAI、冠层光谱特征变化规律，以及不同波段反射率与叶绿素含量和LAI的相关性以及不同波段组合的NDVI与这两个农学指标的相关关系，确定冠层光谱是否可以准确估测长期试验地缺乏一种或多种营养的作物长势，在多大程度上量化这种长势差异，然后选择能够准确反映玉米长势的最佳波段和植被指数，也为该地区肥料的合理施用提供理论依据。

8.2.1 不同生育期玉米叶片叶绿素含量和LAI的变化

叶片叶绿素含量和LAI可以反映作物生长发育的动态特征，也是连接物质生产和遥感反射光谱关系的中间枢纽。缺素会使土壤养分下降，作物的叶绿素含量和LAI也会受到不同程度的影响。如图8-1所示，CK、NK和PK处理植株叶绿素相对含量变化趋势一致：从拔节期到抽雄期，叶绿素有较大幅度的增加，吐丝期略有降低，乳熟期又有所增加。而NP、NPK、OM和1/2OM1/2NPK处理则呈现另外一种变化趋势：从拔节期到吐丝期逐渐增加，乳熟期和吐丝期持平或略有降低。7个处理LAI变化规律都基本相同，拔节期LAI非常小，抽雄期迅速增大，抽雄期和吐丝期差异很小，到乳熟期明显下降；而CK、NK和PK三个处理的LAI普遍比NPK、OM和1/2OM1/2NPK处理小约50%，均呈极显著差异。CK、NK和PK处理因为养分的长期胁迫，玉米的叶绿素相对含量和LAI在整个生育期比NP、NPK、OM、1/2OM1/2NPK平均分别低70.09%和148.43%。在所有处理中NP的叶绿素水平一直最高，但其LAI却明显小于NPK、OM和1/2OM1/2NPK处理，说明试验区域钾素丰富，虽然长期缺钾对叶片叶绿素含量影响不大，但由于钾素分布在作物的生长点、形成层等部位，致使该处理玉米叶面积减小；NK和PK处理各项指标非常低，与其他四个处理在每个生育期都呈极显著差异，这是由于缺氮叶绿素合成受到影响，叶片变黄，缺磷影响细胞分裂，使分蘖分枝减少，幼芽幼叶生长停滞，茎、根纤细，生长矮小，七个不同处理中NPK 的 LAI 从抽雄期到乳熟期都较大，叶绿素相对含量也普遍较大，说明长期施用化肥并未导致该试验地地力减退，作物生长状况仍然良好。

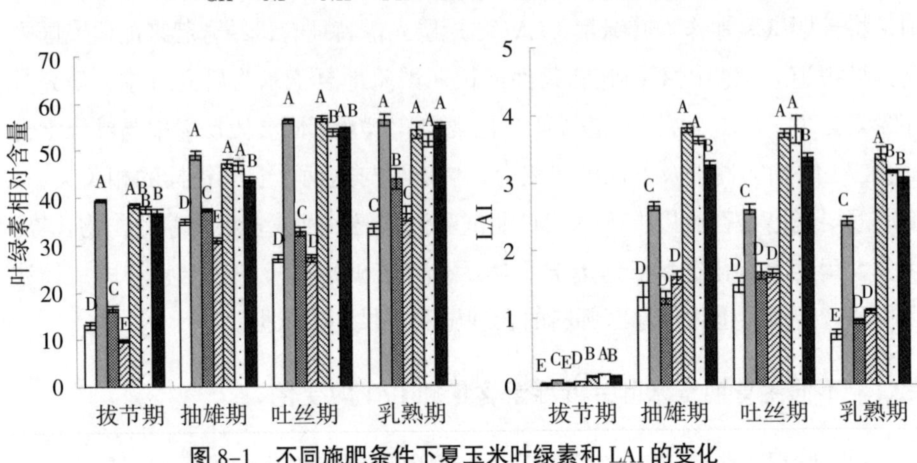

图 8-1　不同施肥条件下夏玉米叶绿素和 LAI 的变化

8.2.2　不同生育期玉米冠层光谱反射率的变化

玉米拔节期LAI很小，叶绿素含量也较低，冠层在可见光波段（450~760 nm）反射率相对于其他时期在可见光波段的反射率高，而在近红外区域（760~1300 nm）反射率比其他时期都低（图 8-2），因为可见光波段冠层光谱反射率主要受叶绿素 a、b，类胡萝卜素和叶黄素含量的影响，其叶片光谱反射率在整个生育期保持先上升后下降的趋势，在 560 nm 处形成反射峰，只是在反射强度上有所差别；近红外区域反射率主要决定于叶片组织的光学特性，1300 nm 以上反映细胞组织间的水分含量，其中 1450 nm 是水分的强烈吸收带。随着生育期的推移，叶片细胞的栅栏组织和叶肉海绵组织迅速增长，植株的生物量和叶绿素含量不断增加，LAI 增大，整个群体的光合能力增强，冠层光谱反射率在可见光范围较其他生育期有所降低，在近红外区域逐渐增高，乳熟期因为叶片向穗部提供大量的养分，叶片的内部组织结构开始发生变化，两个区域反射率差异明显减小，且在 950~1100 nm 波段反射率比 760~810 nm

高。从图 8-2 中可以看出 NPK 处理在近红外区域的最大反射率高于 CK 处理 14.3%，整个生育期高出 10.68%，但在可见光波段平均低 3.15%。乳熟期 NPK 处理在近红外区域反射率较高，说明该处理在该时期各项生理指标还较高，没有明显的衰老现象。而不施肥的处理 CK 乳熟期在近红外区域反射率下降，而在可见光区域增强，因为该时期光合作用有大幅度的减弱，有些叶片已经衰老脱落。

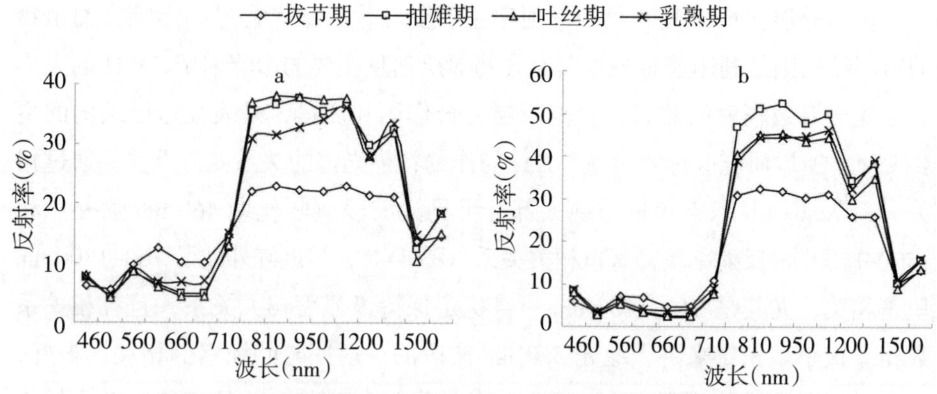

图 8-2　不同生长期 CK(a)和 NPK(b)处理的冠层光谱特征曲线

图 8-3 为拔节期和乳熟期不同施肥处理与对照 CK 冠层反射率的差值曲线，其中 x 轴为 CK 处理的冠层反射率。拔节期施用纯有机肥的处理（OM）在近红外区域反射率相对于 CK 增量最大，NPK、1/2OM1/2NPK 其次（两者差异非常小），而 NK 光谱特征曲线几乎与 CK 重合；乳熟期 OM 处理在近红外区域反射率低于 1/2OM1/2NPK 和 NPK 处理；PK 的光谱曲线和 CK 几乎重合。作物生长前期的光谱值决定了营养生长的好坏，中期光谱值可以反映营养生

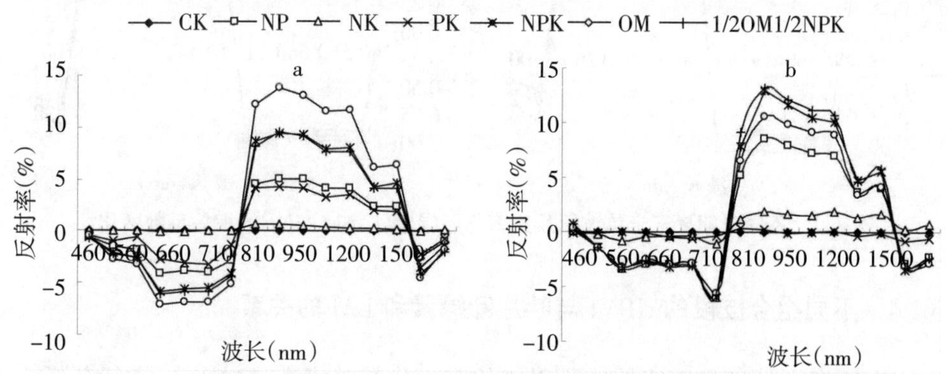

图 8-3　拔节期(a)和乳熟期(b)不同施肥水平条件下冠层反射率与 CK 的差值

长向生殖生长转化的情况，后期光谱值则可反映作物的黄熟、贪青徒长还是早衰，PK 处理在前期光谱反射率与 NP 处理相似，生长状况不是最差，但到生长后期却与CK 处理相似，作物长势明显弱于其他处理，说明不施氮肥会导致作物早衰。

8.2.3 不同波段反射率与植株叶片叶绿素和 LAI 的关系

作物冠层在可见光波段的反射率主要受叶片叶绿素含量的影响，而植物的冠层结构则是利用遥感技术监测作物冠层信息主要的影响因子，LAI 的大小影响光合有效辐射的截获，影响冠层光合作用和产量，是表征冠层结构的主要变量，所以研究叶绿素含量、LAI 与作物特征光谱的关系尤为重要。通过相关分析表明，叶绿素含量与绝大部分可见光波段（吐丝期 460 nm 除外）和 1500~1600 nm 反射率呈显著负相关关系（图 8–4），与近红外波段 760~1300 nm 呈正相关，尤其是 510~1100 nm 一直稳定保持极显著相关关系，且各相关系数相差很小。相对来讲，绿光 560 nm 波段的反射率与叶绿素的相关性最好，四个时期平均相关系数高达 0.9067。各波段反射率与 LAI 的相关性变化规律和叶绿素相似，而且相关系数普遍比叶绿素的高，其中 660 nm 处反射率与 LAI 的相关系数最高（四个时期平均相关系数达 0.9247）。因此，冠层在可见光和近红外波段的反射率可以准确地反映夏玉米的叶绿素和 LAI 状况。

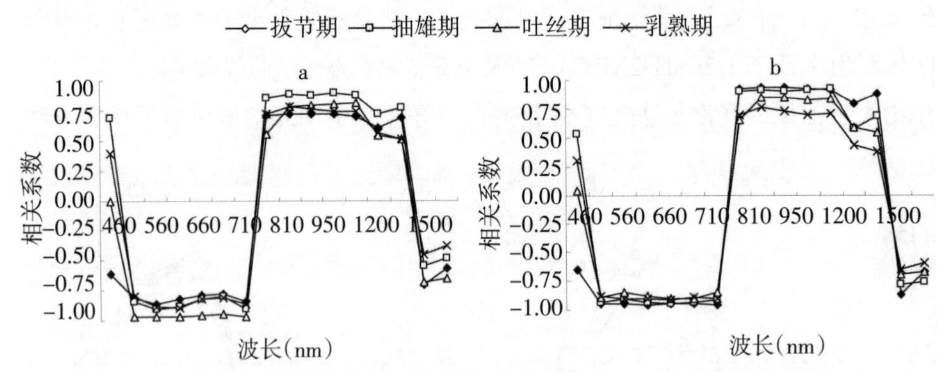

图 8–4　不同时期夏玉米单波段反射率与叶绿素(a)和 LAI(b)的相关系数变化

8.2.4 不同组合波段的 NDVI 与叶片叶绿素和 LAI 的关系

对所有可见光和近红外波段组成的归一化植被指数（NDVI）进行分析，

发现绝大部分指数与夏玉米叶片叶绿素含量在整个生育期都有很好的相关性。表8-2 为所有 NDVI 与这两个指标的相关性中最好的三个。总体来看，由绿光 560 nm 波段和近红外波段组成的 NDVI 与叶片叶绿素含量的相关性最好。在与LAI 的相关性上，由 660 nm 和近红外波段的组合指数最高。近红外波段中 760、950、1200 和 1300 nm 与可见光组合的指数与两个农学指标的相关性较好。

表 8-2　不同生育期玉米冠层 NDVI 与植株农学指标的相关系数

指标	生育期	组合波段(nm)	相关系数	指标	生育期	组合波段(nm)	相关系数	指标	生育期	组合波段(nm)	相关系数
叶绿素相对含量	拔节期	560/950	0.83	叶绿素相对含量	拔节期	560/1300	0.84	叶绿素相对含量	拔节期	560/1650	0.84
	抽雄期	560/760	0.94		抽雄期	560/1300	0.95		抽雄期	560/1650	0.95
	吐丝期	560/950	0.98		吐丝期	710/950	0.98		吐丝期	710/1300	0.98
	乳熟期	560/1200	0.95		乳熟期	610/1200	0.95		乳熟期	710/1650	0.96
LAI	拔节期	560/1300	0.97	LAI	拔节期	710/950	0.97	LAI	拔节期	710/1300	0.97
	抽雄期	510/760	0.96		抽雄期	660/760	0.95		抽雄期	660/1100	0.95
	吐丝期	660/760	0.91		吐丝期	660/810	0.91		吐丝期	660/870	0.91
	乳熟期	510/810	0.96		乳熟期	660/760	0.95		乳熟期	660/870	0.96

单波段反射率与夏玉米叶绿素的相关系数比两个波段组合而成的植被指数与叶绿素的相关系数低 5%~17%，前者与 LAI 的相关系数比后者低 1%~5%，所以利用植被指数可以比单波段能更准确地估测作物的叶绿素和 LAI 含量。

综合考虑以上结果，本研究选择可见光 560 nm、660 nm 和近红外 950 nm、760 nm 组合而成的 NDVI 来估算冬小麦的叶片叶绿素含量和 LAI（表 8-3）。整个生育期 NDVI 对叶绿素的拟合都以多项式方程最佳，决定系数 R^2>0.60，尤其是抽雄期以后，R^2 >0.75；对 LAI 的拟合决定系数更高，且 NDVI（660/760）比NDVI（560/950）效果更佳。

采用整个生育期 NDVI（560/950）和 NDVI（660/760）来拟合夏玉米叶绿素和LAI（表 8-4）。发现在分时期拟合 LAI 时，NDVI（660/760）表现比 NDVI（560/950）好，但在整个生育期中 NDVI（560/950）拟合叶绿素和 LAI 的决定系数比NDVI（660/760）分别高 36.86%和 14.86%，所以用 NDVI（560/950）建立的多项式方程可以更准确地预测长期试验地夏玉米全生育期的叶绿

表 8-3　不同生育时期 NDVI 与叶片叶绿素相对含量和 LAI 的相关方程(n=28)

指标	生育期	组合波段	回归方程	决定系数 R^2
叶绿素相对含量	拔节期	560/950	$y=-80.558x^2+180.84x-44.531$	0.70
		660/760	$y=41.489x^2+9.4049x+4.9301$	0.61
	抽雄期	560/950	$y=-345.87x^2+557.49x-178.09$	0.88
		660/760	$y=648.06x^2-995.95x+416.87$	0.77
	吐丝期	560/950	$y=249.74x^2-183.38x+46.171$	0.97
		660/760	$y=474.24x^2-510.64x+138.26$	0.90
	乳熟期	560/950	$y=-257.93x^2+448.99x-138.09$	0.91
		660/760	$y=-441.78x^2+752.28x-265.5$	0.84
LAI	拔节期	560/950	$y=0.661x^2-0.1981x+0.0095$	0.95
		660/760	$y=0.4663x^2-0.2388x+0.0539$	0.95
	抽雄期	560/950	$y=74.582x^2-94.701x+31.395$	0.92
		660/760	$y=0.0127e^{6.1459x}$	0.93
	吐丝期	560/950	$y=0.0929e^{4.5708x}$	0.82
		660/760	$y=228.99x^2-360.25x+143.26$	0.89
	乳熟期	560/950	$y=0.0165e^{6.7641x}$	0.91
		660/760	$y=8.1617x^{5.2007}$	0.94

素含量和 LAI。

表 8-4　全生育期 NDVI(560/950)和 NDVI(660/760)与叶绿素相对含量和 LAI 的关系(n=112)

指标	NDVI(560/950)	NDVI(660/760)
叶绿素相对含量	$y=-3.7562x^2+100.73x-25.153$	$y=38.919x^2+19.354x+1.9698$
	$R^2=0.79$	$R^2=0.58$
LAI	$y=22.612x^2-18.414x+3.762$	$y=19.838x^2-18.738x+4.2159$
	$R^2=0.84$	$R^2=0.73$

8.3　长期定位试验地作物冠层光谱特征及养分预测研究

以不同施肥条件下长期试验地夏玉米为研究对象，研究其典型生育期冠层不同波段反射率与收获期作物秸秆和籽粒氮、磷、钾含量的关系，确定冠层光谱是否可以准确估测作物缺乏一种或多种营养的作物长势，并在多大程度上量化这种长势差异，然后选择能够反映玉米氮、磷、钾含量的敏感波段，为作物在不同生育期缺素的诊断和肥料的合理施用提供理论依据。

8.3.1 收获期玉米秸秆氮、磷、钾含量差异

由于施肥方式不同，收获后各处理玉米秸秆和籽粒的氮、磷、钾含量也不同。从表 8-5 可以看出，PK 和 CK 处理的含氮量与其他五个处理呈极显著差异，其中 PK 含氮量最低，CK 次之；PK 处理秸秆含磷量最高，其他六个处理均无显著差异；NP 和 CK 秸秆含钾量呈极显著差异，其他五个处理之间均无极显著差异。各处理籽粒的氮磷含量变化规律与秸秆相似，但籽粒的含钾量七个处理并无显著差异。整体来看，在夏玉米秸秆和籽粒的氮、磷、钾含量中，单施化肥的处理、单施有机肥的处理、化肥与有机肥混合施用三个处理的氮、磷、钾含量均无显著性差异，说明长期单施化肥或单施有机肥并未导致该地区土壤肥力的降低。

土壤中营养元素的丰缺最终导致产量的高低：CK、NK 和 PK 处理夏玉米都非常低，并与其他四个处理产量呈极显著差异（表 8-5）。对照 CK 虽然氮、磷、钾含量不是最低，但由于同时缺乏三种大量元素，产量只有 1.20 t hm^{-2}，单施有机肥的处理产量最高（9.62 t hm^{-2}），但与单施化肥、有机肥化肥混合施用的产量相差很小（平均为 9.44 t hm^{-2}）。从表中也可看出，相同处理重复间无论是秸秆还是籽粒，其氮、磷、钾含量及产量的差异均非常小。

表 8-5 不同施肥方式下玉米秸秆和籽粒 NPK 含量及产量

处理	秸秆			籽粒			
	N(g kg^{-1})	P(g kg^{-1})	K(g kg^{-1})	N(g kg^{-1})	P(g kg^{-1})	K(g kg^{-1})	产量(t hm^{-2})
CK	5.74±0.19b	0.43±0.02b	13.20±0.50b	9.48±0.10a	1.25±0.08b	2.89±0.11a	1.20±0.02c
NP	7.70±0.52a	0.67±0.02b	7.90±0.31c	11.85±0.09a	4.80±2.56a	2.91±0.12a	7.61±0.04b
NK	9.14±0.16a	0.35±0.07b	19.63±0.57a	12.70±0.18a	2.63±0.05b	3.30±0.18a	1.48±0.04c
PK	4.64±0.12b	1.84±0.06a	21.63±0.42a	7.91±0.13b	4.05±2.40b	3.71±0.08a	2.54±0.03c
NPK	7.96±0.24a	0.64±0.02b	24.85±0.49a	11.55±0.21a	2.43±0.08b	3.47±0.09a	9.40±0.04a
OM	6.64±0.13a	0.78±0.03b	24.93±0.49a	11.23±0.26a	2.69±0.09b	3.59±0.14a	9.62±0.07a
T	7.34±0.41a	0.63±0.03b	25.85±0.74a	11.40±0.29a	2.31±0.01b	3.46±0.07a	9.32±0.08a

8.3.2 不同波段反射率与玉米氮、磷、钾及产量的关系

从图 8-5 可以看出，在四个生育期中，可见光波段反射率（460 nm 除外）与作物秸秆含氮量呈负相关，近红外区域 760~1300 nm 反射率与含氮量

呈正相关关系（n=28，$r_{0.05}$=0.361，$r_{0.01}$=0.463）。可见光波段秸秆含氮量与冠层反射率在开花期相关性最好，拔节期最差，整个生育期以 560 nm 最佳，其次为710 nm；近红外波段以乳熟期与氮素的相关性最好，拔节期最差，后三个时期以 950 nm 最佳，其次为 810 nm。冠层光谱在可见光范围内与秸秆含氮量的相关性优于近红外波段（高 4.93%）；开花期是诊断秸秆含氮量的敏感时期。秸秆含钾量与光谱特征的关系与含氮量相似，但整个生育期秸秆含钾量

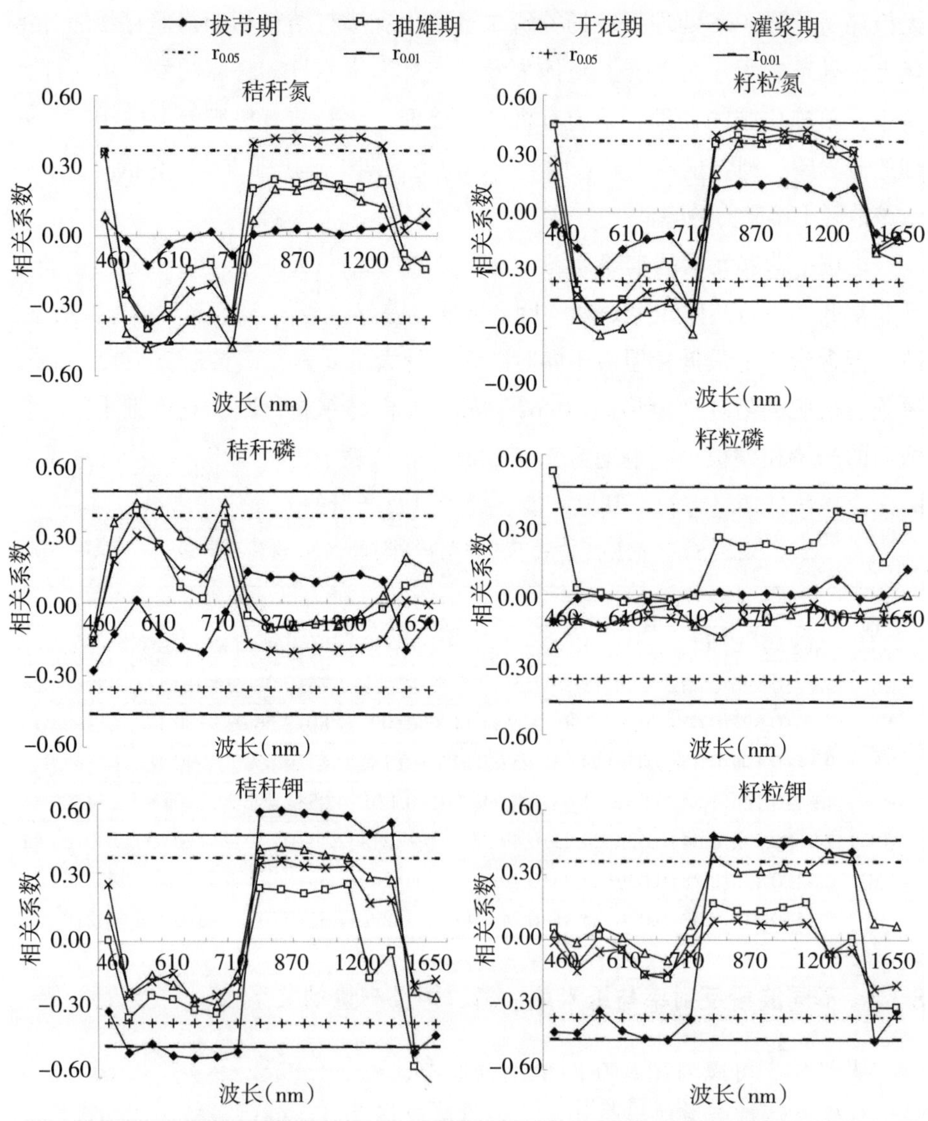

图 8-5　不同生育期夏玉米冠层光谱与其秸秆和籽粒氮、磷、钾含量的相关性

在拔节期与光谱相关性最好（680 nm 最敏感，其次为 660 nm），而且钾素在可见光波段的平均相关系数比氮素大 4.57%。籽粒含钾量与各波段反射率的相关性较秸秆略差，但均在近红外波段相关系数在 810 nm 和 760 nm 较高。拔节期为钾素最敏感的时期，其次为开花期。在整个波段范围内，抽雄期、开花期和乳熟期各反射率和磷素的相关性与氮素、钾素相反，在可见光反射率与磷素呈正相关，整个生育期以560 nm 最佳，其次为 710 nm，但相关系数均较小（r<0.30）；在近红外区域则呈负相关关系，但整体相关系数更小，平均相关系数 r<0.1，均未达到显著水平。

四个典型生育期冠层光谱特征与收获后籽粒的氮、钾含量相关性与其秸秆相关性趋势及氮、钾最敏感波段均相似（如图 8–5 所示）。但光谱与籽粒含氮量平均相关性大于秸秆，可见光范围为–0.3248（秸秆仅为–0.1866），近红外波段为0.2999（秸秆为 0.2042）；但光谱与籽粒含钾量的相关性低于秸秆（平均低0.09%）。各生育期冠层光谱与籽粒含磷量的相关性没有明显规律。

各生育期冠层光谱在整个波段的反射率与产量相关性规律相似（表 8–6 所示），普遍呈极显著相关（开花期和乳熟期 460 nm 除外），其中 660 nm 和 810 nm 相关性最好，可见光范围内平均相关系数高达 r=–0.9322，近红外波段相对较低（r=0.7673）。由表 8–7 可以看出，660 nm 和 810 nm 在整个生育期均可以较准确地预测夏玉米产量，且普遍以多项式回归方程效果较好，660 nm

表 8–6　不同生育期夏玉米产量与不同波段反射率的相关性（n=28）

生育期	波段（nm）							
	460	510	560	610	660	680	710	760
拔节期	–0.71	–0.94	–0.96	–0.95	–0.93	–0.92	–0.96	0.85
抽雄期	0.55	–0.96	–0.93	–0.96	–0.96	–0.96	–0.95	0.92
开花期	0.01	–0.94	–0.91	–0.93	–0.95	–0.95	–0.91	0.63
乳熟期	0.32	–0.88	–0.91	–0.91	–0.92	–0.90	–0.91	0.72
生育期	波段（nm）							
	810	870	950	1100	1200	1300	1500	1650
拔节期	0.86	0.85	0.85	0.83	0.72	0.82	–0.85	–0.68
抽雄期	0.94	0.93	0.94	0.94	0.61	0.72	–0.76	–0.72
开花期	0.84	0.85	0.85	0.86	0.58	0.55	–0.71	–0.69
乳熟期	0.78	0.75	0.72	0.72	0.46	0.41	–0.64	–0.58

注：$r_{0.05}$=0.361；$r_{0.01}$=0. 463

的预测效果优于810 nm，其中抽雄期预测效果最佳，故可以确定抽雄期为估测产量的敏感时期。夏玉米冠层光谱与产量的良好相关性为通过遥感技术估测作物产量提供了科学依据。

表 8-7　不同生育时期敏感波段反射率对夏玉米产量的拟合方程(n=28)

生育期	拟合模型	拟合度 R^2	拟合模型	拟合度 R^2
拔节期	$y=28005e^{-0.3102x}$	0.88	$y=-24.699x^2+2016x-32081$	0.79
抽雄期	$y=521.32x^2-6139.9x+19054$	0.96	$y=-22.892x^2+2468.2x-58506$	0.92
开花期	$y=996x^2-10563x+28966$	0.91	$y=-35.718x^2+3733.2x-88279$	0.75
乳熟期	$y=-318.19x^2+1209.5x+7461.9$	0.87	$y=-31.513x^2+2929.6x-59391$	0.80

注：$r_{0.05}$=0.361；$r_{0.01}$=0. 463

8.4　长期试验作物光谱特征对主要养分吸收量的预测

作物生长和最终产量主要依赖于气候条件和土壤属性，生产者对光线和温度等条件控制能力有限，却可以掌控土壤养分含量，如氮（N）、磷（P）、钾(K)、钙（Ca）等，因此施用化肥的数量和频率是目前经济和环境最为关注的问题之一。利用遥感技术对作物营养状况和长势进行快速诊断和实时监测，然后进行基于作物光谱特征的精准变量施肥是精准农业的研究热点，具有重要的理论和实践意义。薛利红等（2004）指出缺氮使小麦冠层光谱反射率在可见光波段增加，在近红外波段下降；缺磷降低了近红外波段反射率，对可见光波段反射率的影响则受生育阶段和其他肥料互作的影响，缺钾处理对冠层反射光谱的影响较小。Erdle et al.（2013）通过对欧洲高产田小麦冠层光谱的研究指出乳熟期小麦水分指数和比值植被指数与作物秸秆、麦穗含氮量及干生物量都有良好的相关性。Petisco et al.（2005）利用偏最小二乘回归和多项线性回归方法精确预测了林木叶片 N、P、Ca 含量，并指出偏最小二乘回归预测效果最优。Patil et al.（2013）指出甘蔗叶片 N、P、K 含量与植被冠层 NDVI（归一化植被指数）和 RVI（比值植被指数）有良好的相关性。Chen et al.（2011）指出 1686 nm 和 1337 nm 是荔枝冠层含 K 量的敏感波段，并通过预测叶片含钾量减少了钾肥用量。Ayala-Silva & Beyl（2005）研究了缺乏 N、P、K、Ca 和镁（Mg）条件下冬小麦冠层光谱特征；Ferwerda & Skidmore（2007）探讨了光谱预测柳树、橄榄树石楠花、果树等光谱对 N、P、K、Ca、钠（Na）等养分的预测潜力。同时，大量研究表明不同植被冠层光谱与其地上部分生物量也具有良好的相关性。Winterhalter et al.（2012）、Yu et al.(2013）试验表明玉米和水稻冠层光谱都可以估测作物吸氮量，但对根据冠层光谱预测作物吸磷量和吸钾量的报道很少。

8.4.1 收获期作物地上部分养分吸收情况

作物地上部分养分吸收量是地上部分作物干生物量（秸秆干生物量与籽粒产量之和）与养分含量的乘积，更能综合体现作物生长状况。该试验由于不同处理土壤养分长期处于盈或亏的状态，作物从土壤中吸收的养分有明显差异(如表 8-8 所示)。冬小麦和夏玉米 PK 处理秸秆和籽粒含氮量均为 7 个处理中最低，与其他处理呈极显著差异，NK 处理含氮量显著高于其他处理。冬小麦 PK 处理秸秆和籽粒含磷量显著高于其他处理，CK 含磷量较低；冬小麦 NK 处理秸秆含钾量最高，但籽粒含钾量 PK 处理最高。夏玉米秸秆 PK 处理含磷量最高，但籽粒为 NP 处理最高；OMF 处理秸秆含钾量最高，籽粒以 PK 处理含钾量最高。由于两种作物秸秆和籽粒主要养分差异明显，各处理间生物量差异更大（数据未列出），故不同施肥处理间养分吸收量差异更显著：NPK 处理冬小麦和夏玉米地上部分总吸氮量显著高于其他处理，CK 吸氮量最低，说明 N、P、K 配合施用可以促进冬小麦对氮素的吸收。冬小麦 OMF 处理吸磷量最高，夏玉米 NP 处理吸磷量最高；而夏玉米 OM 处理吸钾量最高，2 种作物 CK 吸钾量均最低。冬小麦各处理间吸钾量差异显著，NK 处理吸钾量高达 130.56 kg hm^{-2}，而 CK 吸钾量仅 9.96 kg hm^{-2}。夏玉米籽粒与秸秆养分

表 8-8　冬小麦和夏玉米主要养分吸收量

处理	冬小麦地上部分植株养分吸收量(kg hm^{-2})			夏玉米地上部分植株养分吸收量(kg hm^{-2})		
	N	P	K	N	P	K
CK	15.51±0.34E	1.55±0.06E	9.96±0.46E	22.49±0.84D	2.24±0.04D	32.06±0.98E
NP	107.11±2.03B	14.92±0.44C	60.59±1.26C	123.89±3.28B	35.43±6.76A	66.48±2.10C
NK	19.37±0.41E	1.34±0.02E	130.50±0.46ED	37.91±1.18C	5.81±2.86DC	50.85±1.01D
PK	18.40±0.33E	5.15±0.06D	17.22±0.58D	31.51±0.38DC	11.41±0.31BDC	74.68±2.30C
NPK	113.41±2.32A	16.40±0.37B	100.67±2.45A	152.59±1.94A	24.37±0.77BAC	212.94±3.95B
OM	64.68±0.62D	15.60±0.37CB	60.88±1.38C	144.15±3.81A	28.27±0.49BA	222.20±3.16A
OMF	96.21±2.61C	17.27±0.21A	86.02±3.55B	144.86±6.10A	23.08±0.33BAC	215.71±5.03BA

注：表中相同养分不同字母表示差异显著($p<0.05$)。

含量普遍比冬小麦高，但不同施肥处理间夏玉米籽粒和秸秆养分含量差异远小于冬小麦。夏玉米地上部分 N、P、K 吸收量普遍大于冬小麦，尤其是吸钾量，7 个处理比冬小麦平均高出 75.19 g kg^{-1}。整体而言，施用有机肥可以促进作物对养分的吸收，减少化肥施用量。

8.4.2 不同作物典型生育期冠层光谱特征差异

图 8-6 是处理为 NPK 的冬小麦和夏玉米冠层光谱特征曲线，可以看出这两种作物光谱特征与其他绿色植物相似：在可见光波段反射率较低，在 560 nm 处有一个反射峰，近红外区域反射率明显高于可见光波段。冬小麦拔节期和乳熟期冠层光谱反射率差异较小，孕穗期和开花期反射率相近，开花期在近红外区域光谱反射率最高，而在可见光波段最低；拔节期反之。夏玉米抽雄期冠层在近红外波段反射率最高，开花期和乳熟期反射率相近，拔节期最低。可见光波段夏玉米 4 个典型生育期反射率与冬小麦相似生育期相近（460~710 nm 比冬小麦平均仅高 0.22%），但在近红外区域反射率明显高于相似生育期的冬小麦（两者反射率最大值差值为 12.47%，平均差值为 8.42%），主要因为夏玉米属于 C_4 植物而冬小麦属于 C_3 植物，在高光强、高温及干旱的气候条件下，C_4 植物的光合速率远高于 C_3 植物的结果，此外 C_3 植物维管束鞘细胞不含叶绿体，外观上它的叶脉就是淡色的，而 C_4 植物维管束鞘细胞含有叶绿体，外观上它的叶脉就呈现绿色，故相似生育期夏玉米冠层光谱反射率在近红外区域高于冬小麦。

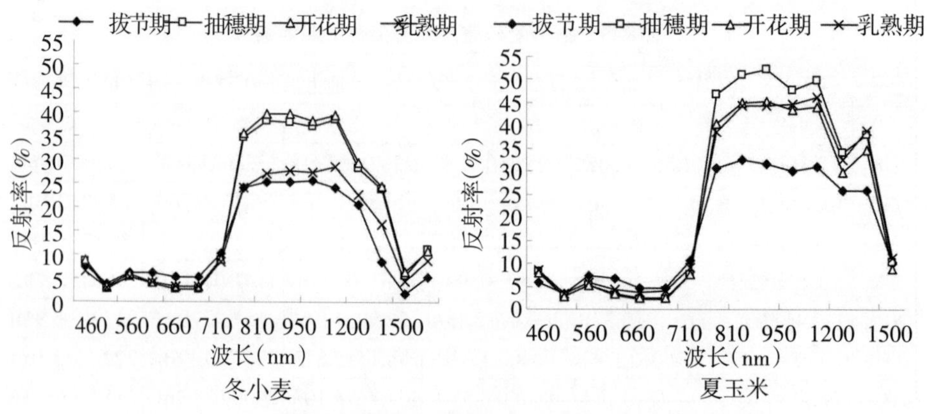

图 8-6　不同生育期冬小麦和夏玉米冠层光谱特征曲线

8.4.3 不同施肥处理间作物光谱特征差异

图 8-7 为拔节期和乳熟期 2 种作物 NPK 处理与其他施肥处理冠层光谱反射率差值图。冬小麦拔节期在可见光波段 CK 反射率最高，其中在 680 nm 反射率比 NPK 高 12.20%，OMF 处理冠层反射率最低，但该处理与 NPK 差异最大只为 1.16%，说明拔节期这 2 个处理冬小麦长势差异很小；近红外波段 OM 冠层反射率最高，平均较 NPK 处理高 3.08%，说明 OM 处理作物长势最好；NK 反射率最低。拔节期近红外区域不同施肥处理间冬小麦反射率差异相对较小；在可见光波段乳熟期不同处理冬小麦反射率差异较大，最大达到 14.48%；这 2 个生育期 CK 和 NK 处理在整个研究波段反射率与其他处理差异较大。与冬小麦不同的是，不同施肥处理间夏玉米冠层光谱反射率在近红外波段的差异较可见光波段更显著。乳熟期 CK、NK、PK 处理反射率差异很小，在近红外波段比 NPK 处理平均低6.40%，最大差异为 12.77%，在可见光区域

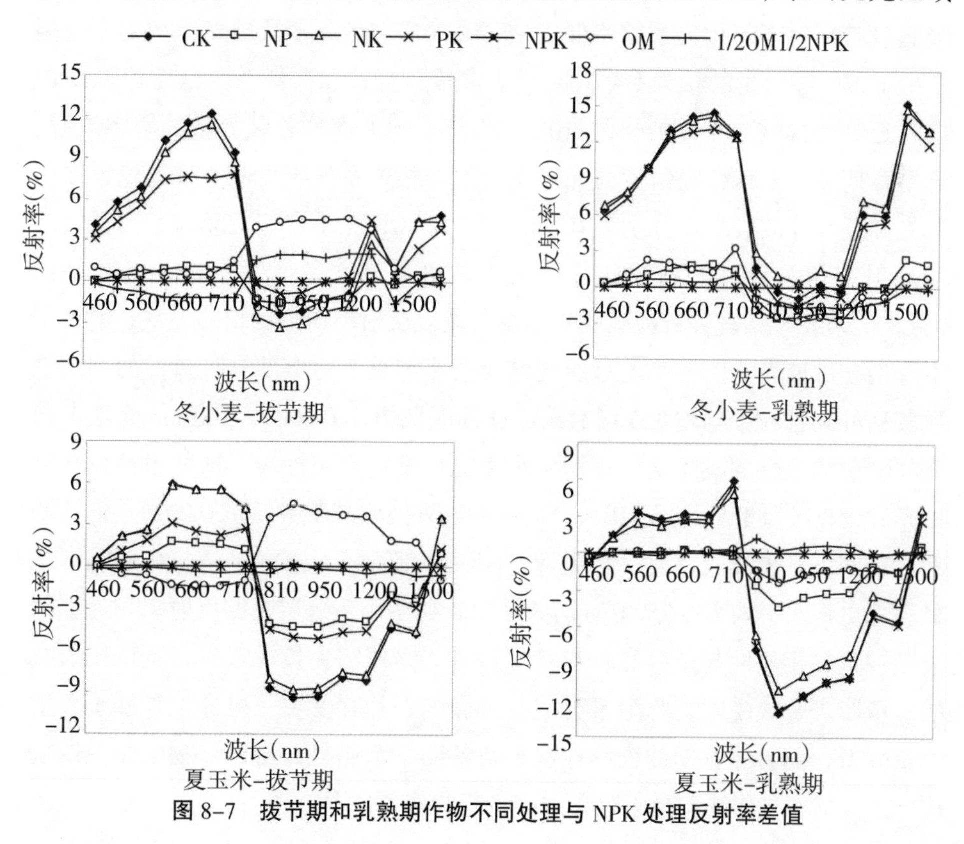

图 8-7 拔节期和乳熟期作物不同处理与 NPK 处理反射率差值

平均较 NPK 高 2.70%，说明该时期这3 个处理作物长势较差。这些现象是由于缺素时作物叶片叶绿素或蛋白质合成受阻或遭到破坏，叶片变黄或呈不正常的暗绿色或紫红色，导致冠层光谱反射率在可见光波段升高而在近红外波段区域降低。

8.4.4 作物冠层光谱反射率与主要养分吸收量的相关性

8.4.4.1 冬小麦

除乳熟期外，在可见光波段冬小麦各生育期冠层光谱反射率与收获期籽粒和秸秆吸氮量均达极显著负相关水平（图 8–8 所示），在近红外区域达极显著正相关关系（除拔节期外，拔节期平均相关系数为 0.3019，比可见光波段平均降低0.5829）；乳熟期反射率与籽粒和秸秆的吸氮量在整个波段都呈负相关关系，其中在可见光波段和 1100~1650 nm 相关性达显著水平。秸秆与可见光波段反射率的相关系数与籽粒基本持平（0.9175 与 0.9126），整个波段籽粒吸氮量与反射率的相关系数略低于秸秆 0.0626。冬小麦冠层光谱反射率与整个地上部分吸氮量的相关系数在可见光波段较籽粒和秸秆平均提高 0.0099%，而在近红外区域减小 0.0368，710 nm 为整个地上部分总吸氮量的敏感波段。全生育期冬小麦秸秆吸磷量与光谱反射率的相关系数明显低于吸氮量，在可见光和近红外波段平均分别为 0.7161 和 0.5518；冬小麦籽粒吸磷量与整个波段反射率相关性显著高于秸秆，其中在可见光波段反射率相关系数高达 0.9663，乳熟期秸秆和籽粒吸磷量与整个波段反射率均呈负相关关系；前 3 个生育期在可见光波段冬小麦冠层光谱反射率与整个地上部分吸磷量的相关系数较秸秆和籽粒平均增加0.1224，近红外区域增加 0.0609，660 nm 为地上部分吸磷量的敏感波段。全生育期冬小麦冠层反射率与籽粒、秸秆吸钾量在可见光波段较吸氮量平均低0.1019，而在近红外波段高于吸氮量 0.0739。抽穗期和开花期可见光波段反射率与吸钾量相关性都达极显著水平，与籽粒吸钾量显著性更强（平均为 0.9590）。前 3 个生育期冬小麦冠层光谱反射率与地上部分吸钾量的相关性与秸秆和籽粒基本持平。当作物生长缺素时，蛋白质、核酸、磷脂等合成受阻，叶绿素合成受到影响，叶片变黄，植株生长矮小，生物量降低，随着生育期的推移作物长势差异日渐明显，所以作物生长中期冠层光谱反射率与作物养分吸收量间有良好的相关性。

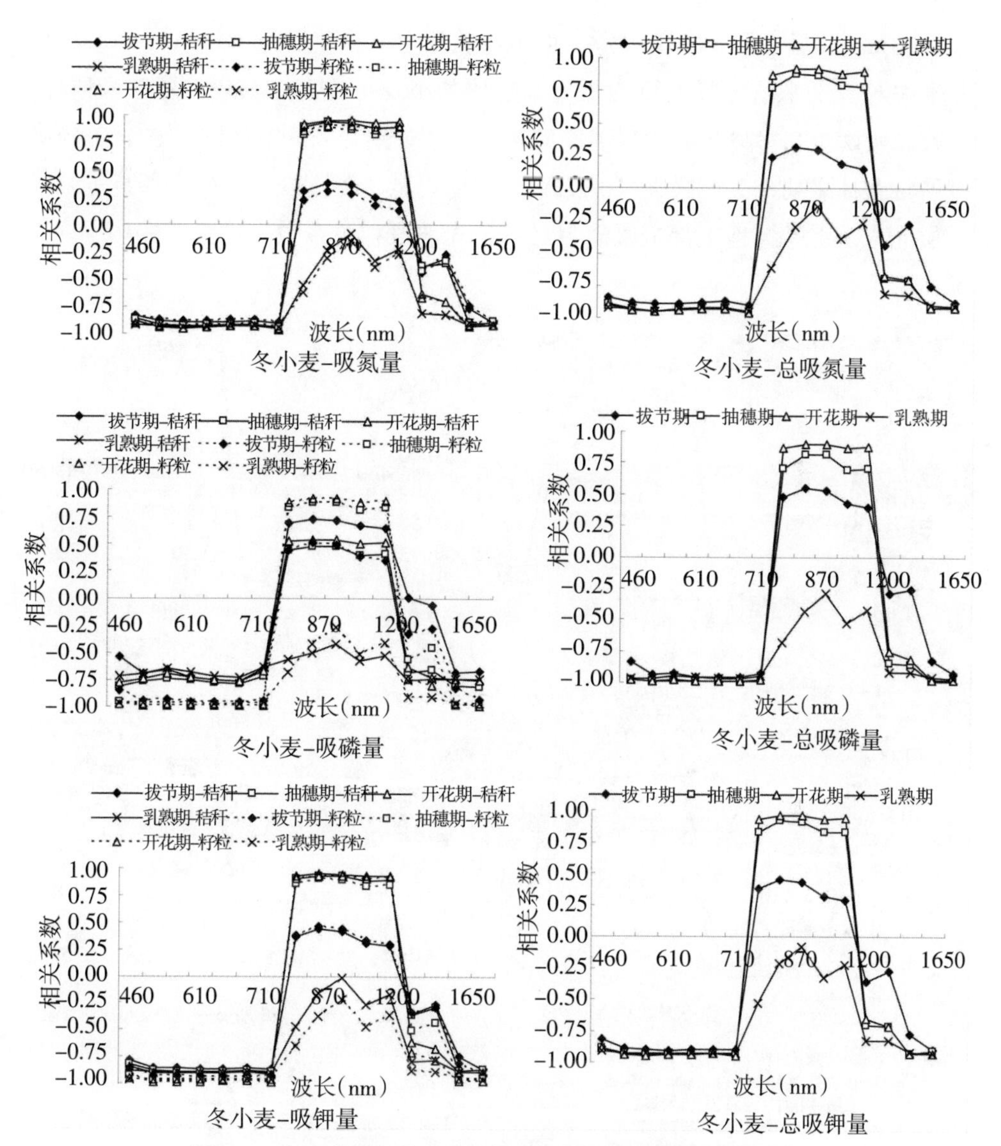

图 8-8 冬小麦冠层单波段反射率与养分吸收量的相关性

8.4.4.2 夏玉米

与冬小麦不同的是，夏玉米 4 个生育期冠层光谱反射率与其秸秆、籽粒和地上部分吸氮量的相关系数差异都很小（如图 8-9 所示）。全生育期夏玉米冠层光谱反射率在可见光波段与地上部分吸氮量的相关系数平均达到 0.9260，高于近红外区域 0.1691，560 nm 处相关系数最大，抽雄期显著性最强，籽粒相关性高于秸秆。除拔节期外，夏玉米秸秆和籽粒吸氮量与 460 nm、1200~

1300 nm 反射率呈正相关关系，而冬小麦反之。全生育期在 760~1100 nm 反射率与夏玉米秸秆吸氮量的相关系数比冬小麦平均高 0.4152。夏玉米秸秆、籽粒吸磷量与可见光波段反射率的相关系数分别为 0.5921 和 0.5607，籽粒吸磷量在抽雄期相关性最强（0.7129），均明显低于冬小麦。全生育期夏玉米冠层光谱反射率与地上部分吸磷量在可见光波段相关系数平均为 0.6046，高于

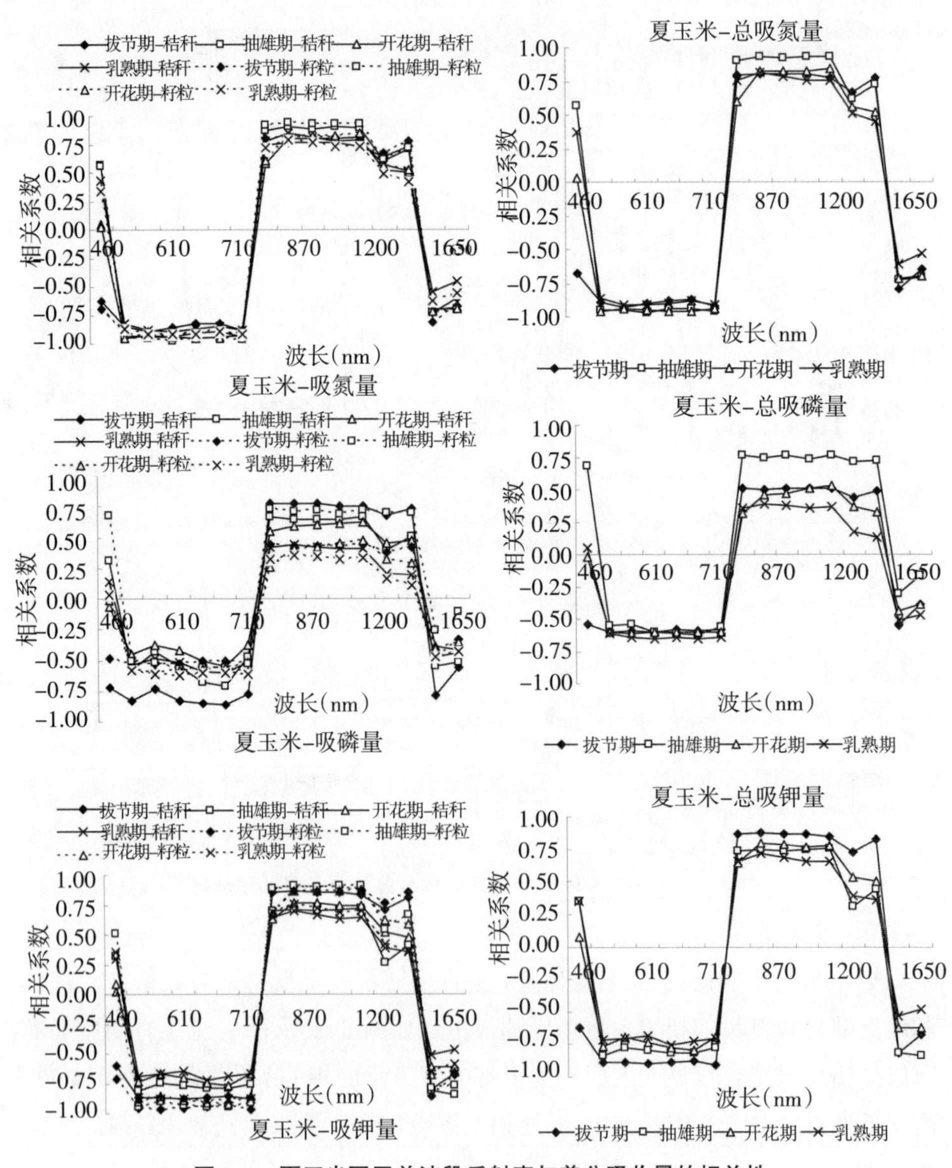

图 8-9　夏玉米冠层单波段反射率与养分吸收量的相关性

近红外区域 0.1113，近红外区域未达显著相关水平。夏玉米吸钾量与各波段反射率在可见光波段相关系数平均低于吸氮量 0.0725，但近红外区域平均高于吸氮量 0.0528。籽粒和秸秆吸钾量从拔节期到乳熟期相关性渐差，全生育期籽粒在近红外和可见光波段相关系数平均分别为 0.8336 和 0.9127，均高于秸秆。全生育期夏玉米冠层光谱反射率与地上部分吸钾量在可见光波段相关系数高于近红外区域0.0997，但均低于秸秆和籽粒，且在可见光波段相关系数平均低于冬小麦0.1270，在近红外波段高于冬小麦 0.0341。

8.4.5 作物养分吸收量预测模型的建立

采用逐步回归法建立基于不同生育期作物冠层光谱敏感波段的作物地上部分养分总吸收量预测模型。本研究选取逐步回归 2 次的结果作为各养分吸收量的预测模型。从表 8-9 可以看出，4 个典型生育期冬小麦冠层反射率均可准确预测收获期地上部分 N、P、K 吸收量，其中对吸磷量的预测精度最高(整个生育期决定系数平均达 0.9702)，对吸氮量的决定系数高于吸钾量 0.0358。夏玉米冠层反射率可以准确预测地上部分吸氮量和吸钾量，但对吸磷量的预测精度较差，逐步回归结果显示只有 1 个波段的反射率达到 0.1500 显著水平来预测夏玉米含磷量，除抽雄期外其他 3 个时期决定系数均小于 0.50，

表 8-9 冬小麦和夏玉米地上部分主要养分吸收量的预测方程

冬小麦	预测方程	决定系数	夏玉米	预测方程	决定系数
拔节期-N	$y=142.02+11.07R_{560}-13.07R_{710}$	0.800**	拔节期-N	$y=68.19-12.20R_{710}+9.14R_{870}$	0.7595**
抽穗期-N	$y=130.07-17.22R_{710}+11.61R_{810}$	0.9642**	抽穗期-N	$y=7.82+1.18R_{610}+0.27R_{810}$	0.9627**
开花期-N	$y=139.45-15.94R_{710}+10.72R_{810}$	0.9766**	开花期-N	$y=5.78+0.56R_{660}+0.97R_{1100}$	0.9656**
乳熟期-N	$y=140.29-18.02R_{710}+11.09R_{1650}$	0.9765**	乳熟期-N	$y=0.016+1.00R_{680}+1.00R_{1300}$	0.9990**
拔节期-P	$y=12.38+1.68R_{460}-1.84R_{660}$	0.9519**	拔节期-P	$y=49.87-3.51R_{610}$	0.3609
抽穗期-P	$y=14.79-0.82R_{660}+0.13R_{760}$	0.9880**	抽穗期-P	$y=-135.73+2.7R_{760}+2.46R_{1650}$	0.6443**
开花期-P	$y=13.69-1.13R_{660}+0.22R_{1200}$	0.9859**	开花期-P	$y=60.8-8.07R_{610}$	0.4315*
乳熟期-P	$y=39.84+2.30R_{1500}-3.74R_{1650}$	0.9550**	乳熟期-P	$y=55.39-5.36R_{560}$	0.3707*
拔节期-K	$y=105.25+28.72R_{510}-22.85R_{610}$	0.8453**	拔节期-K	$y=-7.18-6.18R_{710}+5.55R_{870}$	0.9414**
抽穗期-K	$y=105.25+28.72R_{510}-22.85R_{610}$	0.8453**	抽穗期-K	$y=236.91-23.38R_{710}+5.94R_{810}$	0.8478**
开花期-K	$y=-37.11-2.81R_{710}+3.81R_{760}$	0.9504**	开花期-K	$y=358.06+6.72R_{760}-30.75R_{1650}$	0.8571**
乳熟期-K	$y=-19.36+25.39R_{810}-22.72R_{100}$	0.9609**	乳熟期-K	$y=-110.04-43.33R_{680}+9.12R_{810}$	0.7003**

注：建模样本 n=56，* 和 ** 分别表示在 5%和 1%水平上的显著性。

但除拔节期外也达到0.05%显著水平，所以基于拔节期夏玉米冠层光谱对其地上部分吸磷量预测精度较差。除拔节期外，2种作物冠层反射率对吸氮量的预测精度差异很小，开花期和乳熟期夏玉米对吸钾量的预测精度平均低于冬小麦0.1770，整个生育期低于冬小麦0.0638。整体来讲，除夏玉米地上部分吸磷量外，基于2种作物冠层光谱反射率建立的模型可以准确预测作物地上部分养分吸收量。

8.4.6 作物养分吸收量预测模型的验证

为了验证模型的预测效果，利用28个验证样本对冬小麦和夏玉米收获期地上部分主要养分吸收量预测模型进行验证。从作物养分吸收量真实值与预测值做线性回归的拟合度 R^2 可以看出（表8-10），除夏玉米吸磷量外，两种作物其他养分吸收量的预测值与真实值均在1%水平上达到极显著相关。就冬小麦养分吸收量来看，冬小麦吸氮量的预测方程精度最高，整个生育期平均达到0.9105，虽然吸磷量的预测方程决定系数在三个养分吸收量中最大，但验证其拟合度（R^2=0.8635）低于吸氮量0.047。基于不同生育期冠层光谱反射率对夏玉米吸氮量的估测精度平均高于吸钾量精度0.0734，且从抽雄期到乳熟期预测精度逐渐降低。拔节期和乳熟期夏玉米地上部分吸磷量预测值与真实值之间拟合度很差。

表8-10 冬小麦和夏玉米地上部分主要养分吸收量预测模型验证指标

冬小麦	拟合度	总均方根差	夏玉米	拟合度	总均方根差
拔节期-N	0.8362**	0.3441	拔节期-N	0.8002**	0.3218
抽穗期-N	0.9302**	0.2201	抽穗期-N	0.9362**	0.2045
开花期-N	0.9405**	0.1226	开花期-N	0.9247**	0.2154
乳熟期-N	0.9352**	0.1514	乳熟期-N	0.9663**	0.2587
拔节期-P	0.8443**	0.3647	拔节期-P	-	-
抽穗期-P	0.8989**	0.2420	抽穗期-P	0.6145**	0.4061
开花期-P	0.8898**	0.2677	开花期-P	0.5211*	0.5026
乳熟期-P	0.8208**	0.2516	乳熟期-P	0.3356	0.2513
拔节期-K	0.8784**	0.3326	拔节期-K	0.8626**	0.2696
抽穗期-K	0.8972**	0.1975	抽穗期-K	0.8729**	0.1651
开花期-K	0.9025**	0.2315	开花期-K	0.8354**	0.2677
乳熟期-K	0.9061**	0.2871	乳熟期-K	0.7628**	0.2185

注：验证样本 n=28，* 和 ** 分别表示在5%和1%水平上的显著性。

9 典型龟裂碱土光谱特征分析及盐渍化程度预测研究

土壤盐渍化是干旱、半干旱农业区主要的土地退化问题，获取有关盐渍化土壤的性状、范围、面积、地理分布及盐渍化程度等方面的信息，对治理盐渍化土壤，防止其进一步退化和农业可持续发展至关重要。而遥感以其宏观、综合、动态、快速等特点，已成为监测土壤盐渍化的一种重要探测手段。

多年来，对于盐渍土光谱特征研究国内外学者已取得了较大的进展。Csillag et al.（1993）研究了表层土壤的高光谱数据与土壤中 pH 值、电导率（EC）和可交换钠含量（ESC）的回归模型，指出土壤光谱在可见光波段、近红外波段以及中红外波段的反射率对于定量分析盐渍化有较好的指示作用。Aldakheel（2011）研究发现土壤多种光谱指数随着土壤盐渍化程度的增加而降低。光谱特征值与土壤含盐量之间表现出良好的线性关系，光谱反射率随着含盐量的增加而升高（马诺等，2008）。孙红等（2009）指出土壤 pH 值与光谱波长呈正相关，但相关性随波长的增加而降低。Sudduth et al.（2010）指出基于土壤光谱指数的高光谱模型可以准确预测盐碱土 pH 值，可用于土壤的盐渍化程度评价。对于光谱反射率与盐碱土中的盐分离子的关系，许多学者也进行了研究。李新国等（2012）研究发现，采用多元回归模型预测 HCO_3^-/（Cl^-+SO_4^{2-}）精度较高，具有较好的适用性。李娜等（2011）在玛纳斯河流域地物光谱数据库的建立中研究指出，在少数光谱波段不同地貌的含盐量及各地貌中占优势的盐离子均与光谱反射率显著相关。Chernousenko et al.（2012）的研究则表明由于土壤阳离子交换量和钾、钙、镁在近红外区间内没有主响应，其含量不能通过 C–H、O–H 和 N–H 化学键的吸收直接确定，但可以利用近红外光谱的少数敏感波段建模以预测荔枝土壤阳离子交换量和交换性钙含量的变化，能粗略预测交换性钾和交换性镁含量变化。

本研究通过对野外实测光谱的分析，研究土壤光谱特征，筛选出土壤pH、ESP、全盐及分盐的敏感波段，在此基础上采用不同回归方法构建基于龟裂碱土盐渍化程度预测模型，为快速、廉价预报土壤的盐渍化信息提供依据，也为利用卫星遥感数据大面积获取同类盐渍土盐碱程度提供科学基础。

土壤光谱数据预处理：为消除高频噪声的影响，本研究采用何挺等 9 点加权移动平均法对高光谱反射率原始数据（r）进行平滑去噪处理（R）。本研究除对平滑后的原始反射光谱数据分析外，还对平滑后反射光谱进行了以下 6 种变换：反射率的倒数（1/R）、反射率的导数（DR）、反射率的对数（LgR）、反射率的一阶微分（R）′、反射率对数的一阶微分（LgR）′和反射率倒数对数的一阶微分（Lg（1/R））′，并进行同步分析，以期构建对土壤盐碱程度反应更敏感的光谱参数。利用土壤反射光谱，通过 SAS 软件中全回归（total regression，TR）、逐步回归(stepwise regression，SR）和偏最小二乘回归(Partial least squares regression，PLSR）过程建模预测龟裂碱土碱化指标。

9.1 龟裂碱土表层盐渍化信息指标和光谱特征变化规律

9.1.1 龟裂碱土表层盐渍化信息指标变化规律

西大滩区域属于典型的温带大陆性季风气候，四季分明，春迟夏短，秋早冬长，昼夜温差大，雨雪稀少，蒸发强烈，气候干燥，风大沙多等，这些气候特征都直接影响到土壤的盐渍化程度。从图 9-1 可以看出，土壤表层（0~20 cm）pH 在12 个月的变化趋势为春季最高，冬季次之，夏季最低。该试验选取的测定对象为长期盐碱荒地，上有少量的芨芨草和蒿草。2011 年测定的全年 pH 平均值高达10.01，其中 2 月最高（高达 10.29），1 月也高达10.25，11 月和 12 月与 1 月和 2 月的 pH 相差不大，夏季的 7、8、9 三个月中 pH 变幅最大，从 7 月的 9.86 下降到本年度最低的 9.36，9 月又上升到 10.03。2011 年该试验地土壤表层碱化度为 53.08%，全年最高值为 61.55%。一年中碱化度的变化趋势同土壤 pH：2 月 ESP 最高，其次为 11 月和 12 月，8 月 ESP 最低，较 2 月份下降了 19.95%，下降到41.60。

该试验地表层土壤（0~20 cm）全年含盐量平均为 3.95 g kg^{-1}。试验结果

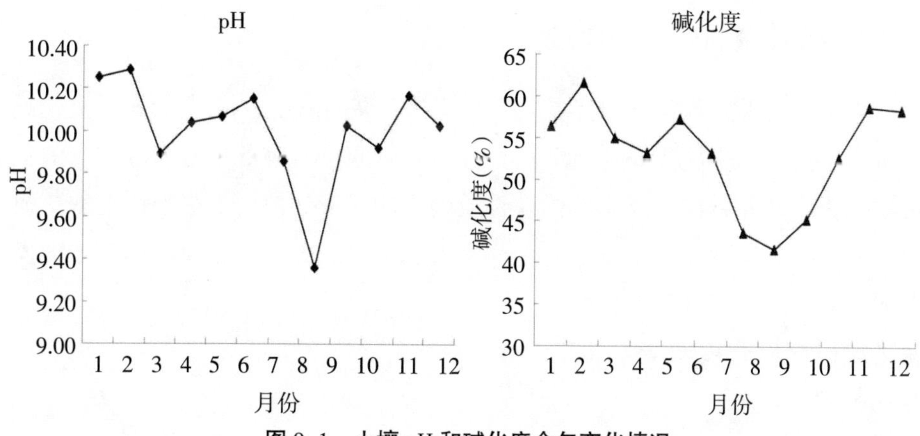

图 9-1 土壤 pH 和碱化度全年变化情况

表明(如图 9-2 所示)：1 月全盐含量最高（5.64 g kg^{-1}），其次为 2 月和 11 月，3 月全盐含量较低，8 月最低（2.07 g kg^{-1}）。该地区土壤阳离子中 Na^+含量最高，全年 Na^+平均含量为 13.36 g kg^{-1}，从 5 月到 8 月一直呈下降趋势，但最低值 8 月也达到 8.94 g kg^{-1}；从 9 月开始又继续上升，到 1 月达到最高值，2 月份 Na^+与 1 月份基本持平。

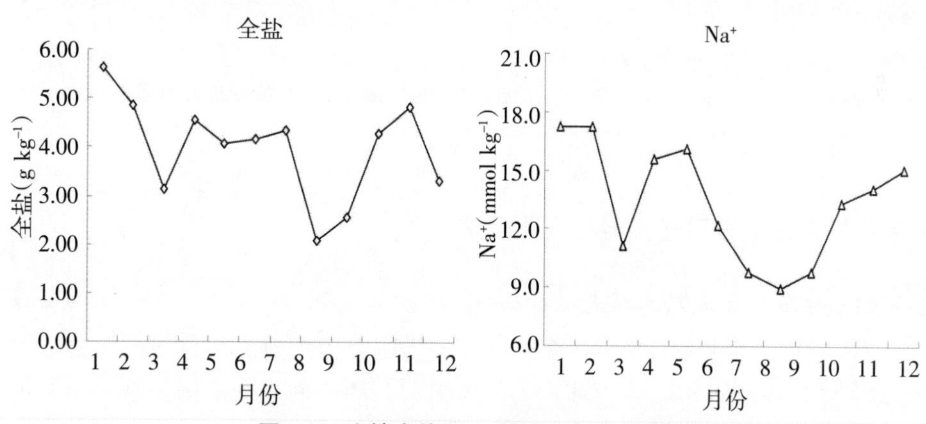

图 9-2 土壤全盐和 Na^+浓度全年变化情况

整体来看，该试验地表层土壤 pH、碱化度、全盐和 Na^+浓度变化趋势基本相同，这与当地的气候完全相对应。该地区气温最低值为 12 月至次年 2 月，3 月份逐渐开始升温，但风力也开始加大，7、8、9 月温度最高，但降雨量也占全年降雨量的一半以上，8 月份测定土壤各指标前有降雨发生。

9.1.2 碱化土壤 pH 与 ESP 的关系

宁夏银北西大滩碱土的特点之一就是具有高的碱度，pH 在 8.5 以上，甚至在 10 左右。pH 是代表与土壤固相处于平衡的土壤溶液中氢离子浓度的负对数，它受外界条件也受土壤内在性质的影响。ESP 是用土壤胶体上的交换性钠离子占交换性阳离子总量的百分率来表示的。因测定交换性阳离子的操作环节较多，较小偏差就可能引起碱化度较大变化，故在应用中常受到限制。图 9-3 为土壤 pH 与相应 ESP 的相关关系图，可以看出，在所测定的 15 个非碱化土壤和 92 个碱化土壤样品中，土壤 pH 与 ESP 有较好的相关性，采用多项式方程拟合度最大。所以在要求不是很精确的条件下，可以通过测定 pH 来估算土壤的 ESP。

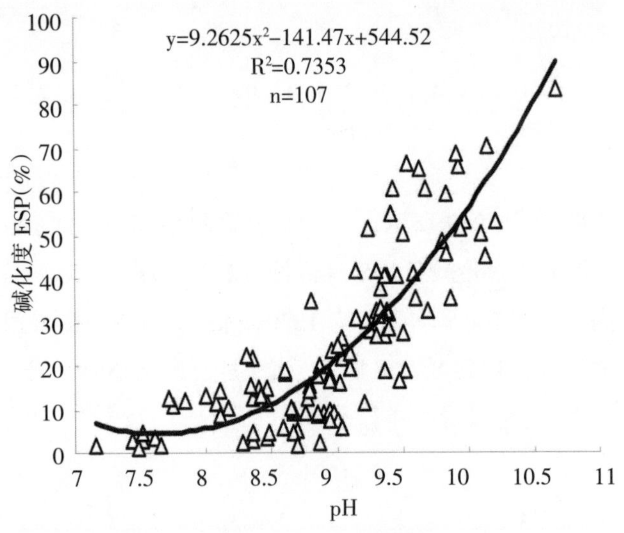

图 9-3 龟裂碱土 pH 与碱化度的相关性

9.1.3. 龟裂碱土表层光谱特征变化规律

9.1.3.1 龟裂碱土表层土壤光谱特征分析

戴昌达（1981）根据 360~2500 nm 的土壤光谱反射率，将我国主要土壤的光谱反射特性曲线划分为平直型、缓斜型、陡坎型和波浪型 4 类。宁夏银北地区的光谱反射曲线属于缓斜型（如图 9-4 所示）。在 400~590 nm 波段范围内曲线斜率较大，而在 590~900 nm 范围内，反射率曲线趋于平缓。从龟裂碱土表层土壤的光谱特征曲线来看：在 400~570 nm 的范围内光谱曲线斜率较大，且在570 nm 附近有一拐点（特征点）出现；571~888 nm 范围内斜率较小，反射率缓缓增强，但在 763 nm 附近有一个小的反射峰出现；在 889~990 nm 处又有一个较大反射峰出现；从 991~1130 nm 出现最大的反射峰，最大峰值为 1102 nm 附近，且整体反射率越高峰值越大。根据对土壤表层光谱特征曲线分析将光谱特征曲线分为400~570 nm、571~888 nm、889~990 nm、991~1130 nm 四段，另外还有三个特征值(反射峰值）763、94 和 1102 nm。说明在400~1130 nm 间龟裂碱土表层土壤的光谱反射率曲线的形状大致可由 4 个折线段（400~570~888~990~1130 nm）和 3 个吸收带（763、948 和 1102 nm）来大致控制。

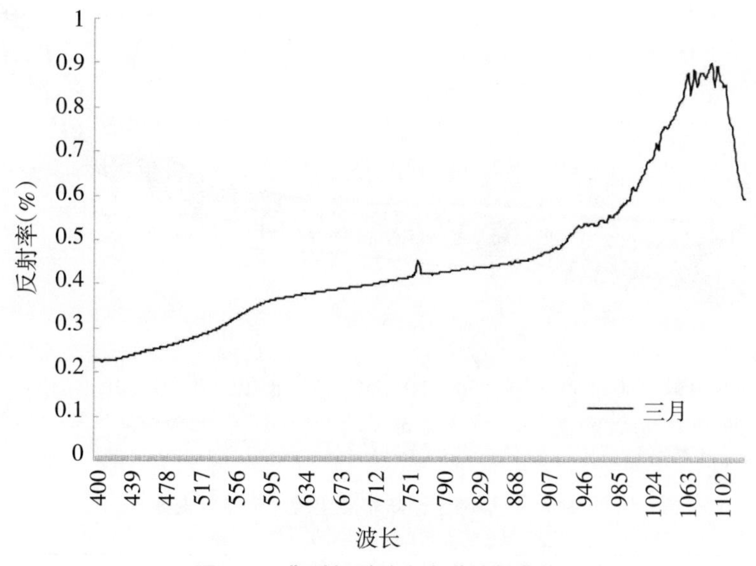

图 9–4 典型龟裂碱土光谱特征曲线

9.1.3.2 龟裂碱土表层光谱特征的变化规律

图 9–5 是典型龟裂碱土不同月份土壤表层光谱状况，在野外（太阳为光源，光谱范围 310~1130 nm，但由于 310~400 nm 受仪器本身的影响反射率噪音过大无法应用，所以此处采用 400~1130 nm 的反射率）。可以发现，土壤在 11 月份在研究波段 400~886 nm 反射率最高，从 887~1000 nm 光谱反射率 10 月份最高；1001~1028 nm 为 11 月份最高；1029~1130 nm 为 12 月份最高。土壤表层光谱反射率 8 月份一直处于一年中最低值，9 月份较明显高于 8 月份，5 月份和 7 月份基本持平，6 月份高于 5 月份，3 月份与 6 月份相差不大，只是在 648~856 nm 处高于 6 月份；4 月份和 10 月份基本相同（10 月份在 400~770 nm 略高于 4 月份），均高于 6 月份，4 月份在 763nm 处反射率居全年最高；1 月份和 12 月份相差很小（400~536 nm 1 月份略高）。这样的光谱特征

曲线与土壤表层的盐碱成分含量息息相关。当土壤盐碱成分含量高且土壤水分较低时，盐碱成分在地表结晶，直接表现为其矿物的光谱特性，在可见光和近红外波段形成高反射，相反，当盐碱成分含量低或水分含量较高时，土壤表层在可见光和近红外波段形成较低反射。

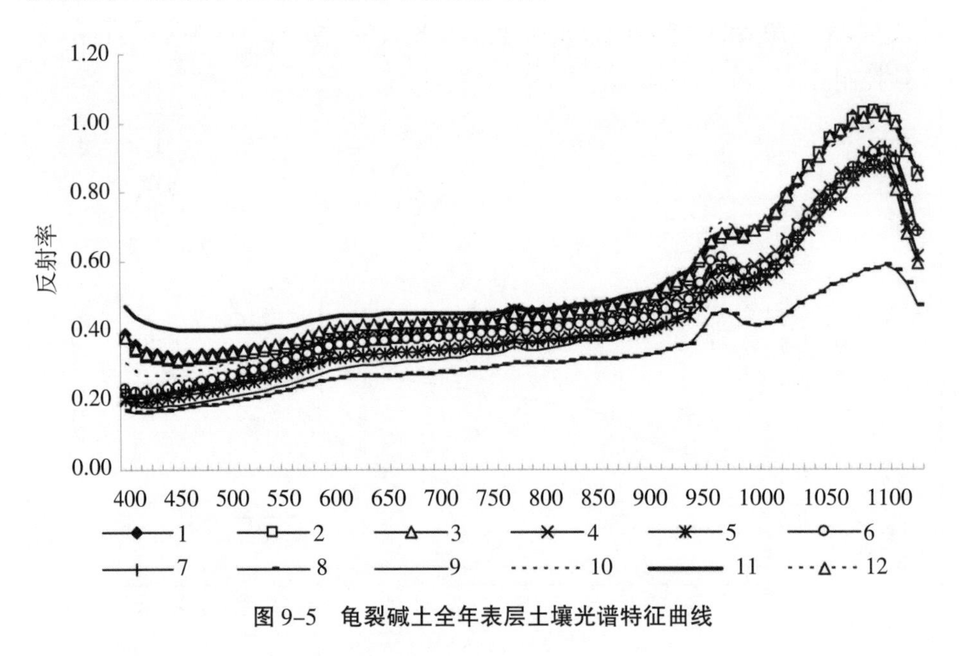

图 9–5　龟裂碱土全年表层土壤光谱特征曲线

9.2　龟裂碱土表层碱化程度预测

9.2.1　龟裂碱土表层土壤光谱与 pH 的相关性

土壤 pH 是反映土壤酸碱性程度的重要指标，土壤碱化程度不同，土壤表面表现出的物理化学特征就不同。因此，碱化程度对野外实际环境中土壤表面性状的影响是土壤碱化遥感监测的重要依据。从分析结果（图 9–6）可以看出，原始光谱反射率 r、平滑后的反射率 R、平滑后平方根 3 种处理后结果与土壤 pH 呈极显著正相关，且相关系数差异很小，而平滑后倒数、平滑后对数的倒数 2 种处理结果与土壤 pH 呈极显著正相关关系；平滑后倒数对数的一阶微分、平滑后一阶微分和差分 3 种处理结果与土壤 pH 关系无规律。

根据龟裂碱土表层土壤光谱反射曲线选择了一些特征点作为特征参数来描述光谱曲线的形状特征，并用它们与土壤 pH 的关系筛选对估测土壤 pH 的

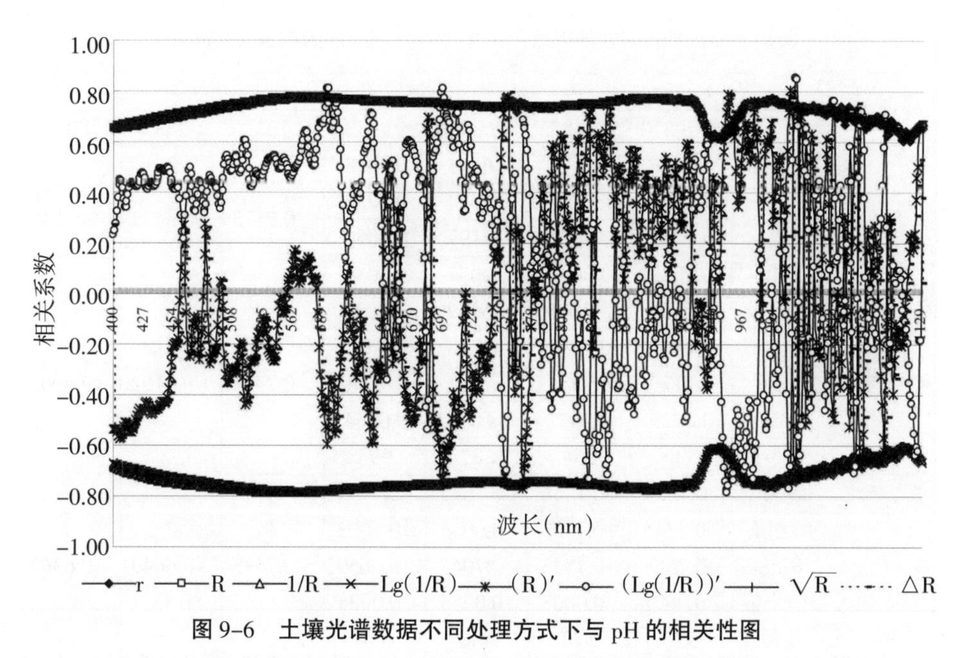

图 9-6 土壤光谱数据不同处理方式下与 pH 的相关性图

敏感波段和特征值。从表 9-1 可以看出，光谱数据平滑后的数值与土壤 pH 的相关性与原始光谱数据同土壤 pH 的相关系数在 763 nm 处明显较高，但在其他 6 个特征波段的差别都非常小；平滑后的倒数与土壤 pH 的相关性增强，在 400~570 nm 特征波段其与 pH 的相关系数的绝对值在 8 种处理方式中最大；在 571~888 nm 波段平滑后倒数对数的一阶微分相关性最强（相关系数高达 0.8124），其次为倒数对数的一阶微分；在 889~990 nm 特征波段平滑后的一阶微分相关性最强；991~1130 nm 特征波段倒数对数的一阶微分相关系数最大（0.8561）；在第一个反射峰处反射率的倒数与土壤 pH 间的相关系数最大；在后两个反射峰处平滑后的反射率与土壤 pH 的相关性最强。所以，8 种处理方式在 7 个特征参数上的最佳表现并不固定，各有优劣，但整体来看，反射率的倒数、反射率的倒数对数的一阶微分和反射率的一阶微分在特征波段范围表现较好，反射率和反射率的倒数在单波段反射峰值处表现较佳。而原始反射数值、反射率倒数的对数、反射率的平方根和反射率差分这 4 种处理方式表现相对差一些，微分处理的稳定性较差。所以，土壤其他盐渍化指标与光谱特征的相关性分析只采用反射率、反射率的倒数、反射率的倒数对数的一阶微分和反射率的一阶微分 4 种方法来分析。

表 9-1 不同数据处理方式下反射率与土壤 pH 的相关性（n=60）

处理方式	数值	波段（nm）						
		400~570	571~885	886~990	991~1130	763	948	1102
r	最小值	0.6516	0.7175	0.6093	0.6028	0.7175	0.6125	0.6710
	最大值	0.7755	0.7755	0.7754	0.7754			
	均值	0.7175	0.7551	0.7197	0.7030			
	RMSE	0.0029	0.0007	0.0057	0.0036			
R	最小值	0.6520	0.7361	0.6159	0.6234	0.7444	0.6162	0.6902
	最大值	0.7747	0.7749	0.7748	0.7690			
	均值	0.7175	0.7552	0.7201	0.7041			
	RMSE	0.0029	0.0007	0.0056	0.0034			
	最小值	570	584	887	994			
1/R	最大值	–0.7850	–0.7848	–0.7645	–0.7457	–0.7533	–0.6049	–0.6367
	均值	–0.6815	–0.7388	0.6046	0.6003			
	RMSE	–0.7558	–0.7548	–0.7047	–0.6650			
	最小值	0.0021	0.0007	0.0055	0.0035			
	最大值	570	570	888	994			
Lg(1/R)	均值	–0.7830	–0.7829	–0.7717	–0.7615	–0.7503	–0.6113	–0.6653
	RMSE	–0.6711	–0.7390	–0.6110	–0.6142			
	最小值	–0.7418	–0.7569	–0.7146	–0.6873			
	最大值	0.0025	0.0007	0.0056	0.0035			
(R)′	均值	–0.5739	–0.7689	–0.3731	0.6018	0.2347	0.3373	–0.1917
	RMSE	0.2750	0.7810	0.7916	0.8053			
	最小值	–0.2435	0.0020	0.3415	0.0880			
	最大值	0.0160	0.0224	0.0289	0.0329			
	均值	406	755	954	1010			
(Lg(1/R))′	RMSE	0.2189	–0.7277	–0.7830	–0.7653	–0.3367	–0.2791	0.1731
	最小值	0.6080	0.8124	0.6037	0.8561			
	最大值	0.4489	0.1875	–0.1889	0.0253			
	均值	0.0055	0.0232	0.0390	0.0336			
	RMSE	520	594	954	1015			
$\sqrt{R}$	最小值	0.6626	0.7380	0.6136	0.7617	0.7477	0.6139	0.6784
	最大值	0.7797	0.7797	0.7737	0.7662			
	均值	0.7308	0.7565	0.7179	0.6965			
	RMSE	0.0027	0.0007	0.0057	0.0035			
△R	最小值	–0.5724	–0.7576	–0.3667	–0.6816	–0.3378	0.1696	0.0530
	最大值	0.2707	0.7935	0.7885	0.8007			
	均值	–0.2448	0.0031	0.3436	0.0823			
	RMSE	0.0160	0.0225	0.0287	0.0323			

9.2.2 龟裂碱土表层土壤光谱与 ESP 的相关性

土壤碱化度（ESP，exchangeable sodium saturation percentage）也是衡量土壤碱化程度的一个重要指标之 。从表 9 2 可以看出，反射率与土壤 ESP 呈正相关关系，而反射率的倒数与 ESP 呈负相关关系，且二者与 ESP 间的平均相关系数均达到显著水平。在 400~570 nm 波段范围内，1/R 与土壤 ESP 相关系数最大，另外三个波段范围内均为（Lg（1/R））′与土壤 ESP 的相关性最强，在三个反射峰值处则分别为前三种数据处理方式下相关性较强。土壤 pH 和 ESP 密切相关，但从表 9-1 和表 9-2 综合来看，各种处理情况下的反射率

表 9-2 不同数据处理方式下反射率与土壤 ESP 的相关系数（n=60）

波段(nm)	数值	R	1/R	（R）′	(Lg(1/R))′
400~570	均值	0.6398	−0.6884	−0.2174	0.3831
	最小值	0.5522	−0.7207	−0.4054	−0.0055
	最大值	0.6888	−0.583	0.1614	0.5239
	最值波段	570	570	406	512
	RMSE	0.0028	0.0025	0.011	0.0079
571~888	均值	0.6673	−0.6928	−0.0275	0.1945
	最小值	0.6499	−0.7205	−0.6798	−0.5805
	最大值	0.6888	−0.6752	0.6485	0.7602
	最值波段	570	570	697	697
	RMSE	0.0007	0.0007	0.0183	0.0195
889~990	均值	0.5477	−0.5683	0.2587	−0.1431
	最小值	0.4015	−0.6764	−0.4986	−0.792
	最大值	0.6527	−0.4189	0.7802	0.673
	最值波段	888	889	954	954
	RMSE	0.0082	0.0084	0.0347	0.0449
991~1130	均值	0.5837	−0.5885	0.0775	0.0099
	最小值	0.465	−0.6328	−0.6558	−0.737
	最大值	0.6343	−0.4861	0.7299	0.722
	最值波段	1064	994	1070	1010
	RMSE	0.0036	0.0032	0.0287	0.0286
763	均值	0.676	−0.705	0.0513	−0.1687
948	均值	0.4022	−0.4196	0.4906	−0.4777
1102	均值	0.5752	−0.5737	−0.0369	−0.0765

与土壤 pH 的相关性普遍强于与土壤 ESP 的相关性，所以通过反射率估测土壤 pH 相对土壤ESP 来说更精确一些。

9.2.3　土壤碱化指标的预测模型

9.2.3.1　土壤 pH 预测模型的建立

采用全回归（TR）、逐步回归（SR）和偏最小二乘回归（PLSR）对四种数据处理方式下反射率拟合土壤表层 pH 的方程。从表 9–3 可以看出，三种回归方法中全回归的拟合度最大，四种反射率处理方式下平滑后反射率对 pH 的拟合度最大，其次为反射率倒数，倒数对数的一阶微分拟合结果最差。偏最小二乘回归在利用平滑后反射率时拟合度明显高于逐步回归拟合度，其他三种反射率采用逐步回归和偏最小二乘回归的拟合度相差不大（逐步回归的拟合度较偏最小二乘回归拟合度平均大 3.94%），但偏最小二乘回归选择的波段明显少于逐步回归。综合来看，平滑后反射率采用偏最小二乘回归的拟合方程最佳，拟合度达到0.93，而且敏感波段相对较少（分别为 763、887、994 和 1102 nm）。

表 9–3　敏感波段反射率对龟裂碱土表层 pH 的拟合方程(n=60)

处理方式	回归方法	回归方程	F 值	拟合度 R^2
R	TR	$pH=8.08+3.52R_{570}-3.04R_{584}+23.01R_{763}-30.74R_{887}+0.53R_{948}+6.65R_{994}+1.68R_{1102}$	8.58	0.9375
	SR	$pH=8.58-1.99R_{948}+2.86R_{1102}$	9.12	0.8154
	PLSR	$pH=8.17+22.08R_{763}-29.65R_{887}+7.18R_{994}+1.60R_{1102}$	12.37	0.93
1/R	TR	$pH=11.11-0.24(1/R_{570})-3.00(1/R_{763})+5.29(1/R_{888})+0.09(R_{948})-2.75(R_{994})-0.56(1/R_{1102})$	7.11	0.8951
	SR	$pH=9.15-0.68(1/R_{570})-2.67(1/R_{763})+0.09(1/R_{948})-2.75(1/R_{994})$	10.19	0.8046
	PLSR	$pH=11.20-1.08(1/R_{1102})$	33.91	0.7723
(R)′	TR	$pH=9.23-61.74(R_{406})'-155.84(R_{763})'-121.77(R_{755})'-161.55(R_{948})'-39.78(R_{954})'+213.85(R_{1010})'+12.39(R_{1102})'$	1.46	0.7187
	SR	$pH=9.28-98.12(R_{763})'-110.44(R_{948})'+173.37(R_{1010})'$	5.89	0.6884
	PLSR	$pH=0.63(R_{1010})'$	16.91	0.6284
(Lg(1/R))′	TR	$pH=10.48+278.46(Lg(1/R_{520}))'+1034.52(Lg(1/R_{594}))'+165.98(Lg(1/R_{763}))'+15.57(Lg(1/R_{948}))'-123.93(Lg(1/R_{954}))'-88.08(Lg(1/R_{1015}))'+72.66(Lg(1/R_{1102}))'$	1.14	0.6662
	SR	$pH=10.47+272.81(Lg(1/R_{520}))'+1018.48(Lg(1/R_{594}))'+161.18(Lg(1/R_{763}))'-123.86(Lg(1/R_{954}))'-87.88(Lg(1/R_{1015}))'+69.99(Lg(1/R_{1102}))'$	1.66	0.6659
	PLSR	$pH=10.04-318.11(Lg(1/R_{954}))'+102.62(Lg(1/R_{1015}))'$	8.66	0.6200

9.2.3.2　土壤 ESP 预测模型的建立

反射率利用四种数据处理方式后对土壤 ESP 的拟合规律与 pH 不同，四种处理方式中反射率的一阶微分拟合效果最好（表 9–4），但逐步回归与全回归拟合方程相同；其次为反射率倒数对数的一阶微分，拟合度均高于 0.83；平滑后反射率拟合效果最差。三种回归方法仍然为全回归的拟合度最大，但偏最小二乘回归的拟合度有较大幅度的降低。但从拟合度和选用敏感波段的多少整体来看，反射率倒数对数的一阶微分采用偏最小二乘回归方法拟合方程最佳，该方程拟合度为 0.8367，选用的敏感波段有三个，分别为 697、763 和 954 nm。如果不考虑敏感波段的多少，则为反射率的一阶微分采用全回归的方法拟合效果最理想。

表 9–4　敏感波段反射率对龟裂碱土表层 ESP 的拟合方程（n=60）

处理方式	回归方法	回归方程	F 值	拟合度 R^2
R	TR	$ESP=40.46R_{570}+114.19R_{763}+0.49R_{888}-121.40R_{948}-41.73R_{948}+161.48R_{1064}-97.11R_{1102}$	1.51	0.644
	SR	$ESP=29.41+76.52R_{570}-68.08R_{948}+31.37R_{1064}+11.26R_{1102}$	2.9	0.6237
	PLSR	$ESP=24.78+80.67R_{570}$	9.03	0.4744
1/R	TR	$ESP=267.79-5.88(1/R_{570})-60.19(1/R_{763})-505.94(1/R_{889})+19.94(1/R_{948})+203.50(1/R_{994})+14.73(1/R_{1102})$	2.73	0.7663
	SR	$ESP=267.79-5.88(1/R_{570})-60.19(1/R_{763})-505.94(1/R_{889})+19.94(1/R_{948})+203.50(1/R_{994})+14.73(1/R_{1102})$	2.73	0.7663
	PLSR	$ESP=78.74-8.80(1/R_{570})$	10.81	0.5194
(R)′	TR	$ESP=56.72+2771.70(R_{406})'-30943(R_{697})'-1257.51(R_{763})'-2518.43(R_{948})'+5955.31(R_{954})'+1038.84(R_{1070})'-286.66(R_{1102})'$	5.89	0.9115
	SR	$ESP=56.72+2771.70(R_{406})'-30943(R_{697})'-1257.51(R_{763})'-2518.43(R_{948})'+5955.31(R_{954})'+1038.84(R_{1070})'-286.66(R_{1102})'$	5.89	0.9115
	PLSR	$ESP=47.66(R_{516})'-5.49(R_{954})'+1294.90(R_{1070})'$	12.91	0.7416
(Lg(1/R))′	TR	$ESP=57.13+579(Lg(1/R_{512}))'+22795(Lg(1/R_{697}))'+2494.91(Lg(1/R_{763}))'-1138.05(Lg(1/R_{948}))'$	3.76	0.868
	SR	$ESP=53.22+(Lg(1/22405R_{697}))'+2475.51(Lg(1/R_{763}))'-6724.11(Lg(1/R_{954}))'+1060.51(Lg(1/R_{1102}))'$	10.96	0.8623
	PLSR	$ESP=54.29+20209(Lg(1/R_{697}))'+2564.38(Lg(1/R_{763}))'-6883.80(Lg(1/R_{954}))'$	13.67	0.8367

9.3　龟裂碱土表层盐化信息预测

9.3.1　表层土壤光谱与全盐含量的相关性

研究区春季干旱、多风，升温较快，蒸发量大；夏季炎热，雨量集中；秋季短暂，降温快；冬季干冷，降雪少。研究区土壤属于盐化碱土，pH 值在 8.81~10.30，而全盐含量范围在 1.07~5.64 g kg^{-1}，平均值为 2.98 g kg^{-1}。在土壤表层光谱数据的 7 种数学变换方法与土壤全盐含量的相关关系中（如表 9-5 所示，数据未全部列出），r、R、Lg（R）与全盐含量呈极显著正相关关系，1/R、Lg（1/R）与全盐呈极显著负相关关系。1/R 变换方法综合表现最佳，其在整个研究波段内的相关系数普遍居首位，均达到极显著正相关水平；7 种光谱数据在整个研究波段的最佳表现并不固定，各有优劣，但整体来看，R 和 1/R 在特征波段范围且相关系数较大，（R）′和（Lg（1/R））′在特定单波段处表现较佳，而 r、Lg（R）、Lg（1/R）和 DR 这 4 种变换方法表现相对差一些。所以，土壤其他盐分指标与光谱特征的相关性分析只采用 R、1/R、（R）′和（Lg（1/R）′4 种方法来分析。

表 9-5　不同变换形式下反射率与土壤全盐的相关性

波段(nm)	特征参数	R	1/R	(R)′	(Lg(1/R))′
400~570	极值	0.66	–0.71	–0.51	0.57
	极值波段(nm)	570	570	405	520
571~888	极值	0.68	–0.74	0.82	0.81
	极值波段(nm)	885	888	646	698
889~990	极值	0.75	–0.82	0.82	–0.82
	极值波段(nm)	990	990	916	916
991~1130	极值	0.88	–0.89	0.89	–0.81
	极值波段(nm)	1090	1091	1029	1029
763	均值	0.63	–0.69	0.12	–0.24
948	均值	0.66	–0.73	0.43	–0.36
1102	均值	0.86	–0.88	0.039	–0.20

9.3.2 表层土壤光谱与土壤阴离子含量的相关性

土壤在可见及近红外波段的光谱特征，起因于其矿物成分的电子跃迁及分子振动，土壤成分的电子过程主要是由 Fe^{3+} 和 Fe^{2+} 引起，土壤成分的振动过程主要是由 H_2O、OH^-、CO_3^{2-} 等阴离子基团的倍频或合频引起。银北地区盐碱土中阴离子以 HCO_3^- 和 CO_3^{2-} 含量最大，其次为 Cl^-，SO_4^{2-} 含量最低。从 4 种反射率数据变换方法下土壤表层光谱特征与阴离子的关系来看（表 9-6），土壤表层光谱反射率与 CO_3^{2-} 的相关性最强，最大相关系数达到 0.75（767 nm）；

表 9-6 不同变换方式下反射率与土壤阴离子含量的相关系数

波段(nm)	R	1/R	(R)′	(Lg(1/R))′	R	1/R	(R)′	(Lg(1/R))′
	CO_3^{2-}				HCO_3^-			
400~570	0.52	−0.56	−0.55	0.52	0.34	−0.36	−0.40	0.43
极值波段	565	520	400	409	–	–	–	559
571~888	0.52	0.55	0.71	0.75	0.30	−0.34	−0.68	0.71
极值波段	586	571	795	767	–	–	742	732
889~990	0.56	0.55	0.66	0.67	0.37	−0.45	0.62	−0.69
极值波段	971	571	978	978	–	–	915	915
991–1130	0.56	0.57	0.60	0.58	0.52	−0.55	0.59	−0.66
极值波段	1128	1128	1008	1008	1108	1109	1023	1104
763	0.39	−0.41	0.68	−0.74	0.21	−0.26	−0.33	−0.02
948	0.52	−0.50	0.02	0.04	0.35	−0.43	−0.28	0.44
1102	0.55	−0.52	0.05	−0.15	0.50	−0.52	−0.23	−0.04
波段(nm)	Cl^-				SO_4^{2-}			
400~570	0.25	−0.26	0.37	−0.16	0.36	−0.22	−0.42	0.41
极值波段	–	–	–	–	–	–	480	418
571~888	0.33	−0.33	0.59	−0.58	0.16	0.23	−0.53	0.61
极值波段	–	–	826	826	–	–	621	648
889~990	0.30	−0.30	0.48	−0.41	0.25	0.15	0.68	0.68
极值波段	–	–	947	947	–	–	984	984
991~1130	0.23	−0.25	0.48	0.48	0.25	0.27	0.73	0.71
极值波段	–	–	994	1002	–	–	1116	1115
763	0.33	−0.33	−0.02	−0.03	−0.16	0.23	0.13	−0.27
948	0.27	−0.28	0.44	0.38	0.25	−0.15	0.31	0.44
1102	0.22	−0.23	−0.04	0.05	−0.09	0.23	−0.08	−0.42

其次是SO_4^{2-}，与HCO_3^-和Cl^-的相关性较弱，其中 R 和 1/R 两种方式与这两种阴离子含量相关性普遍未达到显著水平，但这 2 种离子采用（R)′和（Lg（1/R））′方式处理后相关性在 571~1130 nm 波段范围内呈显著相关关系，但在 3 个反射峰值处相关性较弱，未达显著水平。

9.3.3 表层土壤光谱与土壤阳离子含量的相关性

银北地区盐碱土中阳离子以 Na^+含量最高（在所测定的土样中，Na^+含量平均占 4 种阳离子总和的 75.80%），其次为 K^+和 Ca^{2+}，Mg^{2+}含量最低。从 4 种数据变换方法下土壤表层光谱特征与阳离子的关系来看（表 9–7），土壤光谱

表 9–7 不同变换方式下反射率与土壤阳离子的相关系数

波段(nm)	R	1/R	(R)′	(Lg(1/R))′	R	1/R	(R)′	(Lg(1/R))′
	K^+				Na^+			
400~570	0.29	–0.25	–0.54	0.43	0.61	–0.64	–0.44	0.46
极值波段	–	–	564	563	570	569	406	519
571~888	0.26	0.25	–0.59	0.61	0.62	–0.64	0.67	0.75
极值波段	–	–	656	656	584	570	845	593
889~990	0.25	0.19	0.60	–0.62	0.61	–0.61	0.75	0.75
极值波段	–	–	945	945	888	888	954	954
991~1130	0.31	0.25	0.61	–0.65	0.61	–0.61	0.74	0.82
极值波段	–	–	1111	1111	994	994	1010	1049
763	–0.26	0.25	0.47	–0.46	0.60	–0.61	0.13	–0.22
948	0.25	–0.19	–0.20	0.29	0.43	–0.44	0.33	–0.29
1102	0.05	0.04	0.65	–0.65	0.56	–0.53	0.08	–0.19
	Ca^{2+}				Mg^{2+}			
400~570	0.26	–0.20	–0.43	0.40	0.45	–0.41	–0.52	0.57
极值波段	–	–	400	400	400	400	536	419
571~888	0.10	0.11	–0.59	0.69	0.14	0.12	0.64	–0.61
极值波段	–	–	623	623	–	–	604	882
889~990	0.31	0.26	0.54	–0.64	0.50	0.44	0.60	–0.65
极值波段	–	–	945	945	947	947	928	898
991~1130	0.36	0.30	0.56	–0.58	0.56	0.49	0.74	–0.74
极值波段	–	–	1109	1109	1128	1128	1100	1100
763	–0.10	0.11	0.45	–0.38	–0.14	0.12	0.44	–0.31
948	0.31	–0.26	–0.28	0.38	0.50	–0.44	–0.32	0.43
1102	0.14	–0.05	0.48	–0.51	0.31	–0.21	0.70	–0.75

反射率与 Na^+的相关性在 4 种变换方法下均较强，相关系数普遍大于 0.60，以（Lg（1/R））′的相关性最佳；其次为 Mg^{2+}，但前两种变换方法相关系数较小；反射率与K^+的相关性相对较弱，与 Ca^{2+}的相关性最弱。Na^+浓度在 400~570，571~888，889~990，991~1130 nm 与土壤光谱呈显著相关性，在 3 个反射峰值处在763 nm 相关性最好，其余两个峰值处相关性很差；Mg^{2+}与土壤光谱在 1102 nm 两个反射峰值处相关性很强。所以，表层敏感波段反射率与土壤阳离子之间的良好相关性为其光谱估测模型的建立提供了科学基础。

9.3.4 土壤盐分指标预测模型的建立

针对反射率的四种变换方法，选择该地区盐碱地表层土壤光谱特征的 4 个折线段（400~570~888~990~1130 nm）和 3 个反射峰值（763、948 和 1102 nm）中与土壤各盐分指标相关系数最大的敏感波段，进行了全回归和逐步回归分析，由于有些波段反射率间具有明显的共线性，通过全回归方法诊断出共线性后剔除存在共线性的反射率，将剩余的其他敏感波段反射率再次进行全回归(TR′)，最终得到土壤盐分的预测模型。通过分析比较，建立与土壤全盐和分盐含量之间的预测模型。

9.3.4.1 土壤全盐预测模型的建立

四种反射率变换方法中 R 全回归产生的方程决定系数最大（R^2=0.83）(表9–8)，但选用了 570、763、885、948、990、1090 和 1102 nm 共 7 个敏感波段，且从模型输出结果来看 763、885 和 1090 nm 三个波段具有共线性，去除后的再次全回归结果敏感波段数减少为 1 个（570 nm)，但方程的决定系数大大降低（R^2=0.60)；逐步回归方程决定系数较全回归略小（R^2=0.83）（表10.8)，敏感波段减少到 4 个，故选择逐步回归方程为基于 R 的全盐含量预测模型。1/R 通过全回归产生的方程决定系数在所有方程中最高（R^2=0.85)，但选用的敏感波段也有 7 个；逐步回归方程决定系数 R^2 为 0.75，选用了 2 个敏感波段。反射率采用（R)′和（Lg（1/R））′的回归方程决定系数偏低，拟合效果相对都不理想。

9.3.4.2 土壤阴离子预测模型的建立

对土壤表层 CO_3^{2-}的拟合结果表明（表 9–9)，采用（R)′得到的方程决定系数最大，但涉及 5 个敏感波段；（Lg(1/R))′得到的方程决定系数略小，但只

表 9-8　敏感波段反射率对土壤表层全盐含量的预测方程

变换形式	回归方法	方程	F 值	决定系数 R^2
R	全回归	$y=-1.39+18R_{570}-9.57R_{763}+11.32R_{885}-7.87R_{948}-7.72R_{990}-20.15R_{1090}+28.61R_{1102}$	0.98	0.8318
	逐步回归	$y=-0.62+13.52R_{570}$	9.78	0.4945
	多项式回归	$y=-1.29+15.01R_{570}-10.25R_{948}-23.88R_{1090}+30.90R_{1102}$	2.95	0.828
1/R	全回归	$y=7.05-2.86(1/R_{570})+4.46(1/R_{763})-3.78(1/R_{888})+0.93(1/R_{948})+4.39(1/R_{990})+4(1/R_{1091})-9(1/R_{1102})$	1.08	0.6531
	逐步回归	$y=8.45-1.49(R_{570})+0.26(R_{990})$	12.27	0.751
	多项式回归	$y=8.45-1.49(R_{570})+0.26(R_{990})$	12.27	0.751
(R)′	全回归	$y=2.05-278.55(R_{405})'+4183.76(R_{646})'-213.86(R_{916})'-49.16(R_{948})'+129.86(R_{1029})'$	0.96	0.4438
	逐步回归	$y=1.88+472.08(R_{1029})'$	5.19	0.3415
	多项式回归	$y=2.31-269.31(R_{405})'+4430.89(R_{646})'$	3.39	0.6296
(Lg(1/R))′	全回归	$y=3.78+730.91(R_{520}))'+1259.81(R_{698}))'+122.77(R_{916}))'-490.50(R_{1029}))'$	1.25	0.4168
	逐步回归	$y=4.64+3254.90(R_{698}))'$	5.23	0.3433
	多项式回归	$y=3.54+1058.51(Lg(1/R_{520}))'-558.32(Lg(1/R_{1029}))'$	3.11	0.6087

表 9-9　敏感波段反射率对土壤表层阴离子的预测方程

变换形式	回归方法	方程	R^2
		CO_3^{2-}	
R	TR	$y=-0.49-351.16R_{565}+380.39R_{586}-15.15R_{948}-46.74R_{971}-7.98R_{1102}+41.11R_{1128}$	0.47
1/R	TR	$y=4.30+18.16(1/R_{520})-35.53(1/R_{571})+19.88(1/R_{763})-2.23(1/R_{948})-1.70(1/R_{1102})$	0.67
(R)′	TR	$y=4.07+619.33(R_{400})'+1582.38(R_{763})'+713.65(R_{795})'+1218.71(R_{978})'+218.72(R_{1008})'$	0.69
(Lg(1/R))′	SR	$y=4.07-702.28(Lg(1/R_{409}))'-1457.90(Lg(1/R_{763}))'-1328.38(Lg(1/R_{978}))'$	0.63
		HCO_3^-	
(R)′	SR	$y=3.62-7573.17(R^{742})'+694.87(R_{1024})'$	0.60
(Lg(1/R))′	SR	$y=4.10-4116.51(Lg(1/R_{732}))'-1224.83(Lg(1/R_{1104}))'$	0.62
		Cl^-	
(R)′	TR	$y=2.31+4.41(R_{826})'-1072.31(R_{947})'+107.72(R_{994})'$	0.61
(Lg(1/R))′	TR′	$y=1.15+1583.42(Lg(1/R_{947}))'-1014.43(Lg(1/R_{994}))'$	0.57
		SO_4^{2-}	
(R)′	SR	$y=1.08+87.51R_{480}-74.39R_{984}+19.04R_{1116}$	0.75
(Lg(1/R))′	TR′	$y=1.19+423.02(Lg(1/R_{648}))'-40.58(Lg(1/R_{1115}))'$	0.73

涉及 3 个敏感波段，所以选择此方程来预测土壤 CO_3^{2-}的含量。采用 R 和 1/R 时与HCO_3^-含量间均未达到显著相关关系，故未建立这两种变换方法下的预测模型；（R）′和（Lg（1/R））′获得的方程决定系数相差很小，各方程 $R^2>0.60$，其中（Lg（1/R））′决定系数略高。基于土壤光谱反射率拟合土壤CO_3^{2-}的准确度略高于对土壤 HCO_3^-。

基于 R 和 1/R 与 Cl^-和 SO_4^{2-}的相关性都很差，回归方程的决定系数很低，所以此处只列出了决定系数较高情况下的方程。（R）′和（Lg（1/R））′两种变换方法下方程的决定系数差异较小。土壤 SO_4^{2-}的含量低于 Cl^-（其含量大概为 Cl^-的一半甚至更低），但采用敏感波段估测其含量的决定系数却明显高于其他阴离子，后两种反射率变换方法下两种回归方法的平均决定系数分别比 CO_3^{2-}、HCO_3^-、Cl^-高出 0.08、0.13 和 0.15。

9.3.4.3　土壤阳离子预测模型的建立

研究区土壤表层阳离子以 Na^+为主（占阳离子的 75%左右）。在土壤Na^+的拟合方程中，四种反射率变换方法下敏感波段均不存在共线性，全回归和再次全回归方程完全相同。在 R 和 1/R 的拟合方程中逐步回归方程决定系数偏低，但全回归选用的敏感波段多达 6~7 个，所以全回归得到的方程也并非最佳预测方程；后两种变换方法下逐步回归方程的决定系数与二次全回归方程相近，而且逐步回归方程所选用的敏感波段明显少于二次全回归法。综合敏感波段和决定系数的大小来看，（Lg（1/R））′采用逐步回归得到的方程拟合土壤 Na^+的效果最理想（表 9–10）。利用各种方法所得的预测土壤 K^+的方程决定系数明显低于Na^+。前两种反射率变换方法下对土壤 K^+的拟合方程决定系数平均只有 0.22，（R）′全回归方程决定系数 R^2 达到 0.60，但敏感波段有 564、656、763、945、1102 和 1111 nm；综合来看，（Lg（1/R））′在采用逐步回归法时拟合土壤 K^+含量相对于其他方式最为理想（R^2=0.61，敏感波段为 656、945 和 1111 nm）。

对土壤 Ca^{2+}的回归方程中，（R）′和（Lg（1/R））′采用全回归和逐步回归的方程完全相同；对土壤 Ca^{2+}的拟合采用（R）′下的全回归方程决定系数最大，但选用敏感波段较多。该地区土壤 Mg^{2+}含量虽然非常低，但其含量与反射率的相关性却较 K^+和 Ca^{2+}高，仅次于 Na^+，所以根据反射率预测其含量的决定系数也较高。在敏感波段的选择中，虽然 R 和 1/R 与 Mg^{2+}含量的相关性较好，但采用不同回归方法建立拟合方程后，其决定系数较低，不能较准确地拟合Mg^{2+}的含量，而采用后两种变换方法决定系数相对较高，平均达到 0.72，可以粗略估测Mg^{2+}的含量。在考虑敏感波段和决定系数时，(Lg（1/R))′采用逐步回归的方法预测 Mg^{2+}效果相对最好。

表 9-10　敏感波段反射率对土壤表层阳离子的预测方程

变换形式	回归方法	方程	R^2
		Na^+	
R	TR	$y=8.27-634.47(R_{570})+677.11(R_{584})+166.43(R_{763})-324.10(R_{888})-44.15(R_{948})+167.43(R_{994})-21.52(R_{1102})$	0.81
1/R	TR	$y=11.28+2.52(1/R_{570})-22.37(1/R_{763})+48.36(1/R_{888})+18.54(1/R_{948})-58.78(1/R_{994})+18.13(1/R_{1102})$	0.80
(R)′	SR	$y=6.23+1774.61(R_{1010})'$	0.76
(Lg(1/R))′	SR	$y=19.256+1669.12(Lg(1/R_{519}))'+-2614.73(Lg(1/R_{954}))'+2285.73(Lg(1/R_{1049}))'$	0.88
R		$Y=8.27634.47R_{570}+677.11R_{584}+166.43R_{763}-324.10R_{888}-44.15R_{948}+167.43R_{994}-21.52R_{1102}$	0.813
		K^+	
(R)′	SR	$y=4.55-0.33(R_{564})'-0.30(R_{656})'-0.32(R_{763})'-0.31(R_{945})'-0.33(R_{1102})'-0.30(R_{1111})'$	0.60
(Lg(1/R))′	SR	$y=0.15-477.98(Lg(1/R_{656}))'+87.70(Lg(1/R_{945}))'+36.38(Lg(1/R_{1111}))'$	0.61
		Ca^{2+}	
(R)′	TR	$y=8.62+700.55(R_{400})'+16565(R_{623})'+3413.51(R_{763})'-2831.38(R_{945})'+228.99(R_{1102})'+92.97(R_{1109})'$	0.65
(Lg(1/R))′	TR′	$y=2.22-13627(Lg(1/R_{623}))'$	0.43
		Mg^{2+}	
(R)′	SR	$y=1.66-1133.26(R_{536})'+7425.62(R_{604})'-314.52(R_{928})'+135.06(R_{1102})'-59.1(R_{1110})'$	0.71
(Lg(1/R))′	SR	$y=3.12+1881(Lg(1/R_{898}))'+707.77(Lg(1/R_{1102}))'$	0.70

9.3.5　土壤盐分预测模型的验证

为了检验模型的预测效果，利用 24 个验证样本对表层土壤不同盐分预测模型进行了验证。综合考虑模型的决定系数和选用波段的多寡来选择预测模型。采用模型预测值与实测值之间的拟合度 R'^2 及预测总均方根差 （RMSE）来进行验证。由表 9-11 可见，除 Ca^{2+}和 Cl^-外，其他各盐分指标的光谱预测值与其实测值之间具有较好的相关性，拟合度 $R'^2>0.59$，其中对土壤全盐的拟合度最高，对 Na^{+}拟合度次之，而且对这两个指标拟合的 RMSE 也最小，说明这两个模型的精度较高，预测能力很强；光谱对土壤 SO_4^{2-}和 Mg^{2+}的预测能力也较强；对土壤 Cl^{-}和 Ca^{2+}的预测模型的稳定性、预测能力和精度都较差。

表 9–11 土壤盐分模型验证指标

盐分指标	决定系数 R^2	拟合度 R'^2	总均方根差 RMSE
全盐	0.83	0.87	0.13
CO_3^{2-}	0.63	0.65	0.31
HCO_3^{-}	0.62	0.61	0.19
Cl^{-}	0.61	0.53	0.45
SO_4^{2-}	0.75	0.72	0.21
Na^{+}	0.76	0.86	0.11
K^{+}	0.61	0.59	0.48
Ca^{2+}	0.43	0.36	0.52
Mg^{2+}	0.70	0.66	0.27

注：R^2 为模型建立时的决定系数，R'^2 指预测值与模拟值拟合时的拟合度。

10　龟裂碱土对其上覆植被冠层光谱特征及长势预测的影响

植物光谱特性是植物生长过程中与环境因子（包括生物因子和非生物因子）相互作用的综合光谱信息。由于冠层光谱易受土壤背景、传感器、外界条件、植物自身条件等制约，往往会对所建模型稳定性和可靠性产生影响。因此，建立普适性强且精度较高的植物生理指标预测模型，关键在于减弱或消除相关噪声干扰。Vincini et al.（2008）、Lausch et al.（2013）、朱西存等（2010）定量研究了太阳反射和辐射的外界条件、探测时间、探测高度等对光谱产生的影响，Guan & Nutter（2001）、Ghulam（2007）、史梦竹等（2011）研究发现植物叶片湿度对可见光波段反射率影响较大，对近红外波段影响则不显著。邹维娜（2012）认为在利用光谱信息反演沉水植物盖度时，必须考虑冠层水深的影响。此外，冠层水深和水体环境中叶绿素、悬浮物浓度等因素会影响沉水植物生物物理参数反演的准确性。不同胁迫条件下作物冠层光谱反射率变化也不尽相同。病虫害胁迫下作物光谱在近红外反射率明显降低，作物冠层光谱指数下降。重金属胁迫下水稻冠层光谱反射率在可见光和近红外波段均有增加。盐碱地是遥感技术研究的重要对象之一。许多学者就土壤盐渍化特征及其与地物光谱的关系、去除土壤水分等噪音的盐土光谱特征、不同测量环境下碱化土壤波谱相互转换的条件和规律等都做了较深入的研究。

利用作物光谱特征反演作物生理生态参数成为作物遥感监测研究的重要内容。近年来，在定量遥感中，常用植被指数和微分光谱来寻找关键光谱变量如 NDVI、“红边”等来估算作物农学参数，进行作物遥感长势监测与估产。由于作物叶片组织随作物的营养状况、生物量和物候期而发生变化，进而会引起光谱红边的相应变化，尤其当作物受到各种胁迫时，作物的红边特征常发生显著变化。光谱红边（680~750 nm）是由作物叶片叶绿素在红光波段对光的强烈吸收与叶片内部组织在近红外波段对光的多次散射所形成。在作物反射光谱中，红边是最显著的光谱特征之一，因此，常被用来指示作物长势好坏。大量研究表明，农作物在红边区的光谱反射率与叶片光合色素含量、地上生物量、叶面积指数（LAI）等生理参数有较高的相关性。蒋金豹等（2013）利用线性和非线性回归方法，计算光谱红边参数，建立了微分光谱与小麦 LTN 含量之间的回归模型。

本研究通过统一土壤背景以不同碱化程度龟裂碱土上生长的油用向日葵为研究对象，研究其不同生育期叶绿素值、叶面积指数（LAI）、冠层光谱特征变化规律和作物盐碱胁迫下的红边等光谱特征，探讨在自然和覆盖条件下冠层光谱反射率与叶片叶绿素值、LAI 的相关性，明确不同碱化程度条件下上覆植被冠层光谱能否准确估测向日葵长势，然后基于冠层光谱和叶片叶绿素值、LAI 的预测模型，同时监测盐分胁迫下作物生理生态状况，以期为该地区龟裂碱土上覆植被长势估测提供理论依据。

10.1 试验基本情况

10.1.1 试验地基本情况

本试验选择轻度、中度和重度龟裂碱土上生长的油用向日葵为研究对象，向日葵种植前土壤基本理化性状如表 10–1 所示。

表 10–1 试验地土壤基本理化性状

土壤碱化程度	pH 值	全盐 (g kg^{-1})	碱化度 (%)	有机质 (g kg^{-1})	全氮 (g kg^{-1})	全磷 (g kg^{-1})	全钾 (g kg^{-1})	碱解氮 (mg kg^{-1})	速效磷 (mg kg^{-1})	速效钾 (mg kg^{-1})
轻度	8.41	1.26	14.79	8.03	0.61	0.57	14.80	29.02	9.49	153.55
中度	9.14	1.40	34.60	8.02	0.55	0.61	14.71	37.33	8.80	111.88
重度	9.98	2.56	52.95	7.85	0.42	0.69	15.61	40.97	9.29	181.79

10.1.2 不同生育期土壤指标

在每个生育期测定向日葵冠层光谱的同时，在各处理地块内采用“S”形取样法采集表层土壤样品（0~20 cm），在室内测定土壤碱化度和 pH 值（表 10–2）。

表 10-2　不同生育期土壤 ESP 和 pH 值

土壤碱化程度	ESP(%)					pH				
	三对叶期	七对叶期	现蕾期	开花期	乳熟期	三对叶期	七对叶期	现蕾期	开花期	乳熟期
轻度	16.83	29.02	28.89	33.85	20.32	8.54	9.34	8.78	9.32	8.81
中度	30.53	36.55	31.30	34.19	28.75	9.73	9.65	9.16	9.55	9.09
重度	35.60	41.72	34.21	36.83	32.11	9.76	9.80	9.20	9.57	9.79

10.1.3　光谱数据及其他指标的测定

土壤表层光谱采用美国 Unispec-SC 单通道便携式光谱仪。测定时分别在轻度、中度和重度龟裂碱土 3 个处理中选择能代表该处理作物长势的连续向日葵植株 2 处，每处 10 株（即每个处理共 20 株），先在自然状态下测定冠层光谱，后用黑布沿向日葵行间距在植株两侧各平铺一块黑布，将土壤全部覆盖，再测定植株的冠层光谱。测定时光谱仪探头设置在距离植株上方 0.50 m 处，视角为 8°。光谱测定时间为 10:00~14:00，天气状况良好，晴朗无云，风力较小，光谱仪垂直向下。每个植株重复测定 5 次，取平均值作为此植株的光谱反射值。测定过程中，在每次观测前进行标准白板校正。测量中将每个处理的 20 株样品植株做标记，每个生育期都测定相同的植株。每次光谱测定结束后用 SPAD-502 测定样品植株的叶绿素值，每株向日葵测定最上部 5 片展开叶的中部（避开叶脉），每片叶测定 6 个点，最后求平均值作为该植株叶绿素值。用尺子测定绿色叶片的长和宽，计算出其 LAI。分别在三对叶、七对叶、现蕾期、开花期和乳熟期测定向日葵冠层光谱、叶绿素值和 LAI。每个生育期在各处理地块内采用“S”形取样法采集表层土壤样品（0~20 cm），在室内测定土壤 pH 值（酸度计法）。

10.1.4　部分光谱数据处理方法

红边参数特征提取包括红边一阶微分方程、红边位置及斜率等。

一阶微分光谱：

$$\rho'=\frac{d\rho(\lambda)}{d\lambda}=\frac{\rho(\lambda_{i+1})-\rho(\lambda_{i-1})}{2\Delta\lambda}$$

式中，i 为光谱通道，λ_i 为各波段的波长，$\Delta\lambda$ 为波长 λ_{i-1} 到 λ_i 的差值，$\rho(\lambda_i)$ 为波段 λ_i 的反射率，ρ' 为 λ_i 的一阶微分光谱。

红边位置（λ_{red}）即红光范围内一阶微分光谱最大值对应的波长。

10.1.5 预测模型的建立与验证

将 60 个样本分 2 两部分，随即取 40 个样本用于建模，20 个样本用于验证模型性能。利用向日葵冠层反射光谱，采用多项式、指数函数、幂函数等方法建模预测叶片叶绿素值和 LAI，选择拟合度最大的方程为预测模型；引入土壤 pH 值后采用 SAS 中全回归方法构建基于植被冠层归一化植被指数（normalized difference vegetative index，NDVI）和土壤 pH 值的修正模型。模型的稳定性用决定系数 R^2 检验，决定系数越大，模型越稳定；模型的预测能力用验证样本的拟合度 R'^2 以及总均方根差 RMSE 来检验，拟合度越大，总均方根差越小，模型预测能力越强。

10.2 龟裂碱土上覆植被冠层光谱特征

10.2.1 向日葵冠层光谱特征

向日葵冠层在可见光波段（400~750 nm）反射率较低，因为可见光波段冠层光谱反射率主要受叶绿素 a、叶绿素 b、类胡萝卜素和叶黄素含量的影响，在 550 nm 左右处形成一个反射峰，但着生土壤盐碱化水平不同上覆植被长势不同，冠层在此处反射强度有所差别（图 10-1）；从 680~760 nm 反射率迅速增大，然后形成一个高的反射平台，而且随着生育期的推移，叶片细胞的栅栏组织和叶肉海绵组织迅速增长，植株的生物量和叶绿素含量不断增加，叶片 LAI 增大，整个群体的光合能力增强，冠层光谱反射率在可见光范围较其他生育期有所降低，但在近红外区域逐渐增高，反射平台越稳定，斜率越小；乳熟期因为叶片向花盘提供大量的养分，叶片的内部组织结构开始发生变化，两个区域反射率差异明显减小，且在 680~1000 nm 波段反射率基本呈增加趋势（受仪器本身系统噪音的影响，从 1000~1130 nm 处光谱反射率很不稳定，对次范围波段反射率不进行分析研究）。受碱化土壤背景的影响，向日葵三对叶期虽然 LAI 很小，叶绿素含量也很低，但冠层在整个研究波段反射率明显高于七对叶期和现蕾期反射率；开花期虽然叶片叶绿素含量和 LAI 都较高，但由于测定时探头从距离植株 0.5 m 的距离垂直向下，很大面积测定的是向日葵花盘的光谱，盛花期向日葵花盘呈金黄色，其舌状花主要含类黄酮化合物，这类化合物由于分子中含有两个苯环并分别与羰基形成交叉共轭体系（张剑亮等，2011），因此在可见光和近红外光谱中有较高反射率，所以测定的冠层光谱反射率在整个研究波段都非常高，尤其是在760~1100 nm范围反射率几乎接近1.00。

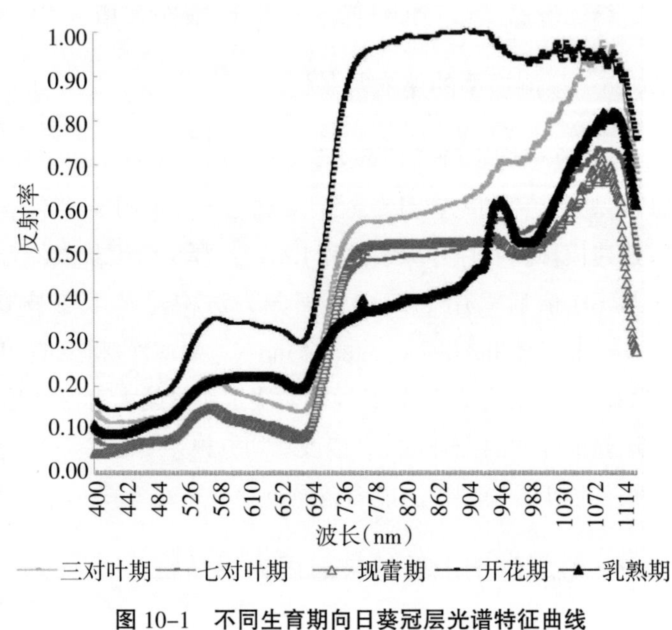

图 10–1　不同生育期向日葵冠层光谱特征曲线

10.2.2　土壤背景对龟裂碱土上覆植被冠层光谱特征的影响

植株在不同生育期叶片叶绿素含量和LAI都不同，但在自然条件下测定的作物冠层光谱是作物和土壤背景的混合光谱，为了确定不同程度碱化土壤背景对上覆植被冠层光谱的影响，本研究采用黑布覆盖地表来统一土壤背景。图10–2为用黑布覆盖背景土壤后测定的向日葵冠层光谱曲线，从未覆盖黑布时测定的冠层光谱反射率减去覆盖黑布后测定的冠层光谱反射率的差值可以清楚看出，覆盖黑布统一土壤背景后，三对叶期的冠层光谱反射率在整个研究波段内均有不同程度的降低，在400~520 nm和1027~1130 nm间降低了0.10；在521~1026 nm平均下降0.1811，其中796 nm处下降了0.2303，降幅为49.81%。七对叶期、现蕾期、开花期和乳熟期在可见光波段统一土壤背景后反射率有不同程度的下降，在近红外区域有所增加，其中七对叶期在近红外波段增幅最大（在722~1045 nm平均增加了0.0593，平均增幅为11.29%）；其次为乳熟期；开花期增幅相对最小，而且该时期只在770~929 nm波段有所增加（平均只增加了0.0224，增幅为5.47%）；其他波段处都表现出下降的趋势，这可能是由于开花期花盘为金黄色，反射率极高，虽然用黑布覆盖了土壤，但由于植被覆盖度很高，所以土壤对冠层光谱影响很小。除了三对叶期外，其他四个生育期在可见光波段反射率降低、在近红外区域反射率升高的原因是土壤在可见光波段反射率高于植物，而在近红外波段反射率明显低于植物，植株叶绿素含量越高、LAI越大，土壤和植株冠层反射率差异则越大。但到现蕾期时向日葵叶绿素基本达到整个生育期的最高值，LAI也接近最大值，植被覆盖度达到90%左右，当光谱仪的探头从植株上方0.5 cm处垂直测定时，探头所感知的面积就有90%左右甚至更大是向日葵叶片，土壤背景的影响就非常小，而七对叶期相对叶绿素含量低，LAI小，植被覆盖度50%~60%，所以土壤背景对冠层反射率的干扰相对较大。需要注意的是，覆盖条件下向日葵冠层光谱并非自然条件下冠层光谱减去表层土壤光谱值，其中的影响因素包括土壤其他物理和化学性质、植被生长条件以及周围环境的影响等，不是简单的加合关系，其他影响因素有待进一步研究。

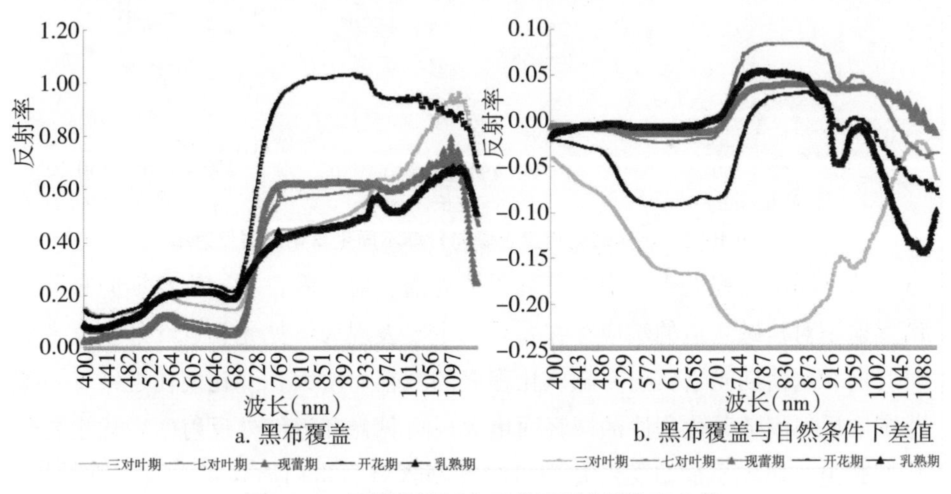

图 10-2 不同条件下向日葵冠层光谱特征曲线

10.2.3 不同碱化程度下向日葵不同生育期光谱特征

向日葵光谱反射率主要选择七对叶期、现蕾期和开花期3个时期。从图10-3可以看出，不同碱化程度土壤上向日葵3个生育期冠层反射光谱曲线形状相似，具有一般绿色植物高光谱反射特征。在可见光范围内，550 nm处具有明显的绿峰，从675~810 nm是一个陡坡，反射率急剧增高。这是由于叶绿素为主的色素强烈吸收红光而相对反射绿光造成的。在可见光和近红外区，随着向日葵生育期的推进，不同生育期向日葵冠层光谱反射率逐渐增大，到开花期光谱反射率达到最大，与七对叶期与现蕾期相比，可见光绿峰高出0.1~0.17，近红外反射峰高出0.3~0.35。并且，在近红外附近，反射峰随生育期不断增加，七对叶期在763 nm处形成一个较高的反射峰，而到开花期在809 nm处形成一个高的反射峰。主要是随着向日葵生育期的推进，向日葵叶面积增大，生长旺盛，叶片中叶绿素含量增加，使反射峰向波长增加的方向移动。

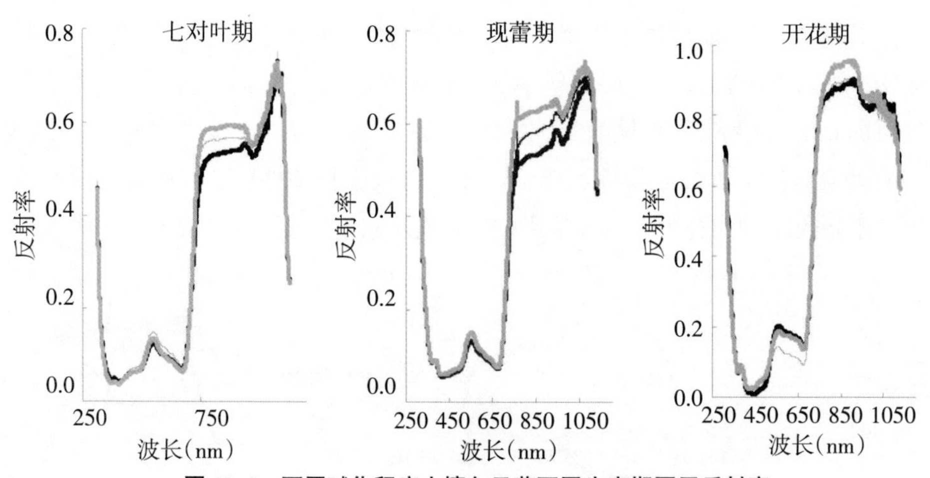

图 10-3　不同碱化程度土壤向日葵不同生育期冠层反射率

从不同碱化程度土壤上向日葵冠层光谱反射率看，不同生育期向日葵光谱反射率对盐碱胁迫的响应存在差异，主要表现为可见光和近红外波段在七对叶期和现蕾期光谱反射率随碱化程度的减轻而增大，开花期在近红外短波范围内反射率随碱化程度的减轻而增大。可见光和近红外反射率变化主要受盐碱胁迫，影响了向日葵叶片中可溶性糖含量、蛋白质含量以及细胞结构。随着碱化程度的增大，根系活力受到抑制，阻碍了渗透物质运移；同时，盐碱抑制了叶绿素的合成及可溶性糖的积累，使光谱反射率随碱化程度的增加而降低。

10.2.4　不同碱化程度下向日葵不同生育期红边光谱特征

由图10-4可以看出，在680~780 nm范围内，向日葵七对叶期、现蕾期和开花期冠层红边一阶微分光谱是由主峰和次峰组成。其中主峰集中在720 nm

处，次峰集中在 760 nm 附近。在七对叶期，由于叶面积小，冠层光谱次峰现象不显著；随着生育期推移，生物量增大，叶面积指数增大，双峰现象越来越显著。这与其他关于水分胁迫下冬小麦、高温胁迫下水稻等一阶微分光谱相似。

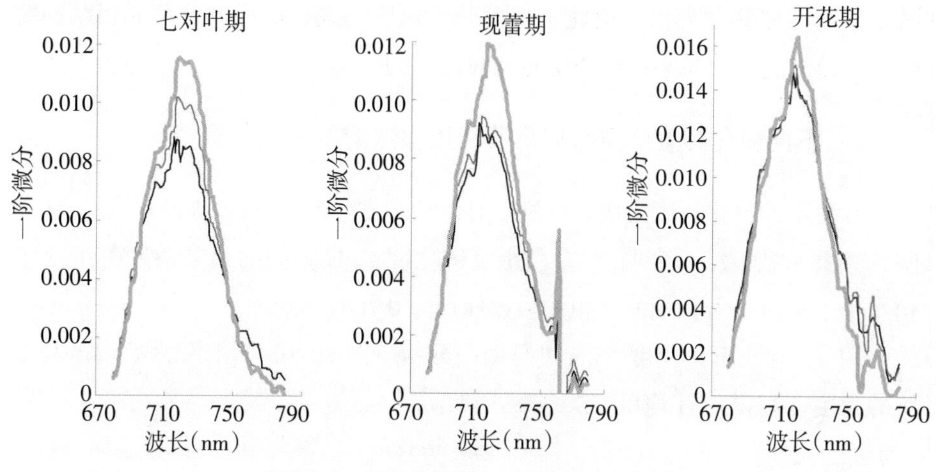

图 10-4　不同生育期向日葵冠层一阶微分

此外，从不同碱化程度看，不同生育期向日葵一阶微分光谱差异明显，表现为：随着碱化程度降低，向日葵一阶微分光谱值增大；而随着生育期推进，叶面积增大，不同碱化程度下向日葵一阶微分光谱差异减弱。

由图 10-5 可知，不同碱化程度下向日葵冠层反射光谱红边位置在整个生育期处于 702~720 nm 之间。并且，随着碱化程的加重，红边位置和红边斜率

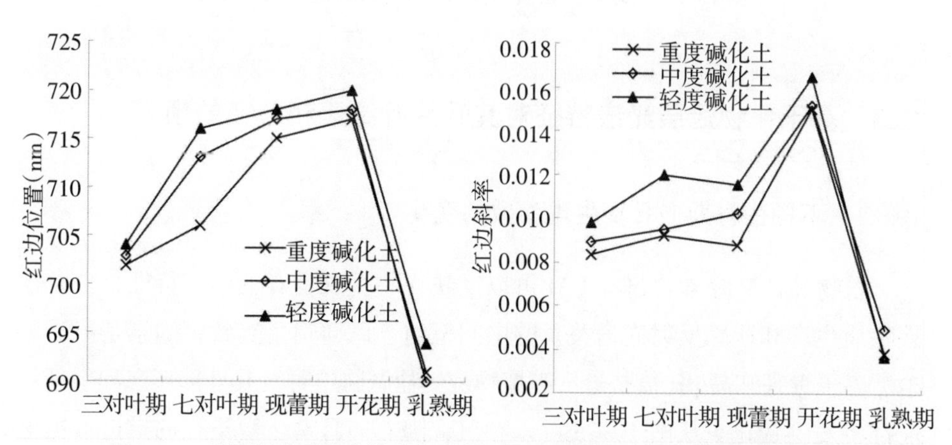

图 10-5　不同程度碱化土壤在向日葵不同生育期的红边位置和红边斜率

向短波方向移动，呈“蓝移”现象；在同一生育期，随着土壤碱化程度降低，红边位置和红边斜率向长波方向移动，呈“红移”现象。而在同一碱化程度水平上，随向日葵生育期的推进，红边位置和红边斜率均出现“红移”现象，到开花期红边位置的波长和幅值达到最大，此后，红边位置和红边斜率逐渐减小，呈“蓝移”现象。由此，土壤碱化程度增大，引起向日葵冠层结构变化，导致红边幅值减小，红边位置向短波方向移动。

10.2.5　不同碱化程度土壤与向日葵红边参数的相关性分析

针对不同碱化程度土壤，分别计算红边位置（λ_{red}）与土壤碱化度、pH之间的相关系数。结果表明，λ_{red}与土壤碱化度、pH之间的相关系数在0.01置信水平上呈极显著正相关，相关系数分别为0.768、0.681。

用λ_{red}与土壤碱化度、pH进行回归分析（图10-6），结果显示，λ_{red}与土壤碱化度、λ_{red}与pH均呈二次多项式关系。

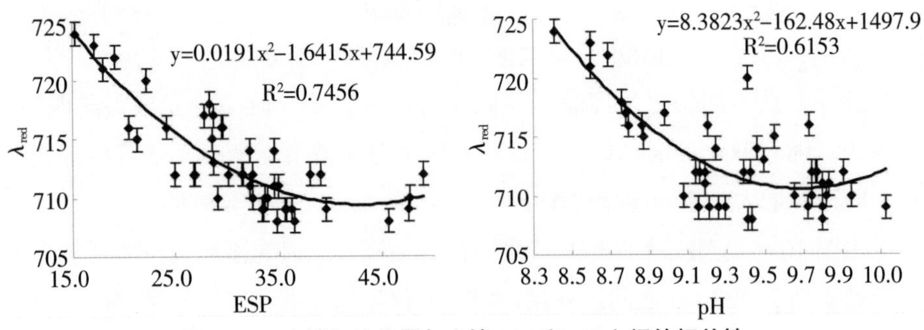

图10-6　土壤红边位置与土壤ESP和pH之间的相关性

10.3　基于作物冠层光谱特征对其叶片叶绿素和LAI的预测

10.3.1　不同生育期向日葵生理参数的变化

植物叶片叶绿素含量和LAI可以反映作物生长发育的动态特征，也是连接物质生产和遥感反射光谱关系的中间枢纽。碱胁迫主要致害因素是渗透胁迫、离子毒害和高pH值胁迫。当植物遭受盐碱胁迫时，其外部形态和生理效应都将发生变化。从图10-7a可以看出，随着向日葵生育进程的推进，植株叶绿素值呈增加趋势，到现蕾期达到最大值，而后开始下降。不同程度碱化土壤上的植株在三对叶期叶绿素值呈显著差异（$p<0.05$），七对叶期轻度和中度 2 个处理间未达显著差异，但二者与重度碱化土壤上植株呈显著差异；开花期和乳熟期中度碱化土壤上植株叶绿素值高于轻度碱化土壤上植株（前者不显著，后者显著）；重度碱化土壤上的植株整个生育期叶绿素值均显著低于前 2 种土壤上植株。从图10–7b 可看出，LAI 与叶绿素值变化趋势相似：不同碱化土壤上向日葵植株 LAI 随着生育期的推进不断增加，到开花期达到最大值，而后呈下降趋势。与叶绿素值变化不同的是，叶绿素值在现蕾期达到最大值，而开花期 LAI 达到最大。主要是叶片内有机物向花盘内转化，花盘直径不断增大，盛花期到乳熟期植株下部叶片开始衰老逐渐变为黄绿色至褐色，作物群体光合面积减小，植株 LAI 下降。重度碱化土壤上的植株由于受盐碱胁迫严重，出现早衰现象，叶片提前变黄、干枯，LAI 迅速下降。

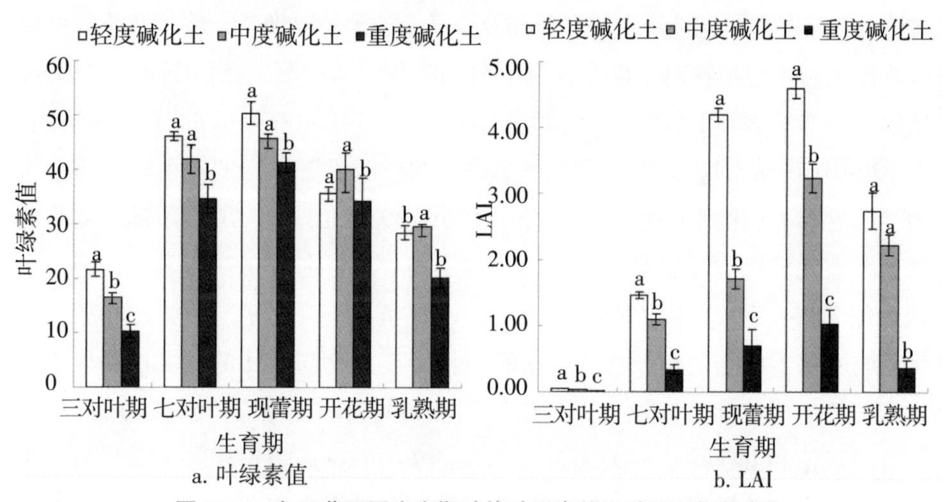

图 10–7　向日葵不同生育期叶片叶绿素值和叶面积指数变化

10.3.2　不同生育期冠层光谱与向日葵叶片叶绿素和 LAI 的关系

作物冠层在可见光波段的反射率主要受叶片叶绿素含量的影响，LAI 的大小影响光合有效辐射的截获，是表征冠层结构的主要变量，所以研究叶绿素含量、LAI 与作物特征光谱的关系尤为重要。从图 10–8 可以看出，自然条件下三对叶期冠层光谱反射率与叶绿素值和 LAI 呈正相关关系，平均相关系数分别为 0.68 和 0.47，但在可见光波段其相关系数较小，而近红外波段相关系数均高于可见光波段。该时期自然条件下可见光波段反射率与叶绿素和LAI的相关系数普遍大于覆盖条件，但在近红外区域均为覆盖条件下较高。冠层光谱反射率与叶绿素值的相关性高于与LAI的相关性，两种测定条件下叶绿素值与可见光波段的平均相关系数为0.57，与近红外波段的平均相关系数为0.58，分别较相应波段范围反射率与LAI的相关系数高0.12和0.19。七对叶期植株叶片叶绿素含量增加，LAI增大，两种测定条件下冠层光谱反射率在可见光400~710 nm和部分近红外波段（1070~1130 nm）与叶绿素和LAI呈负相关关系，而在706~1069 nm呈正相关关系，覆盖条件下的相关系数明显高于自然条件下（叶绿素和LAI在近红外波段740~1045 nm分别比自然条件下测定的相关系数高0.2281和0.1856）；自然条件下冠层光谱反射率与叶绿素的相关性和覆盖条件下反射率与叶绿素的相关性相差很小，但在近红外波段比LAI的相关系数高7.96%。现蕾期是向日葵生长最为旺盛，由营养生长向生殖生长转化的过渡时期，也是作物对水分和养分最为敏感的时期。土壤盐渍化程度很大程度上影响着植株对土壤水分和养分的吸收。两种测定条件下400~710 nm反射率与叶绿素和LAI均呈负相关关系，在710~1110 nm呈正相关关系，且在720~1050 nm间达到极显著相关水平，自然条件下测定的反射率在该波段与叶绿素和LAI的平均相关系数分别为0.8239和0.8366，覆盖条件下测定的反射率在此波段与叶绿素和LAI的平均相关系数分别为0.9124和0.9338，覆盖条件下相关系数略高于自然状态下。两种条件下反射率与LAI的相关性略优于与叶绿素的相关性。现蕾期2种条件下反射率与LAI的相关性略优于叶绿素值。七对叶期植株冠层光谱反射率在400~710 nm和1070~1130 nm范围与叶绿素值和LAI呈负相关关系，而在710~1069 nm呈正相关关系。覆盖条件下反射率与叶绿素值和LAI的相关系数明显高于自然条件；该时期近红外波段冠层光谱反射率和叶绿素值的相关性比其与LAI的相关性高7.96%。

无论是自然状态下还是覆盖条件下，开花期向日葵冠层光谱反射率在整个波段都很高，尤其是在近红外区域，虽然该时期光谱仪探头测定的植株几乎全为金黄色的花盘，探测到的叶片面积很小，但由于花盘的大小、花色的饱和度等和植株的长势一致，叶绿素含量高、LAI大的植株长势良好，花盘直径就大，花色也越饱和，所以虽然没有直接探测到叶片，但向日葵冠层光谱反射率与叶绿素、LAI仍有较强的相关性，尤其在720~1030 nm范围内呈极

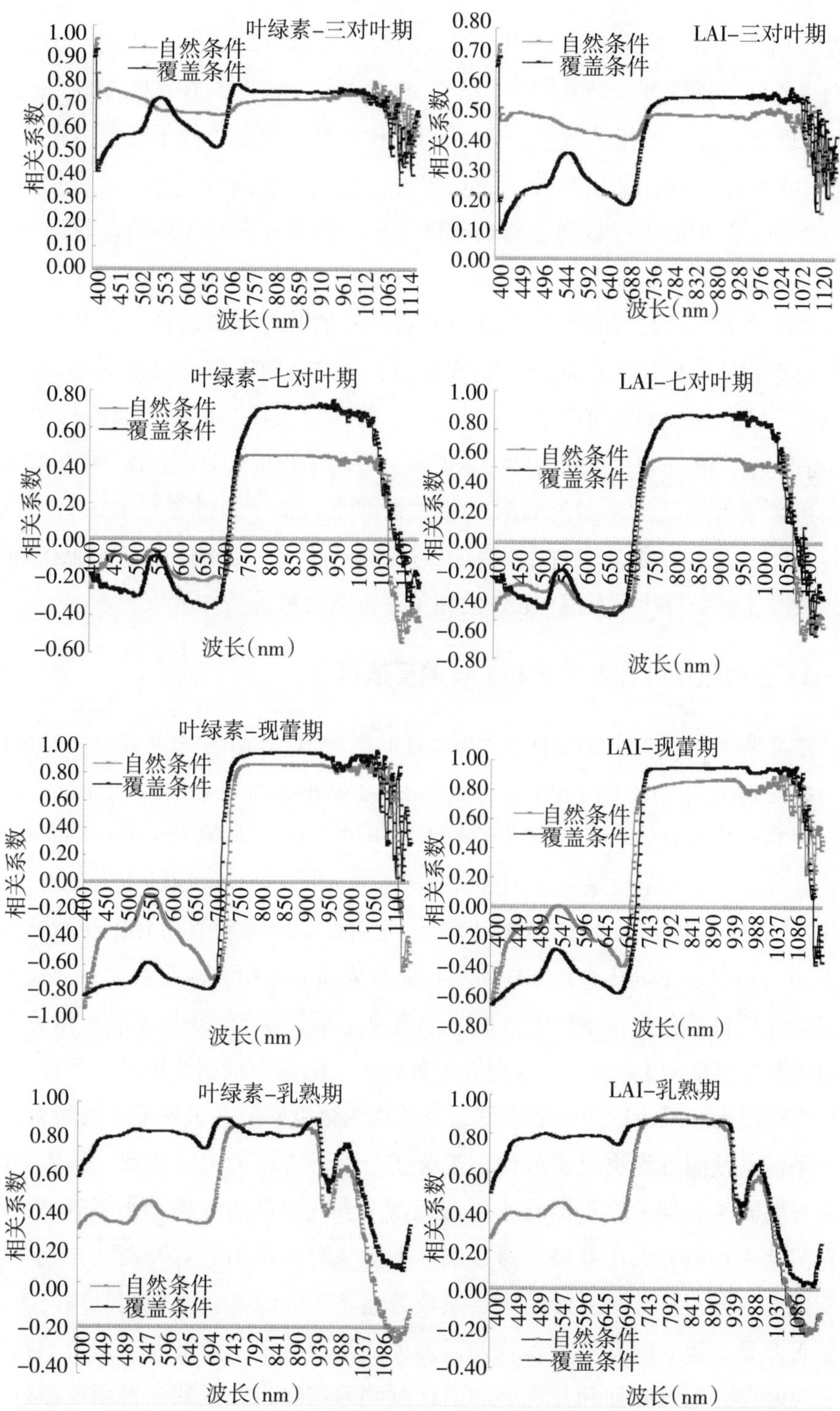

图 10-8　向日葵不同生育期冠层单波段反射率与叶绿素值和 LAI 的相关系数变化

显著正相关关系：自然条件下可见光波段反射率与叶绿素和LAI的相关系数分别平均低于近红外区域0.40和0.37。自然条件下开花期在720~1050 nm与2个生理指标的平均相关系数分别为0.67和0.71，覆盖条件下在此波段与叶绿素和LAI的平均相关系数分别为0.77和0.80，覆盖条件下相关系数仍高于自然条件，但均低于现蕾期。覆盖条件下相关系数在760~1010 nm反射率呈缓慢增长趋势。乳熟期向日葵花盘逐渐弯曲低头，探头探测到的部分以花盘背部和叶片为主，长势良好的花盘背部和叶片的叶绿素值较高，而长势差的处理花盘和叶片呈黄绿色甚至黄色或褐色，所以此时冠层光谱反射率与叶绿素值和LAI仍有良好的相关性。乳熟期除了1087~1130 nm和1054~1130 nm 2个区域外，其他波段反射率与叶绿素值和LAI均呈正相关关系。在747~897 nm范围覆盖条件下反射率与叶绿素的相关系数平均低于自然条件0.044，而在742~895 nm范围，覆盖条件下反射率与LAI的相关系数较自然状态低0.030，其他波段反射率与叶绿素值、LAI的相关系数均为覆盖条件下较大。

10.3.3 上覆植被叶片叶绿素和LAI的反演模型

在可见光和近红外波段中选择与叶片叶绿素值、LAI相关系数最大且最稳定的波段来估测叶绿素值和LAI。从图10–3显示，可见光波段550 nm处反射率普遍与叶绿素值和LAI相关性较强，近红外区域则在740~1000 nm相关系数保持在一个稳定数量上，因此选择810 nm为近红外区域的代表波段，利用这2个波段反射率计算出NDVI值来建立向日葵叶绿素值和LAI预测模型。从表10–3可见，不同生育期NDVI与叶绿素值和LAI预测模型相关系数较大，除三对叶期自然条件下NDVI与LAI模型决定系数在5%显著水平上相关外，其他时期各模型在1%水平均达到极显著相关。随着生育期的推进，方程决定系数逐渐增大，现蕾期达到最大值，开花期大幅度降低，乳熟期又有所升高。自然条件下预测方程决定系数均小于覆盖条件下方程的决定系数，两者之间的差异随着生育期的推进而减小，从现蕾期到乳熟期两者相差小于0.05，但生育前期平均差异大于0.15。覆盖条件下除三对叶期和七对叶期外，整个生育期建立的方程对叶片LAI的决定系数普遍小于叶绿素，但相同时期两者并无显著差异。建立的预测方程普遍以多项式函数决定系数最大，但覆盖条件下三对叶期、七对叶期和开花期的LAI预测方程以指数函数和幂函数拟合效

表 10-3 不同生育时期 NDVI(x)对向日葵叶片叶绿素值和 LAI(y)的预测方程

生育期	测定状态	叶绿素值		叶面积指数	
		预测方程	R^2	预测方程	R^2
三对叶期	自然	$y=1315.9x^2-1148.3x+265.31$	0.45**	$y=27.23x^2-23.99x+5.36$	0.35*
		$y=15.041e^{0.1453x}$	0.21	$y=0.2326e^{-2.1852x}$	0.12
	覆盖	$y=4.39e^{2.93x}$	0.61**	$y=0.0004e^{12.34x}$	0.57**
		$y=43.653x^{1.2196}$	0.60**	$y=5.7989x^{5.1178}$	0.56**
七对叶期	自然	$y=64.10x^2-357.88x+231.51$	0.61**	$y=8.24x^2-6.16x+1.99$	0.55**
		$y=275.87e^{0.7104x}$	0.59**	$y=2.547x^{1.3734}$	0.47**
	覆盖	$y=4412.1x^2-4606.4x+1572.9$	0.70**	$y=0.044e^{5.33x}$	0.77**
		$y=207.71e^{1.1089x}$	0.54**	$y=5.0796x^{3.0229}$	0.76**
现蕾期	自然	$y=138.68x^2-138.81x+3.76$	0.89**	$y=6.30x^2-6.37x+0.51$	0.73**
		$y=44.529e^{0.312x}$	0.81**	$y=2.3156e^{0.204x}$	0.43*
	覆盖	$y=1873.2x^2-2207.2x+685.23$	0.91**	$y=91.89x^2-106.19x+32.58$	0.90**
		$y=11.302e^{1.9638x}$	0.73**	$y=0.3881e^{2.7426x}$	0.80**
开花期	自然	$y=308.45x^2-305.04x+108$	0.62**	$y=21.60x^2-18.94x+6.31$	0.62**
		$y=23.981e^{0.6797x}$	0.46*	$y=4.2358x^{0.8751}$	0.57**
	覆盖	$y=87.25x^2-73.10x+47.58$	0.63**	$y=3.98x^{0.83}$	0.70**
		$y=42.19x^{0.3416}$	0.56**	$y=-1.08x^2+4.95x+0.054$	0.68**
乳熟期	自然	$y=-11.04x^2+17.739x+18.125$	0.70**	$y=-4.55x^2+5.28x+0.30$	0.63**
		$y=19.561e^{0.4526x}$	0.69**	$y=2.6378x^{0.4878}$	0.63**
	覆盖	$y=-104.29x^2+86.22x+5.86$	0.74**	$y=-16.09x^2+14.08x-1.35$	0.68**
		$y=25.402x^{0.1069}$	0.52**	$y=2.411x^{0.4398}$	0.53**

注：建模样本 n=40，* 和 ** 分别表示在 5%和 1%水平上的显著性。

果最理想。

将土壤 pH 值作为一个变量，分别用各生育期冠层 NDVI 与其对应的叶片叶绿素值和 LAI 进行回归分析，得到向日葵叶绿素值和 LAI 的修正模型（表 10-4）。引入土壤 pH 值对模型进行修正后，预测方程的决定系数普遍升高，尤其是在作物生育中前期叶绿素值和 LAI 的估测方程决定系数分别平均升高 0.10 和 0.082，其中三对叶期修正后方程决定系数比未修正时分别平均升高 0.14 和0.095；现蕾期增幅最小。全生育期自然条件下 2 个生理指数的预测方程决定系数分别比未修正时平均升高 0.10 和 0.096，覆盖条件下分别比未修正时升高0.082 和 0.04，自然条件下增幅略大。

表 10-4　不同生育时期 NDVI(x)对向日葵叶片叶绿素值和 LAI(y)的修正预测方程

生育期	测定状态	叶绿素值		叶面积指数	
		预测方程	R^2	预测方程	R^2
三对叶期	自然	$y=57.66-23.43x_1-3.29x_2$	0.58**	$y=1.05-0.71x_1-0.068x_2$	0.44**
	覆盖	$y=17.48+9.38x_1+0.61x_2$	0.75**	$y=-0.023+0.83x_1-0.026x_2$	0.67**
七对叶期	自然	$y=91.98-21.44x_1-6.52x_2$	0.68**	$y=3.10+2.48x_1-0.34x_2$	0.66**
	覆盖	$y=113.23+35.11x_1-9.70x_2$	0.77**	$y=4.79+4.57x_1-0.66x_2$	0.80**
现蕾期	自然	$y=411.22-2.82x_1-39.87x_2$	0.90**	$y=26.43+0.11x_1-2.61x_2$	0.85**
	覆盖	$y=313.2+22.57x_1-31x_2$	0.95**	$y=4.26+4.83x_1-0.55x_2$	0.91**
开花期	自然	$y=150.73+15.27x_1-13.42x_2$	0.76**	$y=9.89+3.44x_1-1.01x_2$	0.66**
	覆盖	$y=129.21+13.09x_1-11x_2$	0.72**	$y=1.92+3.58x_1-0.16x_2$	0.68**
乳熟期	自然	$y=44.67+4.69x_1-2.55x_2$	0.86**	$y=3.46+1.62x_1-0.26x_2$	0.75**
	覆盖	$y=54.17+1.47x_1-3.48x_2$	0.81**	$y=5.47+1.08x_1-0.47x_2$	0.76**

注：表中 x_1、x_2 分别指冠层 NDVI(550/810)和土壤 pH 值；建模样本 n=40；* 和 ** 分别表示在 5%和 1%水平上的显著性。

10.3.4　上覆植被叶片叶绿素和 LAI 模型的验证

为了验证模型的预测效果，利用 20 个验证样本对向日葵叶片叶绿素和 LAI 预测模型进行验证。从表 10-5 中 R^2 为不同条件下叶绿素值和 LAI 的实测值与模型预测值所做线性方程的拟合度。从表中可以看出无论什么测定状态下现蕾期的预测方程拟合精度都最高，其他为乳熟期，三对叶期精度最差。前两个生育期两种状态下测定的光谱反射率对叶绿素和 LAI 的预测在轻度和中度碱化土壤上偏高，而在重度土壤上偏低，但覆盖条件下偏差相对较小；七对叶期预测效果明显优于三对叶期。

除三对叶期修正预测方程上 5%水平上相关外，其他时期各修正预测方程均在 1%水平上达到极显著相关。现蕾期 4 个预测方程拟合度都相对最高，三对叶期拟合度最低，但三对叶期修正后方程的拟合度较修正前增幅最大（2 个生理指标的 R^2 分别平均增加 0.10 和 0.12）。各时期覆盖条件下预测方程 R^2 普遍大于自然状态。除三对叶期外，其他各时期叶绿素值和 LAI 预测值与其真实值之间具有良好的相关性，拟合度 $R^2>0.60$，RMSE 也较小，说明模型的 R^2 较大，预测能力较强；三对叶期模型的稳定性和预测能力都较差。引入土壤 pH 值对模型进行修正后，模型预测值与真实值间的 R^2 进一步增大，RMSE 普遍减小，表明引入土壤 pH 值可以增强模型的稳定性和预测能力。

表 10–5 向日葵叶片叶绿素值和 LAI 预测模型验证指标

生育期	测定状态	叶绿素值				叶面积指数 LAI			
		预测方程		修正预测方程		预测方程		修正预测方程	
		拟合度 R_1^2	总均方根差 $RMSE_1$	拟合度 R'^2_1	总均方根差 $RMSE_2$	拟合度 R_1^2	总均方根差 $RMSE_1$	拟合度 R'^2_2	总均方根差 $RMSE_2$
三对叶期	自然	0.41	0.57	0.51*	0.59	0.40	0.51	0.48*	0.38
	覆盖	0.56**	0.52	0.66**	0.51	0.46*	0.55	0.61**	0.42
七对叶期	自然	0.61**	0.46	0.72**	0.33	0. 60**	0.33	0.67**	0.3
	覆盖	0.68**	0.3	0.79**	0.34	0.71**	0.21	0.75**	0.26
现蕾期	自然	0.80**	0.32	0.88**	0.23	0.81**	0.26	0.87**	0.12
	覆盖	0.88**	0.26	0.92**	0.11	0.87**	0.2	0.93**	0.19
开花期	自然	0.79**	0.26	0.80**	0.25	0.77**	0.38	0.81**	0.25
	覆盖	0.82**	0.23	0.84**	0.28	0.81**	0.21	0.85**	0.11
乳熟期	自然	0.82**	0.32	0.86**	0.16	0.72**	0.26	0.78**	0.20
	覆盖	0.83**	0.24	0.88**	0.16	0.80**	0.21	0.83**	0.17

注：验证样本 n=20，* 和 ** 分别表示在 5%和 1%水平上的显著性。

11　典型龟裂碱土光谱特征主要影响因素研究

土壤盐渍化是世界环境面临的严峻问题之一，而遥感以能够频繁、持久地提供地表特征面状信息的优势成为监测土壤盐渍化的一种有效手段。但在光谱数据采集过程中，对目标样本产生影响的因素很多，而且关系非常复杂。这些因素中，有些是可以在数据处理过程中削弱和去除的，而有些因素产生的影响却很难估计和处理。除了大气因素和周围物体的散射因素等环境因素外，物体自身反射特性也是主要的影响因素。

土壤有机质通常是土壤光谱的主要影响因素之一。国内外很多研究指出土壤有机质在可见光至近红外范围存在明显的光谱敏感区，而且不同区域和不同土壤类型的光谱敏感区有较大差异，并基于原始光谱、光谱微分技术等建立了不同类型土壤的有机质定量反演模型（Henderson et al.，1989；Ben-dor et al.，1997；田永超，2012）。但也有学者认为土壤在近红外区域光谱特征的差异主要取决于土壤水分含量的不同，而有机质和总氮含量变化对其影响不大（彭玉魁等，1998）。研究指出利用光谱数据对土壤含水率进行反演，应选择近红外波段和短波红外波段（姚艳敏等，2011；Lausch et al.，2013）。

国内外学者对土壤水分光谱特征已有研究，而对盐渍化土壤水分领域研究较少。本研究以不同水分含量的宁夏典型龟裂碱土为研究对象，利用多种变换形式对土壤原始光谱数据进行处理，建立典型龟裂碱土含水量预测模型，为遥感技术反演龟裂碱土含水量和当地农业灌溉提供理论支持。

11.1　典型龟裂碱土光谱特征主要影响因素研究实验介绍

11.1.1　试验地基本情况

供试土壤肥力低下，质地较黏重，为黏壤土，其基本理化性状如表 11–1 所示。

表 11–1　试验地土壤基本理化性状(0~20 cm)

pH 值	全盐 ($g\ kg^{-1}$)	碱化度 (%)	有机质 ($g\ kg^{-1}$)	全氮 ($g\ kg^{-1}$)	全磷 ($g\ kg^{-1}$)	全钾 ($g\ kg^{-1}$)	碱解氮 ($mg\ kg^{-1}$)	速效磷 ($mg\ kg^{-1}$)	速效钾 ($mg\ kg^{-1}$)
9.48	2.56	52.26	7.85	0.42	0.69	15.61	40.97	9.29	181.79

11.1.2　土壤样品采集与处理

本研究选择宁夏银北西大滩地势平坦的龟裂碱土表层土壤（0~20 cm）作为样本。风干后剔除植物残渣、石砾等杂质，研磨过 2 mm 土筛，充分混匀，称取 45 份土壤样品，每份均为 50 g，分别放置于半径 5 cm、深 3 cm 的金属盒内（认为是光学上无限厚）。依次缓缓注入 0、3、6、9、12、15、18、21、24、27、30 ml 的水，相同水量的处理重复 6 次，待最后一个处理注水结束后静置 1 h，然后对所有土样进行光谱测定，得到不同含水量状态下的土壤光谱特征曲线。光谱测定结束后用烘干法测定土样含水量。

11.1.3　光谱数据的测定

土壤表层光谱采用美国 Unispec–SC 便携式光谱仪，该光谱仪探测波段为 310~1130 nm，分辨率<10 nm，绝对精度< 0.3 nm。光谱测定时间为 10:00~14:00，测定期间天气状况良好，晴朗无云，无风。在室外开阔阳光充足的平面上铺一块黑布，将盛放土样的金属盒放置于黑布上，光谱仪垂直向下，距离目标物 50 cm，每个土样重复测定 10 次，取平均值得到该土壤光谱反射率。测定过程中，及时在每次观测前进行标准白板校正。

11.1.4　光谱数据的处理

土壤光谱数据预处理：为消除高频噪声的影响，本研究采用何挺等 9 点加权移动平均法对光谱反射率原始数据（r）进行平滑去噪处理（R）。然后对平滑后反射光谱进行以下 6 种变换：反射率的倒数（1/R）、反射率倒数的对数 Lg（1/R）、反射率的对数（LgR）、反射率的一阶微分（R）′、反射率对数的一阶微分(LgR)′和反射率倒数对数的一阶微分（Lg（1/R））′，并进行同步分析，以期构建对土壤盐碱程度反应更敏感的光谱参数。数据变换的主要目的是降低背景噪声对土壤光谱的影响。

11.2 典型龟裂碱土土壤水分光谱特征及预测研究

11.2.1 不同水分条件下龟裂碱土光谱特征分析

典型龟裂碱土含水量不同其光谱特征曲线形态相似，但反射率高低不同(如图 11-1 所示)。总体来看，从 400~950 nm 呈单调上升趋势，但不同波段斜率不同，400~600 nm 土壤光谱反射率值较低，但曲线斜率增大，从 600~900 nm 反射率较高但曲线斜率变小，950 nm 附近有一个明显的水分反射峰，此后反射率呈先降低后升高的态势。从图 11-1 可以看出，土壤含水量从3.93%到22.33%，随着含水量的增加，土壤光谱反射率逐渐降低，含水量为19.24%和22.33%反射率差异很小，在 400~700 nm 含水量 19.24%的反射率略高，但700~1000 nm 以 22.33%反射率略高；土壤含水量为 23.76%时反射率较22.33%在整个波段内略有增加（整个研究波段内平均只增加 0.0101），含水量为26.45%时土壤反射率最高（整个研究波段内比含水量 22.33%和 25.39%平均分别高出 0.1549 和 0.0430），此时土壤表面已有明显积水。本研究测定的典型

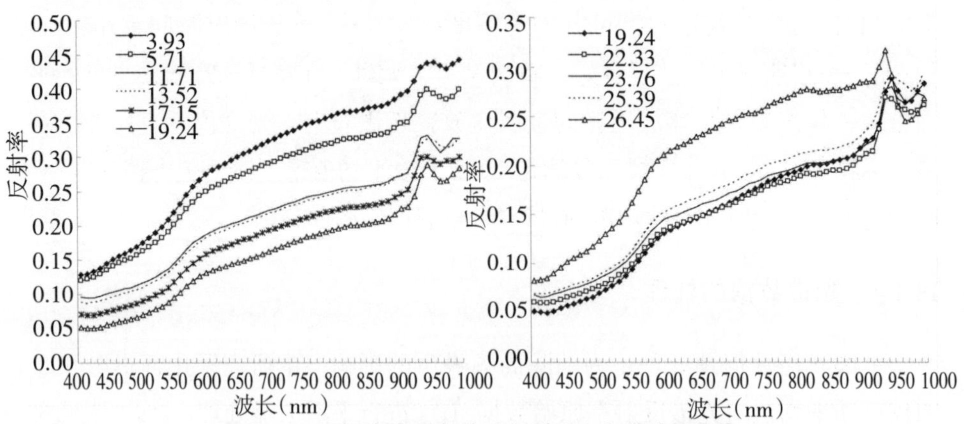

图 11-1 不同含水量条件下龟裂碱土光谱特征曲线

龟裂碱土田间持水量为 22.85%，光谱测定结果显示当土壤水分高于田间持水量后，随着土壤水分含量增加其反射率却呈逐渐降低的趋势。这是由于研究区典型龟裂碱土在干旱条件下表层聚集有 $NaHCO_3$、Na_2CO_3 和 Na_2SO_4 等盐碱成分的白色结晶，表层土壤反射率较高，当土壤含水量逐渐增大时，部分或全部盐碱成分溶解，表层土壤白色变少或消失。

11.2.2 土壤光谱反射率变换与土壤水分相关分析

高光谱虽然提供了大量的连续波段，但不同的波段间存在较强的相关性，数据具有一定的冗余性，在建立预测模型前，必须进行敏感波段选择。本研究先将不同波段反射率进行不同形式的转换，选取与土壤含水量相关性较好的几种变换形式，进而在这几种变换形式中选取敏感波段。从 8 种不同形式反射率与土壤水分的相关系数可以看出（如图 11–2 所示），r、R 和 LgR 与龟裂碱土含水量呈极显著负相关关系，且在 950~1000 nm 相关系数平均高于 400~950 nm 0.1814，平滑后的反射率 R 与土壤含水量的相关系数比原始光谱

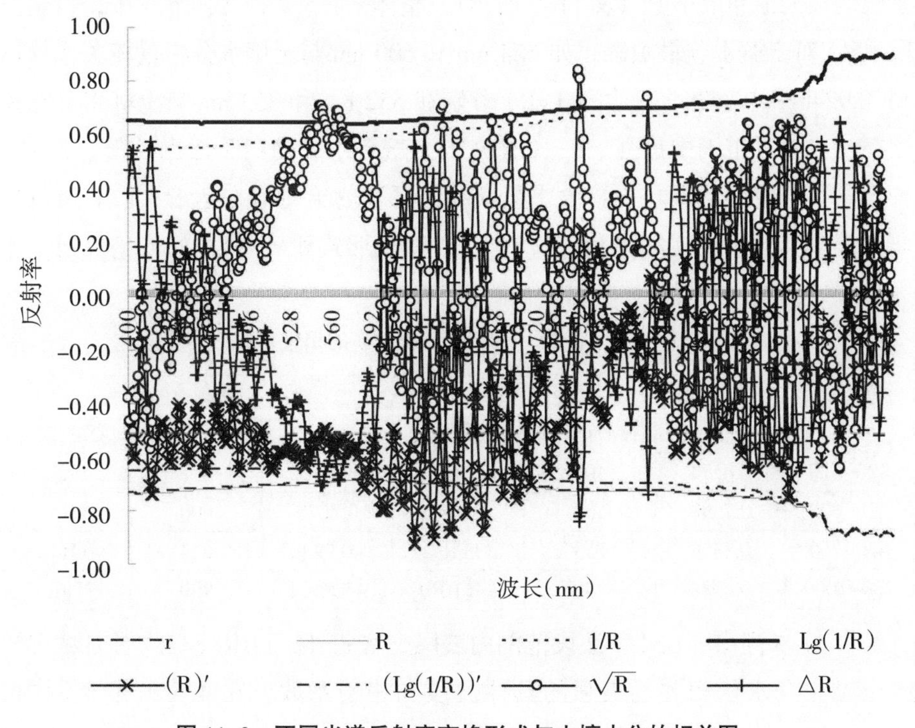

图 11–2 不同光谱反射率变换形式与土壤水分的相关图

反射率 r 和LgR 与土壤含水量的相关系数在整个波段范围内平均分别提高 0.0013 和 0.0397；1/R 和 Lg（1/R）2 种变换形式与龟裂碱土含水量呈正相关关系，在 950~1000 nm 相关系数平均高于 400~950 nm 约 0.2350；整个波段 1/R 与土壤水分相关系数平均低于 Lg（1/R）0.0523；R 和 LgR 与土壤含水量的相关系数的绝对值大于 1/R、Lg（1/R）与土壤含水量相关系数 0.0433。（R）′、（LgR）′和（Lg（1/R））′ 3 种变换形式与土壤水分相关性不稳定，其中（LgR）′以正相关关系居多，而（R）′和（Lg（1/R））′以负相关关系居多。光谱数据的对数变换可增强可见光区的光谱差异，降低光照条件变化的乘性影响，倒数变换可使某些非线性关系变为线性关系，而微分光谱可降低对低频噪声影响的敏感性，减少大气散射和吸收对目标光谱特征的影响，所以原始光谱反射率采用不同变换方式后与土壤含水量的相关性都有不同程度的增强。

根据不同含水量龟裂碱土光谱特征结合可见光不同颜色波段范围将研究波段划分为如下：400~520 nm、520~600 nm、600~760 nm 和 760~1000 nm。从 4 个不同波段范围各筛选出不同反射率变换形式与龟裂碱土水分含量相关系数的最大值和最小值（表 11-2 所示）。整体来看，7 种变换形式中，特定波段（R）′对土壤水分最敏感，如 624 nm 和 600 nm 与土壤水分含量相关系数达到–0.9240 和 0.8028，其次（LgR）′分别在 552 nm 和 753 nm 与土壤水分相关性在相应波段范围内最强，Lg（1/R）与土壤含水量的相关性也较强。其他 3 种光谱数据变换形式与土壤含水量间相关系数的绝对值未达最大值。所以本研究选取 Lg（1/R）、（R）′和（LgR）′ 3 种变换形式和 r（将原始光谱反射率作为参照）来建立龟裂碱土含水量预测模型。

表 11-2 土壤水分与光谱反射率的相关系数

波段范围（nm）	最大值			最小值		
	值	波长(nm)	变换形式	值	波长(nm)	变换形式
400~520	0.6574	408	Lg(1/R)	–0.7412	417	(R)′
520~600	0.7097	552	(LgR)′	0.8028	600	(R)′
600~760	0.8420	753	(LgR)′	–0.9240	624	(R)′
760~1000	0.8988	990	Lg(1/R)	–0.8988	990	LgR

表 11-3 列出了在 4 个波段范围内表层土壤 r、Lg（1/R）、（R）′和（LgR）′与龟裂碱土含水量相关性最强的具体波段和相关系数。在 4 个波段范围内，（R）′在 471、600、624 和 918 nm 处表现最佳，与土壤水分相关系数的绝对值

最大；而原始光谱数据 r 与土壤含水量的相关性比其他变换形式都差。r 和 Lg（1/R）与土壤水分相关性最强的敏感波段相同，但 r 四个最值波段平均相关系数低于 Lg（1/R）平均值 0.0573。

表 11-3 土壤水分与敏感波段光谱反射率的相关系数

波段范围（nm）	r		Lg(1/R)		(R)′		(LgR)′	
	波长(nm)	值	波长(nm)	值	波长(nm)	值	波长(nm)	值
400~520	408	−0.5707	408	0.6574	417	0.7412	417	0.6172
520~600	521	−0.7077	521	0.6477	600	−0.8028	552	0.7097
600~760	751	−0.6305	751	0.6997	624	−0.9240	753	0.8420
760~1000	990	−0.7657	990	0.8988	918	−0.7559	807	0.7385

11.2.3 龟裂碱土水分含量的光谱反射率反演模型建立

选择 r、Lg（1/R）、(R)′和（LgR)′这 4 种光谱数据形式来预测龟裂碱土水分含量。研究采用逐步回归、全回归、多项式模式、指数模式、幂函数模式 5 种方法建立基于敏感波段反射率的龟裂碱土水分含量预测方程。在多项式回归、指数函数、幂函数 3 种模式中选取决定系数最大的函数作为龟裂碱土水分含量的预测方程。从表 11-4 可以看出，r 采用指数函数模式建立的方程决

表 11-4 基于敏感波段的龟裂碱土水分含量预测模型

变换形式	方法	预测方程	R^2
r	指数函数	$y=360.47e^{-10.29R990}$	0.7885
	逐步回归	$y=55.36-122.06R_{990}$	0.7423
	全回归	$y=61.56+381.71R_{408}-177.58R_{521}+32.73R_{751}-200.67R_{990}$	0.7522
Lg(1/R)	幂函数	$y=0.2685[Lg(1/R_{990})]^{0.2374}$	0.7869
	逐步回归	$y=43.64-69297Lg(1/R_{751})$	0.7697
	全回归	$y=-11.63-91Lg(1/R_{408})+56.42Lg(1/R_{521})+2.21Lg(1/R_{751})+144.58Lg(1/R_{990})$	0.8987
(R)′	幂函数	$y=1E-07[(R_{624})']^{-2.3287}$	0.9447
	逐步回归	$y=93.64-30.79(R_{918})'$	0.8079
	全回归	$y=-0.000048+1.03(R_{417})'+0.025(R_{600})'-0.243(R_{624})'+0.159(R_{918})'$	0.8047
(LgR)′	多项式函数	$y=-1E+08[(LgR_{753})']^2+282819(LgR_{753})'-109.2$	0.9149
	逐步回归	$y=43.64-69297(LgR_{753})'$	0.7697
	全回归	$y=12.47-6495.21(LgR_{417})'-274.60(LgR_{552})'+15153(LgR_{753})'+44867(LgR_{807})'$	0.7920

定系数最大，两种一阶微分变换形式采用幂函数和多项式函数模式建立的方程决定系数最大，Lg（1/R）采用全回归方法建立的模型决定系数最大，其中(R)′的幂函数模式决定系数高达0.9447，平均比基于r、Lg（1/R）、和（LgR）′建立的预测模型决定系数分别高0.0714、0.0340和0.0269。

11.2.4 龟裂碱土水分含量模型验证

为了检验模型的预测效果，利用25个样本对龟裂碱土水分预测模型进行了验证。从土壤水分真实值与预测值所做线性回归的拟合度 R^2 可以看出(图11-3)，采用（R)′建立的模型预测的土壤水分值与室内实测值拟合度最大(R^2=0.8279)，说明该模型预测精度最高，但验证结果也显示该模型在土壤含水量较低情况下预测值也较低，而土壤含水量高时预测值也偏高，采用Lg（1/R）建立的模型拟合精度也较高，但其预测值较实测值普遍偏高。采用r建立的模型预测精度最低，其预测值较实测值普遍偏低，在验证的25个样品(含水量4.25%~26.43%）平均偏低3.42%。

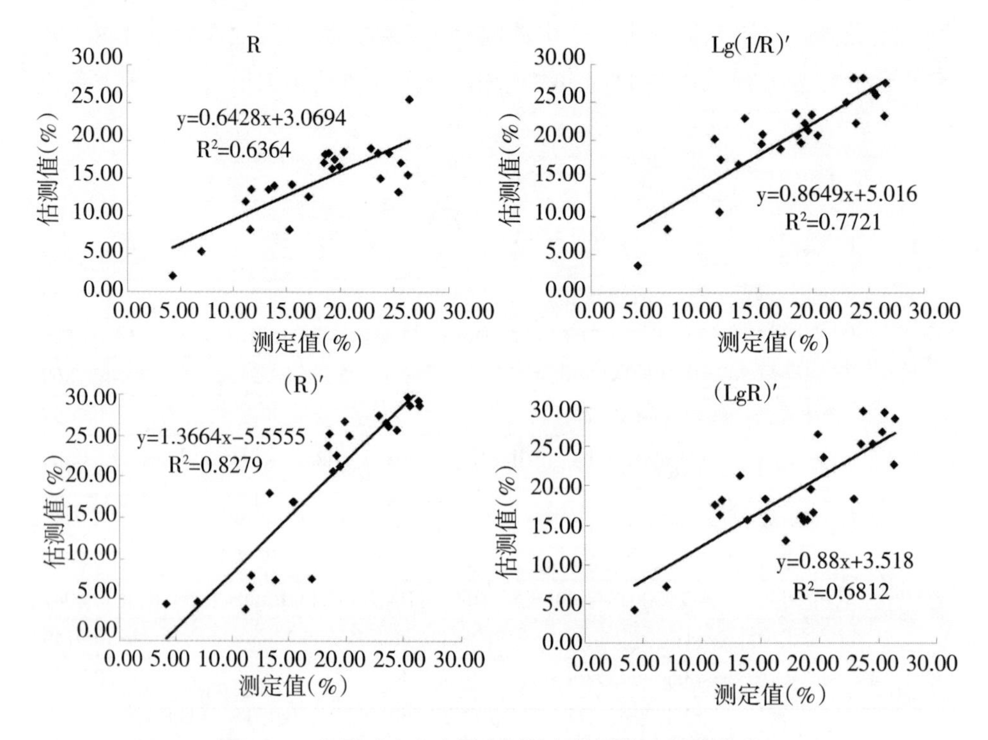

图11-3 龟裂碱土含水量实测值与估测值之间的关系

11.3　典型龟裂碱土土壤光谱特征主要影响因素研究

11.3.1　不同碱化程度龟裂碱土野外光谱特征

表 11-5 为不同碱化程度的土壤基本理化性状。供试碱土 pH 高达 10.25，表面为一层厚度约 5 mm 的白色结晶，土壤上无任何植被生长；重碱化土壤表面为大块白斑，有少量芨芨草生长，植被覆盖度小于 12%；中度碱化土壤上有芨芨草、碱蓬、向日葵等植被生长，植被覆盖度在 30%~60%；轻度碱化土壤种植作物为小麦，植被覆盖度为 70%~80%；非碱化土壤上种植蔬菜，蔬菜长势良好。

表 11-5　不同碱化程度土壤基本理化性状

土壤	pH	ESP (%)	全盐 ($g\ kg^{-1}$)	有机质 ($g\ kg^{-1}$)	全氮 ($g\ kg^{-1}$)	全磷 ($g\ kg^{-1}$)	全钾 ($g\ kg^{-1}$)	机械组成		
								2~0.02 mm($g\ kg^{-1}$)	0.02~0.002 mm($g\ kg^{-1}$)	< 0.002 mm($g\ kg^{-1}$)
碱土	10.25	71.66	2.27	7.05	0.475	0.553	13.70	418.56	253.11	286.42
重度碱化土壤	9.47	34.82	1.93	7.32	0.518	0.523	13.70	526.80	204.86	230.69
中度碱化土壤	8.77	22.26	1.52	8.78	0.550	0.570	14.30	537.13	193.21	215.31
轻度碱化土壤	8.48	8.81	1.50	11.35	0.790	630	14.71	470.56	252.80	219.99
非碱化土壤	7.82	4.86	0.44	19.62	1.051	0.693	15.47	485.21	268.29	186.95

从图 11-4 可以看出，土壤碱化程度越强，表层光谱反射率越高，碱土和重度碱化土壤野外光谱在 450 nm 处反射率差异很小，明显高于其他土壤，但随着波长增大二者反射率有所增加，碱土在 450~925 nm 范围内表层反射率平均高于重度、中度、轻度碱化土壤和非碱化土壤 7.36%、23.18%、32.10%和

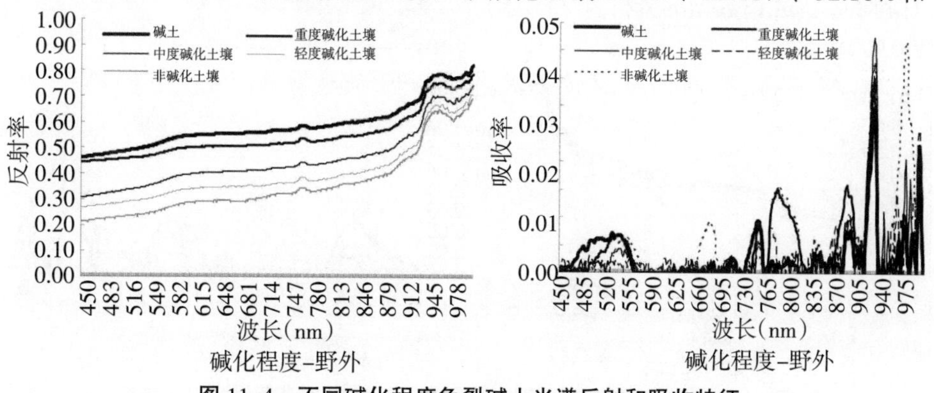

图 11-4　不同碱化程度龟裂碱土光谱反射和吸收特征

39.97%，非碱化土壤在整个研究波段内反射率最低。经过对光谱反射率曲线去包络后，能够清晰地看到各土壤表层特征吸收峰，其中不同程度碱化土壤在923~929 nm 附近都有最强吸收峰，而非碱化土壤在 974 nm 和 678 nm 处有较强吸收峰，其次各土壤在 880 nm 和 780 附近均出现较明显的吸收峰，在可见光波段 530 nm 附近区域有明显吸收峰。所以，530 nm 和 927 nm 附近是龟裂碱土盐渍化信息的敏感波段，而 974 nm 和 678 nm 是区分碱化土壤和非碱化土壤的特征波段。

11.3.2 不同碱化程度龟裂碱土室内光谱特征

图 11–5 为图 11–4 中不同碱化程度土壤表层采集回室内风干过 2 mm 的筛子后测定的光谱特征曲线。可以看出，经过处理的 pH 值较大的土壤室内光谱反射率仍较高，但明显小于野外实测光谱反射率：碱土、重度碱化土壤、中度碱化土壤、轻度碱化土壤室内光谱反射率在整个研究波段分别较野外平均降低 0.1645、0.1312、0.0575、0.0246，而非碱化土壤两种测定方式下差异非常小（平均相差仅为 0.0093）。虽然土壤 pH、ESP、有机质、养分差别都较大，但经过预处理的土样光谱特征曲线差异很小：碱土在 450~925 nm 范围室内表层反射率高于重度、中度、轻度碱化土壤和非碱化土壤 2.36%、6.94%、11.54%和 14.47%，差异明显小于野外光谱。从吸收特征曲线可看出各土壤在近红外波段 923 nm 附近有最大吸收峰，在 530 nm 和 780 nm 附近也有两个明显的吸收峰。虽然不同程度碱化土壤室内光谱反射率差异很小，但通过去包络线求吸收特征曲线后将光谱差异很小的反射率值转化成差异较大的吸收值，有利于室内光谱数据的分析。

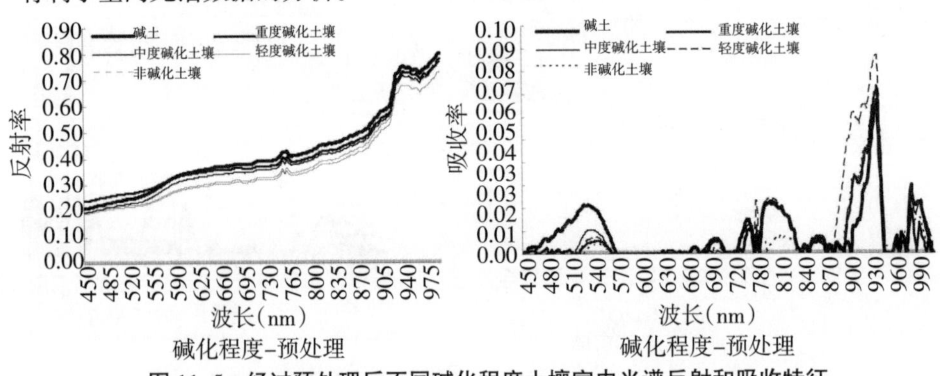

图 11–5　经过预处理后不同碱化程度土壤室内光谱反射和吸收特征

11.3.3 不同粒径条件下龟裂碱土光谱特征

供试土壤质地为黏壤土。从图 11-6 典型龟裂碱土不同粒径条件下土壤的光谱特征曲线可以看出，土壤粒径越小反射率越高，与其他粒径的反射值差异越大；但粒径较大时土壤的反射值相差却很小，3 mm 土壤反射率较 2 mm 反射率在整个研究波段内平均低 0.0089，当土壤粒径≤0.25 mm 时，反射率明显高于大粒径土壤，土壤粒径≤0.10 mm 的反射率分别高于 3、2、1 和0.25 mm 粒径土壤 30.39、28.62、23.87 和 8.10%。所以，粒径对龟裂碱土光谱反射率影响也较大。事实上，除了最小粒径外，近红外反射率随着粒径的增加反射率降低，这一事实也得到散射理论的证实。Bowers et al.（1965）研究了机械组成对土壤反射能量的影响，结果显示土壤反射系数随土壤颗粒的变细呈指数增长，特别是当土壤粒径<400 μm 时，这一现象更为明显。从吸收特征曲线可看出：在920/540 和 780 nm 附近有强度不同的吸收峰，其中在近红外波段粒径越大吸收峰值越高。

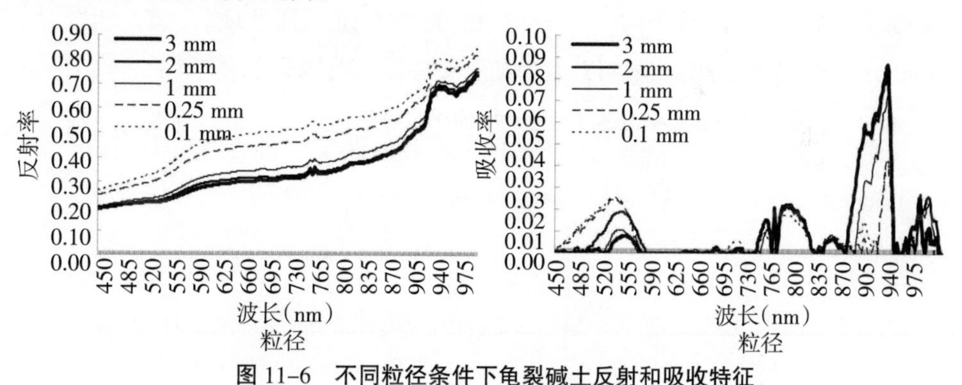

图 11-6 不同粒径条件下龟裂碱土反射和吸收特征

11.3.4 不同表面粗糙度条件下龟裂碱土光谱特征

物体表面的纹理和结构会影响其反射光强的能力。土壤粒径越小反射率越大，但相同粒径的土壤表面粗糙度不同反射率也不同，从图 11-7 可以看出，粒径越大的土壤反射率受表面粗糙度的影响越小，粒径越小的土壤反射率受表面粗糙度的影响越大：在 450~1000 nm 范围内 3 mm 的土壤粗糙表面比光滑表面反射率平均提高 2.56%，而相同土壤其粒径为 0.1 mm 时在该波段范围内粗糙表面较光滑表面反射率降低 0.0470，反射率下降了 11.67%。所以室内或室外通过测定处理过的土壤反射率来估测土壤盐渍化程度时需要结合采样时野外原状土的表面状态，否则会增大估测结果的误差。从吸收特征曲线可看出：860~925 nm 和 480~520 nm 两个波段范围内有明显的反射峰，且土壤表面越粗糙吸收率越大。

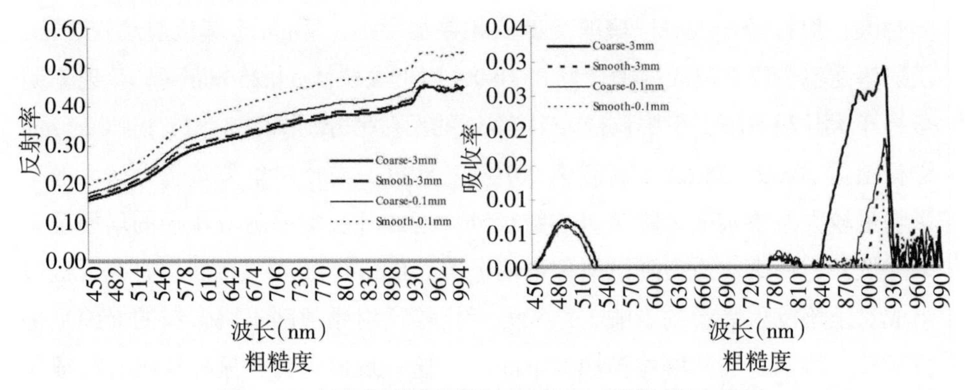

图 11-7　不同粗糙度条件下龟裂碱土反射和吸收特征

整体来讲，本研究上述各因素对龟裂碱土表层土壤光谱特征的影响程度依次为：碱化程度（野外）>水分>粒径>碱化程度（预处理）>表面粗糙度。但由于土壤属性、测定条件以及土壤光谱特征影响因素的复杂性，本结论是否适用于其他盐渍化土壤还有待进一步研究。

12　基于水稻冠层植被指数的龟裂碱土盐渍化信息预测研究

上覆植被生长状况和土壤特性密切相关，通过上覆植被冠层光谱特征反映土壤的盐渍化程度，为土壤盐渍化程度的估测提供了另外一条途径。早有学者研究出作物冠层 NDVI 和土壤电导率高度相关，从而可以区分出盐碱土和非盐碱土（Leone et al.，2007；Clercq et al.，2009）。作物冠层 NDVI 与土壤 ESP 和pH 的也具有较好的相关性，Delfine（1998）指出作物冠层 NDVI 和 WI 是区分盐碱土和非盐碱土的最有效的光谱指数。Peňuelas et al.（1997）在研究盐碱化对不同品种大麦影响时指出，盐碱化程度加大使作物在近红外波段反射率降低，可见光反射率升高，作物的 NDVI、生物量和产量都降低，并指出冠层 NDVI 是估测土壤盐碱化水平的有效指标。Robert et al.（2004）提出 NDVI、RVI、胁迫指数来估测作物受土壤盐碱化产生的影响。Fernandez-Buces et al.（2006）根据 NDVI 计算出的一个复合光谱响应植被指数 COSRI 与土壤 SAR、EC 和 pH 都有较好的相关关系。这都为盐碱胁迫条件下通过作物冠层反射光谱来准确估测土壤盐碱化程度提供了有利依据。本研究选择盐渍化土壤为研究对象，研究其盐渍化指标与上覆植被（水稻）冠层光谱的耦合关系，进而构建龟裂碱土盐渍化程度的反演模型，为快速、廉价预报土壤的盐渍化信息提供依据。课题研究是一项探索性试验研究，其研究成果能够为当地提高耕地质量、增加耕地面积、增加农民收入服务，也可以为土壤盐渍化程度的预报提供科学的方法和参考。

12.1　试验介绍

12.1.1　试验材料

水稻品种为D10。第一季试验于5月10日插秧，10月18日收获；第二季试验于5月24日插秧，10月29日收获。

12.1.2　试验设计

试验共分非碱化土壤、轻度碱化土壤、中度碱化土壤、重度碱化土壤和碱土5个处理，每个处理面积为666.7 m^2（基本土壤背景值如表12–1）。不同处理氮磷钾施用量均为15–5–3，牛粪均为22.5 t hm^{-2}，水肥管理措施完全相同。

表12–1　试验地基础土壤背景值

土壤碱化程度	pH(5:1)	全盐 (g kg^{-1})	碱化度 (%)	有机质 (g kg^{-1})	全氮 (g kg^{-1})	碱解氮 (mg kg^{-1})	速效磷 (mg kg^{-1})	速效钾 (mg kg^{-1})
非碱化土壤	8.21	2.17	10.14	9.2	0.58	45	9.8	143.6
轻度碱化土壤	8.55	2.35	13.2	8.7	0.51	33.7	9.2	135.2
中度碱化土壤	9.23	2.29	29.9	6.4	0.46	28.6	8.3	123.5
重度碱化土壤	9.95	2.54	41.2	6.0	0.40	20.3	7.6	121.1
碱土	10.2	3.18	50.2	5.2	0.32	17.8	7.1	111.7

12.1.3　光谱数据的测量及其他指标的测定

试验选择了水稻返青期、分蘖期、拔节期、孕穗期和乳熟期几个关键生育期进行测定，采用便携式植物光谱仪（GreenSeeker）测定作物冠层光谱。测定选择在晴朗无云的天气，测量时间为10:00~14:00，测量时传感器探头向下，距冠层垂直高度0.5 m。该仪器测试视场角为3.4°，测定植被指数的速度为10个 s^{-1}，每个处理光谱测量重复两次。沿着每两行水稻行间距前进进行整个处理的光谱扫描测定。

与光谱测量同步，人为将每个处理分为4块，采用多点法（每块选9个点）取表层0~20 cm土壤样品混合为一个土样，则每个处理为4个土样。风干过筛测定pH（酸度计法），碱化度（计算法）。收获后测定水稻产量。

12.2 基于水稻光谱特征的龟裂碱土碱化程度预测

12.2.1 水稻不同生育期植被指数的变化规律

非盐碱土水稻长势良好，作物冠层 NDVI 在整个生育期都比不同程度龟裂碱土上生长的水稻冠层 NDVI 值高（平均高约 0.219，见图 12–1）。作物冠层 NDVI 随着水稻生长期的推移逐渐增大，在孕穗期达到最大值，然后开始下降，到乳熟期冠层 NDVI 甚至低于拔节期。水稻冠层 RVI 的变化规律与 NDVI 相反：随着生育期的推移逐渐下降，且作物长势越好 RVI 值越低。

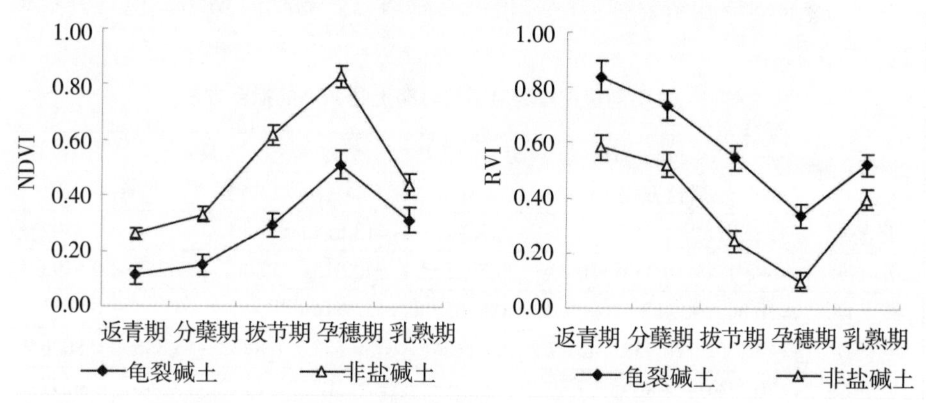

图 12–1 龟裂碱土与非龟裂碱土条件下不同生育期水稻冠层 NDVI 和 RVI 的变化

12.2.2 植被指数与土壤 pH 的关系

表 12–2 列出了 2 年两种植被指数对水稻不同生育期土壤 pH 之间的拟合关系。在测定的五个生育期中，两种指数与土壤 pH 之间均呈正相关关系。水

表 12–2 不同植被指数对不同时期土壤 pH 的拟合方程

生育期	NDVI		RVI	
	拟合方程	R^2	拟合方程	R^2
返青期	$y=10.13x^2-5.6907x+9.7944$	0.2938	$y=1.0763x^2-0.4799x+8.9512$	0.336**
分蘖期	$y=1.9041x^2-1.6128x+9.1945$	0.5514**	$y=0.9814x^2-0.7305x+8.9923$	0.5397**
拔节期	$y=2.5916x^2-3.2397x+9.5049$	0.7034**	$y=1.0965x^2-0.0824x+8.4731$	0.5764**
孕穗期	$y=1.9937x^2-3.4356x+9.9749$	0.7849**	$y=-0.0078x^2+1.6642x+8.1621$	0.6068**
乳熟期	$y=37.083x^{0.713}$	0.556**	$y=9.0702x^{0.0355}$	0.5474**

注 n=40，$\alpha_{0.05}=0.304$；$\alpha_{0.01}=0.393$

稻返青期冠层 NDVI 和 RVI 与土壤 pH 相关关系不显著，分蘖期、拔节期到乳熟期则呈极显著相关关系，以孕穗期相关性最强。从返青期到孕穗期，NDVI 和 RVI 与土壤 pH 之间的拟合相关性逐渐增强，乳熟期又有较大幅度的下降。水稻乳熟期两种植被指数与土壤 pH 之间用幂函数拟合相关系数最大，其他时期用二项式方程拟合较为理想。

从表 12-3 可以看出，两种植被指数在水稻不同生育期对土壤 ESP 拟合与其对土壤 pH 的拟合规律相似，但拟合度均大于与 pH 之间的拟合度，其中 NDVI 对 ESP 的拟合度平均较对 pH 的拟合度大 2.9%，RVI 对 ESP 的拟合度平均较对 pH 的拟合度大 6.42%。水稻返青期和拔节期两种植被指数与土壤 pH 之间用幂函数和指数函数拟合相关系数最大，其他时期用二项式方程拟合较为理想。

表 12-3　不同植被指数对不同时期土壤 ESP 的拟合方程

生育期	NDVI		RVI	
	拟合方程	R^2	拟合方程	R^2
返青期	$y=15.803x^{-0.3214}$	0.3877**	$y=13.818e^{1.0277x}$	0.3502**
分蘖期	$y=69.915x^2-56.354x+30.836$	0.5945**	$y=40.815x^2-35.007x+27.257$	0.5793**
拔节期	$y=10.862x-0.453$	0.6365**	$y=22.516x^{0.3343}$	0.5655**
孕穗期	$y=46.139x^2-76.958x+45.17$	0.8138**	$y=56.533x^2-6.8823x+13.335$	0.8026**
乳熟期	$y=70.116x^2-74.863x+27.804$	0.6008**	$y=76.308x^2-48.148x+15.446$	0.6297**

注：n=40，$\alpha_{0.05}=0.304$；$\alpha_{0.01}=0.393$

12.2.3　植被指数对土壤 pH 和 ESP 的估算

通过水稻冠层植被指数对土壤 pH 的拟合方程来估算 2010 年相应时期土壤的 pH，从表 12-4 可以看出，NDVI 对土壤 pH 的估算在水稻分蘖期效果最差，返青期则达到显著相关水平，从拔节期到乳熟期均达到极显著相关水平，且从拔节期到乳熟期 pH 实测值与估算值之间的相关性逐渐增强。RVI 对 pH 的估测随着水稻生育期的推移迅速增大，到拔节期实测值与估算值相关系数达到最大值，然后又逐渐下降，但拔节期到乳熟期均达极显著水平。水稻生长中后期采用 NDVI 对 pH 的估算较 RVI 的估算精度高。

除分蘖期外，NDVI 对土壤 ESP 的估测值与实测值均达到极显著水平（表 12-5），乳熟期二者相关系数达到 0.7779；拔节期次之。RVI 对土壤 ESP 的估

表 12-4 不同植被指数对不同时期土壤 pH 估算值与实测值之间的关系

生育期	NDVI		RVI	
	线性方程	R^2	线性方程	R^2
返青期	y=0.8502x+1.6418	0.4728*	y=0.4536x+5.2133	0.1621
分蘖期	y=0.754x+2.131	0.2991	y=2.2524x−11.254	0.3852
拔节期	y=1.2436x−2.0953	0.6559**	y=1.1388x−1.2004	0.6736**
孕穗期	y=0.8847x+0.8968	0.6938**	y=0.7486x+2.0631	0.6648**
乳熟期	y=1.6438x−5.4937	0.7726**	y=1.7086x−6.0427	0.5936**

注：n=20，$\alpha_{0.05}$=0.444；$\alpha_{0.01}$=0.561

测精度略低于 NDVI（整个生育期平均低 6.19%），在拔节期、孕穗期和乳熟期估测精度差异不大。两种水稻冠层植被指数对土壤 ESP 估测精度明显大于土壤pH，NDVI 对 ESP 的估算精度比对 pH 的估算精度高 3.38%，RVI 对 ESP 的估算精度比对 pH 的估算精度高 5.49%。

表 12-5 不同植被指数对不同时期土壤 ESP 估算值与实测值之间的关系

生育期	NDVI		RVI	
	线性方程	R^2	线性方程	R^2
返青期	y=1.0283x+6.5648	0.5867**	y=0.4813x+20.927	0.2859
分蘖期	y=0.8302x+2.2137	0.4428	y=2.1239x−24.554	0.4995*
拔节期	y=1.6134x−8.6802	0.7269**	y=1.4263x−6.1796	0.6687**
孕穗期	y=0.9528x−0.2378	0.6287**	y=1.2593x−4.4499	0.6840**
乳熟期	y=1.6073x−7.3722	0.7779**	y=1.9334x−10.692	0.6155**

注：n=20，$\alpha_{0.05}$=0.444；$\alpha_{0.01}$=0.561

12.3 基于水稻光谱特征的龟裂碱土盐化程度预测

12.3.1 水稻不同生育期 NDVI 和土壤盐分的变化

作物冠层 NDVI 随着水稻生长期的推移逐渐增大，在孕穗期达到最大值，然后开始下降，到乳熟期冠层 NDVI 甚至低于拔节期。从图 12-2 可以看出，水稻生长初期冠层 NDVI 标准差较大，到孕穗期和乳熟期长势基本稳定，其 NDVI 值的标准差也变小。土壤全盐含量在水稻返青期最大（平均为 0.53 g kg^{-1}），随着水稻生育期的推移，不停地灌水排水，全盐含量逐渐下降，到乳熟期降至 0.26 g kg^{-1}，土壤 EC 变化趋势和全盐相同。

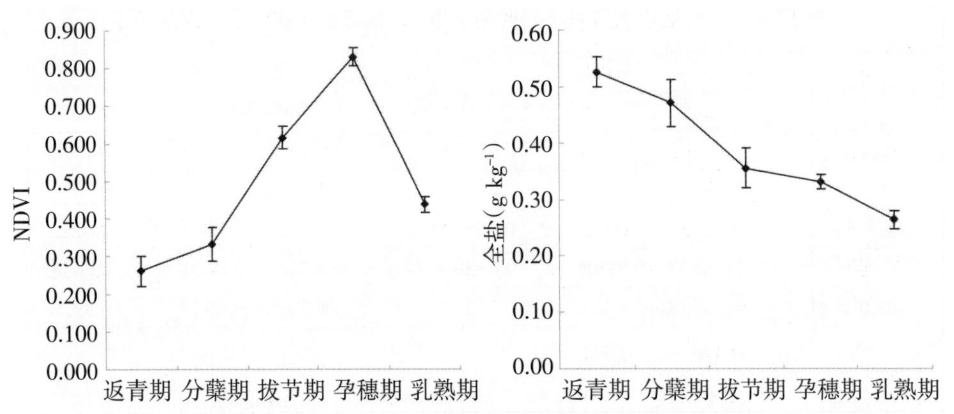

图 12-2 龟裂碱土与非龟裂碱土条件下不同生育期水稻冠层 NDVI 和 RVI 的变化

12.3.2 不同生育期水稻冠层 NDVI 与土壤盐分指标之间的关系

12.3.2.1 返青期

表 12-6 列出了水稻返青期冠层 NDVI 对土壤全盐、EC 和分盐之间的拟合关系。返青期水稻 NDVI 与土壤全盐和 EC 呈显著负相关关系，二者相关系数基本持平，且都以幂函数形式拟合准确度较高；NDVI 与土壤 Na^{+}+K^{+}和 CO_3^{2-}的相关性其次，但未达到显著水平，与 HCO_3^-、Cl^-、SO_4^{2-}、Ca^{2+}和 Mg^{2+}的相关性很差。土壤盐分在水稻返青期含量相对较高，但由于是水稻生长初期，秧苗很小，其冠层 NDVI 值还不能准确反映出水稻生长状况，所以该指数与土壤盐分相关性较差。此外，该土壤中离子以 Na^+、CO_3^-和 CO_3^{2-}为主，Cl^-、SO_4^{2-}、Ca^{2+}和 Mg^{2+}含量很少，所以水稻冠层 NDVI 与这几种离子的含量基本无相关性。

表 12-6 返青期水稻冠层 NDVI 对土壤盐分信息的拟合方程

拟合方程	R^2	拟合方程	R^2
$y_{TS}=0.5749e^{-0.9809x}$	0.333*	$y_{EC}=10.528e-1.2871x$	0.3324*
$y_{CO_3^{2-}}=-0.0053x^2+0.281x+0.2841$	0.2257	$y_{HCO_3^-}=-2.7286x^2-0.3017x+1.6387$	0.0089
$y_{Cl^-}=-8.6867x^2-2.3357x+2.8806$	0.1095	$y_{SO_4^{2-}}=-24.725x^2+5.9464x+2.7181$	0.0129
$y_{Ca^{2+}}=-8.2934x^2+2.2815x+0.0828$	0.0436	$y_{Mg^{2+}}=13.805x^2-4.4087x+1.0767$	0.0339
$y_{Na^++K^+}=36.084x^2-19.489x+11.046$	0.2343	–	–

注：n=40，$\alpha_{0.05}$=0.304；$\alpha_{0.01}$=0.393

12.3.2.2 分蘖期

从表 12-7 可以看出，分蘖期水稻 NDVI 与土壤全盐、EC 和分盐的相关性普遍较返青期有所提高，其中与全盐、EC、CO_3^{2-}、Cl^-和 Na^++K^+的相关性达到极显著水平，与 EC 的相关性最佳，与全盐含量相关性其次。水稻分蘖期 NDVI 与土壤 CO_3^{2-}之间用幂函数形式拟合相关系数最大，其他盐分指标则用二项式方程拟合较为理想。NDVI 与 HCO_3^-相关性也较好，但未达到显著水平，与 SO_4^{2-}和 Mg^{2+}无相关性。

表 12-7 分蘖期水稻冠层 NDVI 对土壤盐分信息的拟合方程

拟合方程	R^2	拟合方程	R^2
y_{TS}=0.5167x^2−1.1215x+0.7425	0.587**	y_{EC}=23.129x^2−35.765x+16.339	0.5958**
$y_{CO_3^{2-}}$=5.5445$e^{-1.8832x}$	0.5353**	$y_{HCO_3^-}$=0.7448x^2−2.0937x+1.8473	0.2719
y_{Cl^-}=2.8457x^2−7.5145x+3.7904	0.5301**	$y_{SO_4^{2-}}$=−21.235x^2+12.425x+0.9043	0.1204
$y_{Ca^{2+}}$=−0.2651x^2+0.1876x+0.0377	0.4404**	$y_{Mg^{2+}}$=−42.814x^2+22.353x−1.8897	0.066
$y_{Na^++K^+}$=24.277x^2−30.273x+15.743	0.5893**	–	–

注：n=40，$\alpha_{0.05}$=0.304；$\alpha_{0.01}$=0.393

12.3.2.3 拔节期

拔节期水稻 NDVI 与土壤全盐、EC 和 Na^++K^+的相关性较分蘖期进一步增加，但与 CO_3^{2-}、Cl^-等离子表现出无相关性（表 12-8）。

表 12-8 拔节期水稻冠层 NDVI 对土壤盐分信息的拟合方程

拟合方程	R^2	拟合方程	R^2
y_{TS}=6.2655x^2−6.6598x+2.067	0.6805**	y_{EC}=80.235x^2−102.75x+35.506	0.7119**
$y_{CO_3^{2-}}$=−26.251x^2+23.041x−3.0984	0.0049	$y_{HCO_3^-}$=38.052x^2−39.625x+11.374	0.0888
y_{Cl^-}=−3.8544x^2−5.4812x+4.8127	0.0852	$y_{SO_4^{2-}}$=14.436x^2−21.022x+8.9997	0.0425
$y_{Ca^{2+}}$=3.5622x^2−5.0223x+1.741	0.0612	$y_{Mg^{2+}}$=−10.935x^2+12.086x−2.3845	0.029
$y_{Na^++K^+}$=49.654x^2−59.308x+23.499	0.6058**	–	–

注：n=40，$\alpha_{0.05}$=0.304；$\alpha_{0.01}$=0.393

12.3.2.4 孕穗期

孕穗期水稻 NDVI 与土壤全盐、EC 和 Na^++K^+的相关性达到整个生育期的最高值（相关系数平均为 0.7095），但与其他离子无相关性或相关性很差（表 12-9）。孕穗期是水稻长势最旺盛的时期，土壤盐分胁迫水稻生长，其长势的差异性在孕穗期最明显，所以冠层光谱指数可以较好地反映土壤盐分含量。

表 12-9　孕穗期水稻冠层 NDVI 对土壤盐分信息的拟合方程

拟合方程	R^2	拟合方程	R^2
$y_{TS}=4.8195x^2-8.1873x+3.7128$	0.7695**	$y_{EC}=3296.5e^{-9.0725x}$	0.7499**
$y_{CO_3^{2-}}=-32.745x^2+49.234x-16.692$	0.0284	$y_{HCO_3^-}=9.146x^2-17.503x+9.3086$	0.0419
$y_{Cl^-}=59.114x^2-98.873x+41.965$	0.2167	$y_{SO_4^{2-}}=129.32x^2-205.34x+82.965$	0.2478
$y_{Ca^{2+}}==0.4335x^2-2.5702x+1.8866$	0.0786	$y_{Mg^{2+}}=17.914x^2-22.998x+7.9455$	0.067
$y_{Na^++K^+}=86.178x^2-146.88x+67.333$	0.6091**	–	–

注：n=40，$\alpha_{0.05}=0.304$；$\alpha_{0.01}=0.393$

12.3.2.5　乳熟期

乳熟期水稻 NDVI 与土壤全盐、EC 和 Na^++K^+之间仍为极显著相关，但相关系数低于孕穗期（平均为 0.6517）（表 12–10），与 Cl^-相关关系也达到极显著水平，其次为 SO_4^{2-}，但未达到显著水平。该时期土壤盐分经过大半个生育期的淋洗含量已很低，而且该时期水稻长势基本稳定，盐分对其影响较小，因此冠层光谱与土壤盐分指标之间的相关性下降。

表 12–10　乳熟期水稻冠层 NDVI 对土壤盐分信息的拟合方程

拟合方程	R^2	拟合方程	R^2
$y_{TS}=17.897x^2-18.224x+4.8011$	0.5809**	$y_{EC}=305.36x^2-323.04x+87.836$	0.6194**
$y_{CO_3^{2-}}=132.51x^2-122.17x+28.639$	0.126	$y_{HCO_3^-}=6.2171x^2-4.4394x+1.8005$	0.0135
$y_{Cl^-}=118.9x^2-123.78x+32.502$	0.3631*	$y_{SO_4^{2-}}=102.83x^2-108.34x+29.214$	0.2628
$y_{Ca^{2+}}=8.1415x^2-9.7333x+2.9842$	0.0886	$y_{Mg^{2+}}=-31.116x^2+30.601x-6.993$	0.0232
$y_{Na^++K^+}=399.96x^2-391.2x+98.114$	0.4649**	–	–

注：n=40，$\alpha_{0.05}=0.304$；$\alpha_{0.01}=0.393$

13 讨论与结论

13.1 氮素胁迫下作物光谱特征与其生理指标的关系

理论和实践表明，通过遥感方法可以估测植被的生物理化参数，进而对植物长势、性状做出评估，是精准农业的重要组成部分。氮素营养的多少对植物生长和产量的影响最大，因此，研究不同氮素营养条件下作物的光谱特征具有现实意义。但是，由于作物的生物体结构、化学组成的复杂性和遥感对环境条件、研究对象的敏感性，使得遥感在研究作物的生物理化参数时具有不稳定性，这为遥感在农业上的实际应用带来了一定的困难。

通过本研究分析可知，冬小麦孕穗期冠层反射率在可见光区域最低，但在近红外区域最高，反射率在两个区域具有最大差异，分蘖期正好相反（研究中作物水分因养分不同而引起的变化没有被考虑在内）。近红外区域的反射率随施氮量的增加而增大，但当施氮量增加到一定量时，反射率又有所降低。可见光波段和 1500 nm、1650 nm 反射率与两个指标呈负相关，其他近红外波段则呈正相关，除分蘖期外，其他时期从 510 nm 到 1100 nm 都为显著相关。通过光谱测定来及时监测冬小麦的氮素状况，而且根据上面作物在不同生育期吸收养分的特点可知，返青期是冬小麦氮素最大效率期和需肥的关键时期，该时期冠层 NDVI 值与地上部分全氮含量和叶片叶绿素呈显著相关，这为冬小麦氮肥当季管理提供了有力的依据。夏玉米六个关键生育期植株冠层在 460~1650 nm 的反射率特征曲线，发现其光谱特征曲线与冬小麦具有相同的变化趋势，孕穗期冠层在近红外波段的反射率最大，随着施氮量的增加，作物在可见光下反射率逐渐下降，在近红外波段反射率升高。可见光和近红外波段组成的归一化植被指数与植株全氮含量和叶绿素之间有较好的相关性，其中绿光 560 nm、红光 660 nm 和近红外760 nm 及 1100 nm 波段的组合的两个 NDVI 相关性更好。绿色归一化植被指数最佳。无论是哪两个波段组合的光谱变量，它们与全氮和叶绿素的相关性在孕穗期和灌浆期普遍较大，这说明这两个时期是夏玉米氮素营养和叶绿素状况的光谱响应敏感时期，在营养学上，孕穗期是玉米一生中吸收养分最快、最多的时期，也是玉米追肥的主要时期，玉米由营养生长逐渐转化为生殖生长。所以利用孕穗期冠层植被指数与氮素、叶绿素、生物量和 LAI 的显著相关性来估测该时期的氮素水平可以为基于作物光谱特征来进行氮素管理提供可靠依据。

在作物冠层敏感波段或敏感植被指数的基础上，许多研究采用建立经验性的统计模型方法，如统计回归分析技术、基于光谱特征位置变量的分析技术、光谱匹配技术、光学辐射传输模型方法等来进行氮素诊断、生长监测、作物估产等。基于光谱特征位置变量技术方法是根据波长变化量或相应的参数变量与生物理化参量的关系来估计因变量，但是用于分析的光谱数据测定条件要求比较严格，对于单波段或多波段光谱反射率或测定条件不理想的情况较难应用。光谱匹配技术是用已知物体的特征光谱来与未知的光谱作匹配比较，以求出它们之间的相似性或差异性，从而对目标物光谱作详细分析。但现有的光谱数据库不完善，所以很少见到根据该技术来分析作物光谱变化及其生化组分的报道。光学辐射传输模型方法可以计算叶片或冠层的反射率和透射率，也可以反演生物量等参数，对于作物生理机制模拟较好，但对不同的数据源需要重新拟合参数，不断调整模型，因此比较复杂，也较难广泛应用。统计回归分析技术是植被和作物光谱研究中最为广泛采用的研究技术之一，它以光谱数据或它们的变换形式作为自变量，以植被或作物的生物物理、生物化学参数作为因变量，建立一元或多元回归估算（预测）模型。该方法虽然对作物的生理机制要求不高，但简单易行，而且可以取得较好的结果，所以被很多学者广泛采用。因此，本研究在筛选出对作物氮素和长势响应敏感的波段和植被指数的前提下，也主要采用统计回归分析技术建立不同生育期和不同施氮水平下的冬小麦和夏玉米氮素营养诊断模型和估产模型等，并且也得到了较理想的结果。

目前，关于作物光谱的研究大都还停留在建立氮素诊断模型、生物量、产量等的估算模型方面，尤其在国内，根据作物光谱特征建立的简单实用的施氮模型还鲜见报道。现有的绝大部分施氮模型都需要输入较多参数，如土壤硝态氮含量、有机质、光合速率、温度、日长、LAI 等，但这些参数不易得到。本研究基于前人的基础上，根据冬小麦返青期和夏玉米孕穗期冠层 NDVI 与该时期地上部分吸氮量和整个生育期地上部分总吸氮量的关系，提出适合于当地的两种施氮模型。关于冬小麦的施氮模型 1 只需要测定施肥期的光谱值，关于夏玉米的两个施氮模型则都只需要测定光谱值即可。采用本研究建立的基于作物光谱特征的变量施氮模型来指导氮肥管理，虽然不能增加作物产量，但可以减少施氮量，提高氮肥利用率，增加经济效益。因此，该模型简单实用，也可以为更广泛地区基于作物光谱特征建立施氮模型提供一种思路。但作物吸氮量是一个复杂的生物学过程，受许多因素的影响，其过程是一个不确定的随机动态过程，回归系数随着作物生长状况、耕作制度、作物生长环境和品种的不同而变化，所以其实用性还有待进一步验证。

13.2 不同营养元素胁迫下作物光谱特征异同点

与氮素相比，植物中磷、钾营养与光谱特征的关系研究较少。任何肥料都不施的处理秸秆和籽粒氮磷钾含量均较低，其冠层光谱反射率在近红外区域最低，在可见光波段最高；单施化肥、单施有机肥、有机肥化肥混合施用的三个处理作物氮磷钾含量和产量均无显著差异，相同生育期单施有机肥的处理在冠层光谱反射率近红外区域最高，在可见光波段最低，其籽粒产量也最高，其原因可能是有机肥不仅可以提供大量的氮磷钾，还可以提供其他营养元素，有利于作物生长。

当作物生长缺氮时，蛋白质、核酸、磷脂等合成受阻，植株生长矮小，叶绿素合成受到影响，叶片变黄，从而可以根据冠层光谱来诊断氮素的丰缺。缺氮对光谱影响的研究较多，结果也较一致，如王柯等（1999）、薛丽红（2005）等研究指出：缺氮使可见光波段（460~710 nm）和 1480~1650 nm 波段反射率显著增加，近红外波段（760~1220 nm）反射率显著下降，各生育时期规律极其一致，这些结论与本研究结论完全相同。对作物光谱与磷素关系的研究较少，且结论不尽相同。张喜杰等（2008）发现反射率光谱与叶片含磷量之间线性相关不显著；程一松等（2001）对夏玉米磷素的光谱特征时指出在可见光波段范围内其光谱反射率随磷肥用量的增加而提高，580~710 nm 波段为其敏感波段，都与本研究结果基本吻合，但 Zhu（2010）、薛丽红等

(2005）研究表明磷含量与红光叶片光谱反射率存在负相关关系。Kefyalew et al.（2007）、程一松等（2001）认为在低氮低磷水平下，钾素与氮素胁迫的变化基本一致；王柯等（1999）也指出水稻随着钾营养水平的提高，近红外反射率逐渐增加，但可见光部分却有相反的趋势，这些结果与本文对钾素诊断的研究结论一致，这是由于作物钾素营养水平低时，叶绿素含量较低，光合作用强度低，反射的可见光增加，而对近红外波段来说，由于叶面积小，所以反射率相对就小。

由于缺钾夏玉米的冠层光谱反射特征与我们缺氮冠层反射光谱特征相似（曲线形状相似，反射率有差异），其敏感波段也大致相同，这就给利用冠层光谱分析专一性地诊断水稻缺钾营养带来困难，所以，在明确主导养分限制的前提下，利用冠层光谱可以准确地分析监测氮素和钾素。但由于作物冠层光谱与作物品种、营养状态、病虫害等密切相关，要从光谱上区分各种营养的丰缺并进行定量化，还有待于进一步深入、长期的研究。不同生育期夏玉米叶绿素、LAI 和冠层反射率在不同缺素条件下所表现出的明显差异为长期试验地夏玉米的长势的光谱监测提供了丰富的资料来源。不同施肥方式条件下叶绿素含量、LAI 与冠层单波段反射率、NDVI 密切相关，这也正是作物长势光谱监测的原理所在。本研究结果表明，采用冠层单波段反射率（尤其是510~1100 nm）可以准确反演长期试验地夏玉米的叶绿素和 LAI，且两波段组合的光谱变量与叶绿素和LAI 的拟合方程的拟合度大于单一波段与之建立的方程的拟合度，说明多波段组合光谱变量更适合叶绿素和 LAI 的判别与反演。其中 560、660 和 760、950、1200、1300 nm 组合的指数较其他指数理想。选取 NDVI（560/950）、NDVI（660/760）拟合叶绿素和 LAI，决定系数均达到0.60，其中 NDVI（560/950）能够更准确估测作物的叶绿素和 LAI，整个夏玉米生育期的叶绿素含量和 LAI 也可以分别利用一个拟合方程来准确拟合。

所以，可以通过光谱测定来监测长期试验地作物的生长状况，并区别长势相似的处理间的细微差异，无需进行试验地土样或植物样的化学测试或收获后测产，这样可以节约长期试验地宝贵的植物样品，并避免分析成本的增加和时间的耗费，整个生育期不同处理冠层光谱特征曲线还可以为作物肥料当季肥料管理提供有力的证据，但目前作物缺素生长时在光谱上很难识别是缺乏何种营养元素，所以还应加强不同营养元素反映在光谱维上的特点及差别的研究。

13.3 盐碱胁迫下作物/土壤光谱特征及对土壤盐渍化信息的预测

土壤盐渍化是干旱、半干旱农业区主要的土地退化问题，而遥感以其宏观、综合、动态、快速等特点，已成为监测土壤盐渍化的一种重要探测手段。多年来，对于盐渍土光谱特征研究国内外学者均取得了较大的进展，但许多研究还是在定性分析层面上，立足于影像光谱数据进行数理统计处理及实现土壤盐渍化的自动识别分类，精度还较低，而且受土壤类型及当地气候和成土条件的影响，土壤盐碱成分不同，土壤光谱特征也不尽相同。

戴昌达根据 360~2500 nm 的土壤光谱反射率，将我国主要土壤的光谱反射特性曲线划分为平直型、缓斜型、陡坎型和波浪型 4 类。宁夏银北地区的光谱反射曲线属于缓斜型。典型龟裂碱土表层光谱反射率 8 月份一直处于一年中最低值，1 月份和 12 月份光谱反射率最大且两者之间相差很小，这样的光谱特征曲线与土壤表层的盐碱成分含量息息相关。当土壤盐碱成分含量高且土壤水分较低时，盐碱成分在地表结晶，直接表现为其矿物的光谱特性，在可见光和近红外波段形成高反射，相反，当盐碱成分含量低或水分含量较高时，土壤表层在可见光和近红外波段形成较低反射。

不同碱化程度土壤上向日葵生育期冠层反射光谱曲线形状相似，具有绿色植物高光谱反射特征。随着生育期的推进，在可见光和近红外区，向日葵开花期冠层光谱反射率高于七对叶期与现蕾期。不同生育期向日葵光谱反射率受盐碱胁迫影响，在七对叶期和现蕾期，可见光和近红外波段光谱反射率随碱化程度的减轻而增大，而开花期在近红外短波范围内反射率随碱化程度的减轻而增大。土壤碱化程度、pH 与红边位置均呈极显著正相关和 2 次多项式关系。因此，可以用绿色植物光谱红边特征指示土壤碱化程度，为土壤碱化程度遥感监测提供科学依据。不同碱化程度土壤上向日葵叶绿素值和 LAI 在全生育期变化相似，均呈先增长后下降的趋势，前者在现蕾期达到最大值，后者在开花期达到最大值。不同生育期土壤背景对向日葵冠层光谱影响程度不同。引入土壤 pH 值对模型进行修正后，全生育期自然条件下向日葵生理指数的模型预测能力增强。

土壤光谱特征受不同因素的影响。研究结果表明：土壤碱化程度越强，土壤光谱反射率越高；在可见光波段530 nm、近红外927 nm附近是龟裂碱土盐渍化信息的敏感波段，而678 nm和974 nm是区分碱化土壤和非碱化土壤的特征波段。从试验结果来看，野外测定的盐碱地土壤光谱对盐碱化程度的预测更准确一些，因为在野外盐碱土中盐碱成分具有表聚现象，而表聚的盐碱成分大多呈白色结晶，会显著提高土壤光谱反射率，更有利于土壤盐碱化程度的预测，但室内样本经过了人工的分散、过筛和刮平，改变了自然条件下的表现特征，也消除了碱化对土壤表面自然状态的影响。这与张芳等（2012）曾指出野外波谱可有效监测土壤碱化程度，但实验室测量波谱与pH值之间不具有相关性的研究结果相近。随着含水量的增加，龟裂碱土光谱反射率逐渐减小，但当含水量高于田间含水量时光谱反射率逐渐升高。这是由于当土壤含水量低于田间持水量时，入射光在射入颗粒表面以及从颗粒表面反射出时，附着于土壤颗粒上的水主要起吸收作用，所以当土壤含水量低于田间持水量时，土壤反射率随着土壤含水量的增加而降低，而当土壤中自由水较多，土壤含水量达到或超过田间持水量时，水分形成的薄膜有较强的镜面反射，出现土壤反射率随着土壤含水量增加而增加的现象（吴代晖等，2011）。土壤粒径越细反射率越高，与其他粒径的反射值差异越大；但粒径较粗时土壤间的反射值相差却很小。土壤粒径之所以能影响土壤光谱反射率，一方面是由于它影响土壤蓄水能力，较大的颗粒之间能容纳更多的空气和水，另一方面是土壤颗粒大小对土壤反射率有着显著影响：颗粒越小，彼此的结合越紧密，土壤表面也就越平滑，反射率就越大。粒径越粗的土壤反射率受表面粗糙度的影响越小；吸收率随土壤表面粗糙的加大而增大。整体来讲，上述各因素对龟裂碱土表层土壤光谱特征的影响程度依次为：盐渍化程度（野外）>水分>粒径>盐渍化程度（预处理）>表面粗糙度。

龟裂碱土表层反射率与土壤pH的相关性普遍强于与土壤ESP的相关性，所以通过反射率估测土壤pH相对土壤ESP来说更精确一些。建立的预测模型中对土壤全盐和Na^+的精度较高，预测能力很强；光谱对土壤SO_4^{2-}和Mg^{2+}的预测能力也较强；对土壤Cl^-和Ca^{2+}的预测模型的稳定性、预测能力和精度都较差。该方法可用于盐分表聚型土壤且土壤盐分主要为碳酸钠和碳酸氢钠，但对于因水分欠缺和盐分离子迁移困难的盐分土内聚积型土壤或盐分与龟裂碱土不同的土壤是否可以应用还有待进一步研究。Dehaan（2002）指出虽然植被覆盖会改变土壤的光谱响应，但它的确是一个很好的盐渍化程度间接指标。从本研究试验结果来看，拔节期、孕穗期和乳熟期的水稻冠层两种植被指数（NDVI 和 RVI）与相应时期的土壤 pH 和 ESP 都有较好的相关性，与 Leone et al.（2007）、Douaoui et al.（2006）利用 NDVI 和 RVI 估测土壤 pH、ESP 和 EC 的结果一致，而且随着作物生长期的延伸，NDVI 估测土壤 pH 和 ESP 的准确性增加（Delfine et al.，1998；Dwivedi et al.，1992），返青期和分蘖期相关性不稳定。水稻冠层NDVI 和 RVI 对 pH 和 ESP 估测的精度无显著性差异，但 NDVI 效果更好一些。从拔节期到乳熟期，通过上覆植被的冠层植被指数可以较准确地估测土壤的 pH、ESP、全盐、EC 和 Na^+和 K^+。

由于盐碱地水盐运动随着时空的变化而变化，而且作物种植时空条件和气候不同，都会影响到拟合的精度，所以本研究建立的拟合方程还有待于进一步验证。

试验区位于宁夏贺兰山东麓洪积扇边缘，属于黄河中上游灌溉地区，地势平缓低洼，一般地下水埋深 1.5 m 左右，地下水主要含硫酸盐、氯化物，并且普遍含有苏打。土壤碱化度 15%~60%，pH 8.0~10.4，全盐 2.5~6.5 g kg^{-1}，盐分类型主要有 NaCl、Na_2SO_4、Na_2CO_3。该地区大面积种植水稻，如果通过作物冠层来估测土壤盐渍化程度，对该地区的盐碱地预测与合理利用、治理都具有重大意义。

13.4 存在问题及研究展望

13.4.1 存在问题

氮素胁迫条件下作物光谱试验所选择地块土壤全氮含量较高，致使肥料水平的差异在各农学参量上反映不明显，而且由于大田试验采样的主观性较强，加上时间和人力的限制，作物样本采集较少，这些因素都影响大田样本的代表性。

盐碱胁迫下土壤与植被光谱特征研究中发现对不同表观的龟裂碱土光谱特征差异性还缺乏系统、深入研究，该地区其他典型植被的光谱特征、与土壤盐渍化程度的相关性尚不清楚，而且龟裂碱土含盐量受多种因素影响，若能综合考虑建立模型，其结果将更加合理、准确。此外，使用不同规格光谱仪野外测定土壤和植被光谱特征差异较大，而且在较短时间内很难完成野外多种类型土壤和植被光谱的测定。这些问题的解决对于当地及同类地区及时、精准获取土壤盐渍化信息，治理盐渍土、防止其进一步退化及促进农业可持续发展具有重要的科学意义和应用价值。

13.4.2 研究展望

(1)尽管本研究中提出的冬小麦、夏玉米氮素、叶绿素、产量等农学参量的估算模型有较高的精度，在当地的环境条件下具有相对稳定性，但模型的建立和检验都是在试验条件下进行的。因此，本研究中建立的估测模型特别是施氮模型仍是初步的经验模型，还有待于更多地区、不同年份、不同品种、不同栽培方式的进一步试验和分析，对模型加以改进，以提高模型的精度，减小误差，使之达到实用化的目的。

(2)在作物的氮肥处理中增加采用传统方法进行施氮的处理（如通过叶绿素值、植物硝态氮、土壤硝态氮等计算施氮量），进而对基于作物光谱指导施肥和传统方法进行对比，进一步确定该模型的实用性。此外，在进行作物磷、钾等胁迫下的作物光谱特征变化研究条件下，利用相同的施肥原理建立作物磷、钾肥的施用模型。最后建立一套基于作物光谱特征的氮、磷、钾养分精准施用模型。

(3)量化不同表观龟裂碱土表层光谱特征的差异，在确定不同表观龟裂碱土光谱主要影响因素的基础上建立基于土壤实测光谱的土壤盐渍化指标预测模型；然后辨析不同时期龟裂碱土典型上覆植被之间光谱特征差异，进一步了解和掌握不同时期不同盐渍化程度的上覆植被光谱特征变化的规律；揭示不同盐渍化程度的龟裂碱土对其上覆植被冠层光谱的影响程度。

(4)采用多源数据，对研究区提取多时相土壤盐渍化时空信息，研究龟裂碱土和植被实测光谱与遥感影像光谱的匹配关系，并利用土壤和典型植被野外实测光谱数据和模型来验证、评价和提高遥感影像定量提取龟裂碱土盐渍化程度的准确度，实现大面积龟裂碱土信息的快速、准确预测。

参考文献

[1]Al- Abbas A H,Barr R,Hall J D,et al. Spectra of normal and nutrient-deficient maize leave [J]. Agron. J. 1974,16(66):16-20.

[2]Alan J S,Cynthia A G and John L H. Challenging approaches to nitrogen fertilizer recommendations in continuous cropping systems in the Great Plains [J]. Agron. J.,2005,97:391-398.

[3]Aulakh M S,Rennie D A and Paul E A. Gaseous nitrogen losses from cropped and summer fallowed soils [J]. Can. J. Soil Sci.,1982,62:187-195.

[4]Ayala-Silva T,Beyl C A. Changes in spectral reflectance of wheat leaves in response to specific macronutrient deficiency [J]. Advances in Space Research, 2005,35,305-317.

[5]Balasubramanian V,Morales A C and Cruz RT. On-farm adaptation of knowledge intensive nitrogen management technologies for rice systems [J]. Nutri. cycling Agroecosyst.,1999,53:59-69.

[6]Bastiaanssen W G M. A new crop yield forecasting model based on satellite measurements applied across the Indus Basin,Pakistan [J]. Agric. Ecosyst. Environ.,2003,94:321-340.

[7]Ben-Dor E and Banin A. Near- infrared analysis as a rapid method to simultaneously evaluate several soil properties [J]. Soil Science Society America Journal,1995,59(2):364-372.

[8]Benedict H M and Swindler R. Nondestructive method for estimating chlorophyll content of leaves [J]. Science,1961,113:2015-2016.

[9]Blevins D W, Wilkison D H, Kelly B P, et al. Movement of nitrate fertilizer to glacial till and runoff from a clay pan soil [J]. J. Environ. Qual., 1996, 25:584-593.

[10]Bouaziz M, Matschullat J, Gloaguen R. Improved remote sensing detection of soil salinity from a semi-arid climate in Northeast Brazil [J]. Compt. Rendus Geosci., 2011, 343(11-12), 795-803.

[11]Bronson K F, Teresita T, Chua B J D, et al. In-season nitrogen status sensing in irrigated cotton: II. Leaf nitrogen and biomass [J]. Soil Sci. Soc. Am. J., 2003, 67:1439-1448.

[12]Buheaosier K, Tsuchiya M and Kaneko. Comparison of image data acquired with AVHRR, MODIS, ETM and ASTER over Hokkaido [J]. Jpn. Adv. Space Res., 2003, 32:22ll-22l6.

[13]Bunnik N J. The multispectral reflectance of shortwave radiation by agricultural crops in relation with their morphological and optical properties [D]. Meded. Candbouwhoge School Wageningen, 1978.

[14]Carlos C and Lianne M D. Applied nitrogen, SPAD, and Pierre dutilleul. Inter-relationships of yield of leafy and non-leafy maize genotypes [J]. J. Plant Nutr., 2001, 24 (8):1173-1194.

[15]Casanova D, Epema G F and Goudriaan J. Monitoring rice reflectance at field level for estimating biomass and LAI [J]. Field Crops Res., 1998, 55:83-92.

[16]Chen J M and Cihlar J. Retrieving leaf area index of boreal conifer forests using Landsat TM images [J]. Remote Sens. Environ., 1996, 55:153-162.

[17]Chen J, Lu M, Chen X H, et al. A spectral gradient difference based approach for land cover change detection [J]. ISPRS Journal of Photogrammetry and Remote Sensing, 2013, 85:1-12.

[18]Chen S S, Li D, Wang Y F, et al. Spectral characterization and prediction of nutrient content in winter leaves of litchi during flower bud differentiation in southern China [J]. Precision Agriculture, 2011, 12:682-698.

[19]Chernousenko G I, Kalinina N V, Khitrov N, et al. Quantification of the areas of saline and solonetzic soils in the Ural Federal Region of the Russian

federation [J]. Genesis and geography of soils,2012,44(4):367-379.

[20]Chichester F W. and Richardson C.W. Sediment and nutrient loss from clay soils as affected by tillage [J]. J. Environ. Qual,1992,21:587-590.

[21]Clercq D,Meirvinne W P,Fey M V,et al. Prediction of the soil-depth salinity-trend in a vineyard after sustained irrigation with saline water [J]. Agricultural water management,2009,96:395-404.

[22]Csillag F,Pasztor L and Bieh L. Spectral band selection for the characterization of salinity status of soils [J]. Remote Sensing of Environment, 1993,(43):231- 242.

[23]Curcio D,Ciraolo G,D'Asaro F,M. Minacapilli. Prediction of soil texture distributions using VNIR-SWIR reflectance spectroscopy [J]. Procedia Environmental Sciences,2013,19:494-503.

[24]Curran P J,Dungan J L and Gholz H L. Estimating the foliar biochemical concentration of leaves with reflectance spectrometry [J]. Remote Sens. Environ., 2001,76:349-359.

[25]Dadhwal V K and Ray S S. Crop assessment using remote sensing-Part II:Crop condition and yield assessment [J].Indian J. Agri. Econ.,2000,5:55-67.

[26]Daigger L A,Sander D H,and Peterson G A. Nitrogen content of winter wheat during growth and maturation [J]. Agron. J.,1976,68:815-818.

[27]Dampney P M R,Bryson R,Clark W et al. The use of sensor technologies in agricultural cropping systems. A scientific review and recommendations for cost effective developments [R]. ADAS Contract Report,Review Report to MAFF, Project Code CE 0140,1998.

[28]Danson F M and Rowland C S. Crop LAI from neural network inversion. In:Remote sensing in agriculture [J]. Aspects of Appl. Biolo.,2000,60:45-52.

[29]Datta D,Buresh R J,Samsom M I,et al. Direct measurement of ammonia and denitrification fluxes from urea applied to rice [J]. Soil Sci. Soc. Am. J., 1991,55:543-548.

[30]Dawson T P,North P R and Plummer S E. Forest ecosystem chlorophyll content:implications for remotely sensed estimates of net primary productivity [J].

Int. J. Remote Sens., 2003, 24(3): 611-617.

[31]Deering D W. Rangeland reflectance characteristics measured by aircraft and spacecraft sensors [D]. Texas A & M University. College Station, TX. 1978.

[32]Dehaan R L and Taylor G R. Field-derived spectra of salinized soils and vegetation as indicators of irrigation-induced soil salinization [J]. Remote Sens. Envir., 2002, 80: 406-417.

[33]Delfine S and Alvino A, Zacchini M, et al. Consequences of salt stress on conductance to CO_2 diffusion, Rubicon characteristics and anatomy of spinach leaves [J]. Aust. J. Plant Physiol., 1998, 25: 395-402.

[34]Douaoui A E K, Nicolas H, Walter C. Detecting salinity hazards within a semiarid context by means of combining soil and remote-sensing data [J]. Geoderma. 2006, 134: 217-230.

[35]Dwivedi R S and Rso B R M. The select ion of the best possible Landsat TM band combinat ion for delineat ing salt affected soils [J]. International Journal of Remote Sensing, 1992, 13 (11): 2051- 2058.

[36]Erdle K, Mistele B, Schmidhalter U. Spectral high-throughput assessments of phenotypic differences in biomass and nitrogen partitioning during grain filling of wheat under high yielding Western European condition [J]. Field Crops Research, 2013, 141: 16-26.

[37]Farifteh J, Meer F and Atzberger M M. Spectral characteristics of salt-affected soils: A laboratory experiment [J]. Geoderma. 2008, 145: 196-206.

[38]Feng R, Zhang Y S, Yu W Y, et al. Analysis of the relationship between the spectral characteristics of maize canopy and leaf area index under drought stress [J]. Acta Ecologica Sinica, 2013, 33(6): 301-307.

[39]Ferguson R B, Hergert G W, Schepers J S, et al. Site-specific nitrogen management of irrigated maize yield and soil residual nitrate effects [J]. Soil Sci. Soc. Am. J., 2002, 66: 544-553.

[40]Fernandez-Bucesa N, Siebea C. Cramb S, et al. Mapping soil salinity using a combined spectral response index for bare soil and vegetation: A case study in the former lake Texcoco, Mexico [J]. Journal of Arid Environments, 2006, 65:

644-667.

[41]Ferwerda J G,Skidmore A K. Can nutrient status of four woody plant species be predicted using field spectrometry? [J]. ISPRS Journal of Photogrammetry and Remote Sensing,2007,62,406-414.

[42]Fowler D B and Brydon J. No-till winter wheat production on the Canadian prairies:Placement of urea and ammonium nitrate fertilizers [J]. Agron. J.,1989,81:518-524.

[43]Francis D D and Piekielik W P. Assessing crop nitrogen needs with chlorophyll meters SSMG-12 [M]. Site-specific management guidelines,Potash & Phosphate Institute,Norcross,G A. 1999.

[44]Francis D D,Schepers J S,and Vigil M F. Post-anthesis nitrogen loss from corn [J]. Agron. J.,1993,85:659-663.

[45]Freeman K W,Girma K,Teal R K,et al. Winter wheat grain yield and grain nitrogen as influenced by bed and conventional planting systems [J]. J. Plant Nutr.,2007,30:611-622.

[46]Ghulam A,Li Z L,Qin Q M,et al. A method for canopy water content estimation for highly vegetated surfaces-shortwave infrared perpendicular water stress index [J]. Science in China Series D:Earth Sciences,2007,50 (9):1359-1368.

[47]Gilabert M A and Melia J. Solar angle and sky light effects on ground reflectance measurements in a citrus canopy [J]. Remote Sens. Environ.,1993,44:281-293.

[48]Gitelson A A,Peng Y,Huemmrich K F. Relationship between fraction of radiation absorbed by photosynthesizing maize and soybean canopies and NDVI from remotely sensed data taken at close range and from MODIS 250 m resolution data [J]. Remote Sensing of Environment,2014,147:108-120.

[49]Giunta F,Motzo R,Pruneddu G,et al. Has long-term selection for yield in durum wheat also induced changes in leaf and canopy traits? [J]. Field Crops Research,2008,106(1):68-76.

[50]Gowel S T,Kucharlk C J,and Norman J M. Direct and indirect estimation

of leaf area index, FAPAR and net primary production of terrestrial ecosystems [J]. Remote Sens. Environ., 1999, 70: 29–51.

[51]Graeff S and Wilhelm C. Quantifying nitrogen status of corn (*Zea mays* L.)in the field by reflectance measurements [J]. Europ. J. Agron., 2003, 19: 611–618.

[52]Guan J and Nutter F W. Factors that affect the quality and quantity of sunlight reflected from alfalfa canopies[J]. Plant Disease, 2001, 85(8): 865–874.

[53]Hansen P M and Schjoerring J K. Reflectance measurement of canopy biomass and nitrogen status in wheat crops using normalized difference vegetation indices and partial least squares regression [J]. Remote sens. Environ., 2003, 86: 542–553.

[54]Harper L A, Sharpe R R, Langdale G W, et al. Nitrogen cycling in a wheat crop: Soil, plant, and aerial nitrogen transport [J]. Agron. J., 1987, 79: 965–973.

[55]Henderson T L, Szilagyi A, Baumgardner M F, et al. Spectral band selection for classification of soil organic matter content [J]. Soil Science Society America Journal, 1989, 53(6): 1778–1784.

[56]Hilton B R, Fixen P E and Woodward H J. Effects of tillage, nitrogen placement, and wheel compaction on denitrification rates in the corn cycle of a corn–oats rotation [J]. J. Plant Nutr., 1994, 17: 1341–1357.

[57]Hinzman L D, Bauer M E and Daughtry C S T. Effects of nitrogen fertilization on growth and reflectance characteristics of winter wheat. Remote Sens. Environ., 1986, 19: 47–61.

[58]Hodgen P J, Raun W R, Johnson G V, et al. Relationship between response indices measured in–season and at harvest in winter wheat [J]. J. Plant Nutr., 2005, 28: 221–235.

[59]Hoel B O and Solhaug K A. Effect of irradiance on chlorophyll estimation with the Minolta SPAD–502 leaf chlorophyll meter [J]. Ann. Botan., 1998, 82: 389–392.

[60]Houborg R, Anderson M, Daughtry C. Utility of an image–based canopy

reflectance modeling tool for remote estimation of LAI and leaf chlorophyll content at the field scale [J]. Remote Sensing of Environment, 2009, 113(1): 259–274.

[61]Huete A R. A soil adjusted vegetation index (SALVI)[J]. Remote Sens. Environ., 1988, 25: 295–309.

[62]Ian B S, Elizabeth P and Johanne B B. Impact of nitrogen and environmental conditions on corn as detected by hyperspectral reflectance [J]. Remote Sens. Environ., 2002, 80: 213–224.

[63]Johnson G V and Raun W R. Nitrogen response index as a guide to fertilizer management [J]. J. Plant Nutr., 2003, 26: 249–262.

[64]Jordan C F. Derivation of leaf area index from quality of light on the forest floor [J]. Ecology. 1969, 50: 663–666.

[65]Kanampiu F K, Raun W R and Johnson G V. Effect of nitrogen rate on plant nitrogen loss in winter wheat varieties [J]. J. Plant Nutr., 1997, 20(2&3): 389–404.

[66]Karlen D L, Hunt P G and Matheny T A. Fertilizer 15nitrogen recovery by corn, wheat, and cotton grown with and without pre–plant tillage on Norfolk loamy sand [J]. Crop Sci., 1996, 36: 975–981.

[67]Kastens T L, Schmidt J P and Dhuyvetter K C. Yield models implied by traditional fertilizer recommendations and a framework for including nontraditional information [J]. Soil Sci. Soc. Am. J., 2003, 67: 351–364.

[68]Kaufman Y J and Tanre D. Atmospherically resistant vegetation index (ARV1)for EOS–MODIS. IEEE Trans [J]. Geosci. Remote Sens., 1992, 30: 261–270.

[69]Kefyalew G, Teal R K, Freeman K W, et al. Cotton lint yield and quality as affected by applications of N, P and K fertilizers [J]. J. Cotton Sci., 2007, 11: 12–19.

[70]Kokaly R F and Clark R N. Spectroscopic determination of leaf biochemistry using band–depth analysis of features and stepwise multiple linear regression [J]. Remote Sens. Environ. 1999, 67: 267–287.

[71]Kumar R and Silva L. Light ray tracing through a leaf crosssection [J].

Appl. Optics., 1973, 12: 2950–2954.

[72]Larry G B and Todd W A. Diagnostic tests for site–specific nitrogen recommendations for winter wheat [J]. Agron. J., 2004, 96: 60–614.

[73]LaRuffa J M, Raun W R, Phillips S B, et al. Optimum field element size for maximum yields in winter wheats, using variable nitrogen rates [J]. J. Plant Nutr., 2001, 24(2): 313–325.

[74]Lausch A, Pause M, Merbach I, et al. A new multiscale approach for monitoring vegetation using remote sensing–based indicators in laboratory, field, and landscape [J]. Environmental Monitoring and Assessment. 2013, 185 (2): 1215–1235.

[75]Lee G, Robert N, Carrow RR. Duncan. Photosynthetic responses to salinity stress of halophytic sea shore paspalum ecotypes [J]. Plant Science, 2004, 1417–1425.

[76]Leone A P, Menenti M, Buondonno A, et al. A field experiment on spectrometry of crop response to soil salinity [J]. Agricultural water management, 2007, 89: 39–48.

[77]Li F, Mistele B, Hu Y C, et al. Optimising three–band spectral indices to assess aerial N concentration, N uptake and aboveground biomass of winter wheat remotely in China and Germany [J]. ISPRS Journal of Photogrammetry and Remote Sensing, 2014b, 92: 112–123.

[78]Li F, Mistele B, Hu Y C, et al. Reflectance estimation of canopy nitrogen content in winter wheat using optimised hyperspectral spectral indices and partial least squares regression [J]. European Journal of Agronomy, 2014a, 52: 198–209.

[79]Li G, Zhang H S, Wu X H, et al. Canopy reflectance in two castor bean varieties (Ricinus communis L.) for growth assessment and yield prediction on coastal saline land of Yancheng District, China [J]. Industrial Crops and Products, 2011, 33(2): 395–402.

[80]Li H L, Zhao C J, Huang W J, et al. Non–uniform vertical nitrogen distribution within plant canopy and its estimation by remote sensing: A Review Article [J]. Field Crops Research, 2013, 142(20): 75–84

[81]Litsch A,Tian Y and Friendl M A. Land cover mapping in support of LAI and FAPAR retrievals from EOS-MODIS and MISR:classification methods and sensitivities to errors [J]. Int. J. Remote Sens.,2003,24(10):1997-2016.

[82]Liu H Q and Huete A. A feedback based modification of the NDVI to minimize canopy background and atmospheric noise [J]. IEEE Trans. Geosci. Remote Sens.,2001,33:457-465.

[83]Liu S S,Roberts D A,Chadwick O A,et al. Spectral responses to plant available soil moisture in a Californian grassland [J]. International Journal of Applied Earth Observation and Geoinformation,2012,19:31-44

[84]Liu X J,Ju X T,Chen X P,et al. Nitrogen recommendations for summer maize in northern China using the Nmin test and rapid plant tests [J]. Pedosphere, 2005,15(2):246-254.

[85]Lobell D B,Asner G P. Moisture effects on soil reflectance [J]. Soil Science Society of America Journal,2002,66:722-727

[86]Lopez-Bellido R H,Shepherd C E and Barraclough P B. Predicting post-anthesis N requirements of bread wheat with a Minolta SPAD meter. Europ. J. Agron.,2004,313-320.

[87]Louise O F. Fertilizer and the future. 2003. http://www.fao.org.

[88]Lucht W,Prentice C and Myneni R B. Climatic control of the high-latitude vegetation greening trend and pinatubo effect [J]. Science,2002,96 (31): 1687-1689.

[89]Lukina E V,Freeman K W and Wynn K J. Nitrogen fertilization optimization algorithm based on in-season estimates of yield and plant nitrogen uptake [J]. J. Plant Nutr.,2001,24(6):885-898.

[90]Lukina E V,Stone M L and Raun W R. Estimating vegetation coverage in wheat using digital images [J]. J. Plant Nutr.,1999,22(2):341-350.

[91]Ma B L,Dwyer L M and Carlos C. Early prediction of soybean yield from canopy reflectance measurements [J]. Agron. J.,2000,93:1227-1234.

[92]Ma B L,Malcolm J M and Lianne M D. Canopy light reflectance and field greenness to assess nitrogen fertilization and yield of maize [J]. Agron. J.,

1996,88:915–920.

[93]Masoud A A. Predicting salt abundance in slightly saline soils from Landsat ETM+ imagery using Spectral Mixture Analysis and soil spectrometry[J]. Geoderma,2014,217:45–56.

[94]Mckinion J M,Baker F D,Whisler N D,et al. Application of the GOSSYM/COMAX system to cotton crop management. Agri. Syst.,2003,31(1):353–362.

[95]Mettemicht G I and Zinck J A.Remote sensing of soil salinity:potentials and constrains [J]. Remote Sensing of Environment,2003,85:1–20.

[96]Mullen R W,Freeman K W,Raun W R,et al. Identifying an in–season response index and the potential to increase wheat yield with nitrogen [J]. Agron. J.,2003,95:347–351.

[97]Nocita M,Stevens A,Noon C,et al. Prediction of soil organic carbon for different levels of soil moisture using Vis–NIR spectroscopy [J]. Geoderma, 2012,199:37–42

[98]Olson R V and Swallow C W. Fate of labeled nitrogen fertilizer applied to winter wheat for five years [J]. Soil Sci. Soc. Am. J.,1984,48:583–586.

[99]Osborne S L,Schepers J S and Schlemmer M R. Using multi–spectral imagery to evaluate corn grown under nitrogen and drought stressed conditions [J]. J. Plant Nutr.,2004,27(11):1917–1929.

[100]Osborne S L,Schepers J S,Francis D D,et al. Use of spectral radiance to estimate in–season biomass and grain yield in nitrogen– and water–stressed corn [J]. Crop Sci.,2002,42:165–171.

[101]Patel N K,Singh T P,Sahal B,et al. Spectral response of rice and its relation to yield and yield attributes [J]. Int. J. Remote Sens.,1985,6 (5):657–664.

[102]Patil V C,Nadagouda B T,Al–Gaadi K A. Spatial variability and precision nutrient management in sugarcane [J]. Journal Indian Soc Remote Sensing,2013,41(1):183–189.

[103]Peng S B,Garcia F V and Laza R C. Increased N–use efficiency using a

chlorophyll meter on high-yielding irrigated rice [J]. Field Crops Res.,1993,47: 243-2521.

[104]Penuelas J,Iala R,Filella I,Araus J. Visible and near infrared reflectance assessment of salinity effects on barley [J]. Crop Sci.,1997,37,198-202.

[105]Petisco C,Garcia-Criado B,Vazquez B R,et al. Use of near-infrared reflectance spectroscopy in predicting nitrogen,phosphorus and calcium contents in heterogeneous woody plant species[J]. Anal Bioanal Chem.,2005,382:458-465.

[106]Ploschuk E L,Bado L A,Salinas M,et al. Photosynthesis and fluorescence responses of Jatropha curcas to chilling and freezing stress during early vegetative stages [J]. Environmental and Experimental Botany,2014,102: 18-26

[107]Rao B R M,Sankar T R,Dwivedi R S,et al. Spectral behavior of salt2affected soils [J]. Internat ional Journal of Remo te Sensing,1995,16 (12): 2125-2136.

[108]Raun W R,Johnson G V,Sembiring H,et al. Indirect measures of plant nutrients [J]. Commun.Soil Sci. Plant Anal.,1998,29(11-14):1571-1581.

[109]Raun W R,Solie J B,Johnson G B,et al. Improving nitrogen use efficiency in cereal grain production with optical sensing and variable rate application [J]. Agron. J.,2002,94:815-820.

[110]Raun W R,Solie J B,Johnson G V,et al. In-season prediction of potential grain yield in winter wheat using canopy reflectance [J]. Agron. J., 2001,93:131-138.

[111]Raun W R,Solie J B,Martin K L,et al. Growth stage,development,and spatial variability in corn evaluated using optical sensor readings [J]. J. Plant Nutr.,2005b,28:173-182.

[112]Raun W R,Solie J B,Stone M L,et al. Automated calibration stamp technology for improved in-season nitrogen fertilization [J]. Agron. J.,2005a,97: 338-342.

[113]Reed B C,Loveland T R and Tieszen L L. An approach for using

AVHRR data to monitor USI Great Plains grasslands [J]. Geocarto Int.,1996,11: 1-10.

[114]Richardson A J and Wiegand C L. Distinguishing vegetation from soil background information,photogrammetric [J]. Engin. Remote Sens.,1977,43: 1541-1552.

[115]Robert L G,Carrow N,Duncan R R. Photosynthetic responses to salinity stress of halophytic seashoure paspalum ecotypes [J]. Plant Science. 2004,1417-1425.

[116]Roth G W,Fox R H and Marshall H G. Plant disuse tests for predicting nitrogen fertilizer requirements of winter wheat [J]. Agron. J.,1989,81:502-507.

[117]Saberioon M M,Amin M S M,Anuar A R,et al. Assessment of rice leaf chlorophyll content using visible bands at different growth stages at both the leaf and canopy scale [J]. 2014,32:35-45.

[118]Sanger J E. Quantitative investigations of leaf pigment from their inception in buds through autumn coloration decomposition in falling leaves [J]. Ecology. 1972,52(6):1075-1080.

[119]Santra P,Sahoo R N,Dasa B S,et al. Estimation of soil hydraulic properties using spectral reflectance in visible and near-infrared region [J]. Geoderma,2009,152:338-349

[120]Scotford I M and Miller P C H. Applications of spectral reflectance techniques in northern European cereal production:A Review [J]. Biosyst. Engin., 2005,90 (3):235-250.

[121]Sembiring H L L,Raun W R,Johnson G V,et al. Effect of growth stage and variety on spectral radiance in winter wheat [J]. J. Plant Nutr.,2000,23(1): 141-149.

[122]Shibayama M. Spectroradiometer for Field Use Ⅶ .Radiometric Estimation of Nitrogen Levels in Field Rice Canopies [J]. Jpn. J. Crop Sci., 1986,55(4):439-445.

[123]Simnoe G and Wilhelm C. Quantifying nitrogen status of corn (*Zea mays* L.)in the field by reflectance measurements [J]. Europ. J. Agron.,2003,19:

11-618.

[124]Sims D A and Gamon J A. Relationships between leaf pigment content and spectral reflectance across a wide range of species, leaf structures and developmental stages [J]. Remote Sens. Environ., 2002, 81: 337-354.

[125]Soudani K, Hmimina G, Delpierre N, et al. Ground-based Network of NDVI measurements for tracking temporal dynamics of canopy structure and vegetation phenology in different biomes. Remote Sensing of Environment, 2012, 123: 234-245.

[126]Stewart W M, Dibb D W, Johnson A E et al. The contribution of commercial fertilizer nutrients to food production [J]. Agron. J., 2005, 97: 1-6.

[127]Stone J B, Raun W R and Whitney RW. Use of spectral radiance for correcting in-season fertilizer nitrogen deficiencies in winter w eat. Transactions ASAE, 1996, 39(5): 1623-1631.

[128]Stutte C A, Weiland R T and Blem A R. Gaseous nitrogen loss from soybean foliage [J]. Agron. J., 1979, 71: 95-97.

[129]Sudduth K A, Kitchen N R, Sadler E J, et al. VNIR spectroscopy estimates of within-field variability in soil properties[J]. Progress in Soil Science, 2010, 1(3): 153-163.

[130]Susan L U, Phillip G V, Shawn C K, et al. Remote sensing of biological soil crust under simulated climate change manipulations in the Mojave Desert [J]. Remote Sensing of Environment, 2009, 113: 317-328.

[131]Suzuki R, Kobayashi H, Delbart N, et al. NDVI responses to the forest canopy and floor from spring to summer observed by airborne spectrometer in eastern Siberia [J]. Remote Sensing of Environment, 2011, 115(12): 3615-3624.

[132]Taylor B F and Dini P W. Determination of seasonal and interannual variation in New Zealand pasture growth from NOAA-7 data [J]. Remote Sens. Environ., 1985, 18: 177-192.

[133]Thomas J R and Gausman H W. Reflectance vs. leaf chlorophyll and carotenoid concentrations for eight crops [J]. Agron. J., 1976, 38: 799-802.

[134]Thomas J R and Oerhter G F. Estimating nitrogen content of sweet

pepper leaves by reflectance measurements [J]. Agron. J.,1972,64:11–13.

[135]Thomason W E,Raun W R and Johnson G V. Production system techniques to increase nitrogen use efficiency in winter wheat [J]. J. Plant Nutr., 2002,25(10):2261–2283.

[136]Tilman D. Global environmental impacts of agricultural expansion:The need for sustainable and efficient practices [J]. Proc. Natl. Acad. Sci. USA., 1999,96:5995–6000.

[137]Tucker C J and Townsend J R. African land–cover classification using satellite data [J]. Science,1985,227:233–250.

[138]Tucker C J,Miller L D and Pearson R L. Shortgrass prairie spectral measurement. Photogram [J]. Eng. Remote Sens.,1975,41:161–162.

[139]Vaughan B,Barbarick K A,Westfall D G,et al. Tissue nitrogen levels for dryland hard red winter wheat [J]. Agron. J.,1990,82:561–565.

[140]Vincini M,Frazzi E and Alessio P D. A broad–band leaf chlorophyll vegetation index at the canopy scale [J]. Precision Agriculture,2008,9(5):303–319.

[141]Voss R. Fertility recommendations:past and present [J]. Commun. Soil Sci. Plant Anal.,1998,29:1429–1440.

[142]Wagner P,Hank K. Suitability of aerial and satellite data for calculation of site–specific nitrogen fertilization compared to ground based sensor data [J]. Precision Agriculture,2013,14(2):135–150.

[143]Weber V S,Araus J L,Cairns J E,et al. Prediction of grain yield using reflectance spectra of canopy and leaves in maize plants grown under different water regimes [J]. Field Crops Research,2012,128(14):82–90.

[144]Wiegand C L,Gausman H W and Cuellar J A. Vegetation density as deduced from ERTS–1 MSS response [J]. Third ETRS Symp.,NASA–SP–351,1974,1:93–116.

[145]Winterhalter L,Mistele B,Schmidhalter U. Assessing the vertical footprint of reflectance measurements to characterize nitrogen uptake and biomass distribution in maize canopies [J]. Field Crops Research,2012,129:14–20.

[146]Wood C W, Reeves D W, Duffield R R et al. Field chlorophyll measurements for evaluating of corn nitrogen status. J. Plant Nutr., 1992, 15:487-500.

[147]Yao X, Ren H, Cao Z, et al. Detecting leaf nitrogen content in wheat with canopy hyperspectrum under different soil backgrounds [J]. International Journal of Applied Earth Observation and Geoinformation, 2014, 32:114-124.

[148]Aldakheel Y Y. Assessing NDVI spatial pattern as related to irrigation and soil salinity management in Al-Hassa Oasis, Saudi Arabia [J]. J Indian Soc Remote Sens, 2011, 39(2):171-180.

[149]Yu K, Li F, Gnyp M L. Remotely detecting canopy nitrogen concentration and uptake of paddy rice in the Northeast China Plain [J]. ISPRS Journal of Photogrammetry and Remote Sensing, 2013, 102-115.

[150]Zeng L and Michael C S. Salinity effects on seedling growth and yield components of rice [J]. Crop Sci, 2000, 40:996-1003.

[151]Zhou L Q, Shi Z, Wang R C et al. A GIS-based database management package for fertilizer recommendation in paddy fields [J]. Pedosphere, 2004, 14(3):347-353.

[152]Zhu Y, Weindorf D C, Chakraborty S, et al. Determination of soil surface water content using diffuse reflectance spectroscopy [J]. Journal of Hydrology, 2010, 391, 133-140.

[153]蔡祖聪,钦绳武. 华北潮土长期试验中的作物产量、氮肥利用率及其环境效应[J]. 土壤学报,2006,43(6):885-898.

[154]曹帮华,刘欣玲,张大鹏. 盐碱胁迫对刺槐和绒毛白蜡叶片叶绿素含量的影响[J]. 西北林学院学报,2007,22(3):51-54.

[155]常庆瑞主编. 遥感技术导论[M].北京:科学出版社. 2004.

[156]陈朝晖,朱江,徐兴奎. 利用归一化植被指数研究植被分类/面积估算和不确定性分析的进展[J]. 气候与环境研究,2004,9(4):687-696.

[157]陈士刚,李青梅,陶晶,等. 吉林林业科学[J]. 2005,34(6):8-12.

[158]陈述彭主编. 遥感地学分析[M]. 北京:测绘出版社. 1990.

[159]陈新平,贾良平,张福锁. 无损伤测试技术在作物氮素营养诊断及施

肥推荐中的应用[J]. 植物营养研究进展与展望,2000:197-206.

[160]程一松,胡春胜,王成,等. 养分胁迫下的夏玉米生理反应与光谱特征[J]. 资源科学,2001,23(6):54-58.

[161]迟光宇,陈欣,史奕,等. 水稻叶片光谱对亚铁胁迫的响应[J]. 中国科学,2009,39(4):413- 419

[162]戴昌达. 中国主要土壤光谱反射特性分类与数据处理的初步研究[J]. 遥感文献. 北京:科学出版社,1981.

[163]董建军,牛建明,张庆,等. 基于多源卫星数据的典型草原遥感估产研究[J]. 中国草地学报,2013,35(6):64-69.

[164]冯 伟,王晓宇,宋晓,等. 白粉病胁迫下小麦冠层叶绿素密度的高光谱估测[J]. 农业工程学报,2013,29(13):114-123.

[165]冯奇,吴胜军. 我国农作物遥感估产研究进展[J]. 世界科技研究与发展,2006,28(3):32-36.

[166]扶卿华,倪绍祥,王世新,等.土壤盐分含量的遥感反演研究[J]. 农业工程学报. 2007,23(1):48-54.

[167]郭燕,纪文君,吴宏海,等. 基于野外 Vis-NIR 光谱的土壤有机质预测与制图[J]. 光谱学与光谱分析,2013,33(4):1135-1140.

[168]何挺. 土地质量高光谱遥感监测方法研究[D]. 武汉:武汉大学,2003.

[169]黄敬峰,桑长青,冯振武. 天山北坡中段天然草场牧草产量遥感动态监测模式[J]. 自然资源学报,1993,8(1):10-17.

[170]黄敬峰,桑长青,金杰. 天山北坡天然草地光谱植被指数的基本特征[J]. 遥感技术与应用,1994,9(1):29-33.

[171]黄敬峰,王秀珍,王人潮,等. 天然草地牧草产量与气象卫星植被指数的相关分析[J]. 农业现代化研究,2000,21(1):33-36.

[172]蒋金豹,Michael D S,何汝艳,等. 水浸胁迫下植被高光谱遥感识别模型对比分析[J]. 2013,33(11):3106-3110.

[173]金之庆,石春林,等. 基于 RCSODS 的直播水稻精确施氮模拟模型[J]. 作物学报,2003,29(3):353-359.

[174]雷磊,塔西甫拉提·特依拜,丁建丽,等. 基于 HJ-1A 高光谱影像的盐渍化土壤信息提取——以渭干河-库车河绿洲为例[J]. 中国沙漠,2013,33(4):

1104–1109.

[175]李建龙. 信息农业生态学[M]. 化学工业出版社. 2004.

[176]李金梦,叶旭君,王巧男. 高光谱成像技术的柑橘植株叶片含氮量预测模型[J]. 光谱学与光谱分析,2014,34(1):212–216.

[177]李立平. 土壤和作物养分信息快速获取技术研究[D]. 南京:南京土壤研究所. 2004.

[178]李美婷,武红旗,蒋平安,等. 利用土壤的近红外光谱特征测定土壤含水量[J]. 光谱学与光谱分析,2012,32(8):2117–2121.

[179] 李民赞. 基于可见光光谱分析的土壤参数分析 [J]. 农业工程学报,2003,19(5):36–41.

[180]李娜,吴玲,王绍明,等.玛纳斯河流域土壤盐渍化现状及其与光谱关系研究[J].江西农业大学学报,2011,33(6):1242–1247.

[181]李新国,李和平,任云霞,等.开都河流域下游绿洲土壤盐渍化特征及其光谱分析[J].土壤通报,2012,43(1):166–170.

[182]李小文,王祎婷. 定量遥感尺度效应刍议[J]. 地理学报,2013,68(9):1163–1169.

[183]李志宏,刘宏斌,张云贵. 叶绿素仪在氮肥推荐中的应用研究进展[J]. 植物营养与肥料学报,2006,12(1):125–132.

[184]刘波,沈渭寿,李儒,等. 雅鲁藏布江源区高寒草地退化光谱响应变化研究[J]. 光谱学与光谱分析,2013,33(6):1598–1602.

[185]刘焕军,张柏,宋开山,等. 黑土土壤水分光谱响应特征与模型[J]. 中国科学院研究生院学报,2008,25(4):503–509.

[186]刘可群,张晓阳,黄进良. 江汉平原水稻长势遥感监测及估算模型[J]. 华中师范大学学报,1997,31(4):482–487.

[187]刘庆生,刘高焕,励惠国. 辽河三角洲土壤盐分与上覆植被野外光谱关系初探[J].中国农学通报,2004,20(4):274–278.

[188]卢艳丽,李少昆,王纪华,等. 冬小麦不同株型品种光谱响应及株型识别方法研究[J]. 作物学报,2005,31(10):1333–1339.

[189]鲁如坤. 土壤农业化学分析方法[M]. 中国农业科技出版社. 1999.

[190]马诺,杨辽,李均力. 焉耆盆地土壤盐渍化的光谱特征分析[J]. 干旱

区资源与环境,2008,22(2):114- 117.

[191]马新明,张娟娟,席磊,等. 基于叶面积指数(LAI)的小麦变量施肥模型研究[J]. 农业工程学报,2008,24(2):22–26.

[192]彭玉魁,张建新,何绪生,等. 土壤水分、有机质和总氮含量的近红外光谱分析研究[J]. 土壤学报,1998,35(4):553–559.

[193]浦瑞良,官鹏,约翰米勒. 美国西部黄松叶面积指数与高光谱分辨率CASI 数据的相关分析[J]. 环境遥感,1993,8 (2):112–124.

[194] 浦瑞良, 官鹏. 高光谱遥感及其应用 [M]. 北京: 高等教育出版社. 2000.

[195]钦绳武,顾益初,朱兆良. 潮土肥力演变与施肥作用的长期定位试验初报[J]. 土壤学报,1998,35(3):367–375.

[196]屈永华,段小亮,高鸿永,等.内蒙古河套灌区土壤盐分光谱定量分析研究[J].光谱学与光谱分析,2009,29(5):1362–1366.

[197]戎恺,杨星卫,段项锁. 精准农业的研究应用现状和发展趋势(综述)[J]. 上海农业学报,2000,16(3):5–8.

[198]邵玺文,张瑞珍,童淑媛等. 松嫩平原盐碱土对水稻叶绿素含量的影响. 中国水稻科学,2005,19(6):570–572.

[199] 邵咏妮. 水稻生长生理特征信息快速无损获取技术的研究 [D]. 杭州:浙江大学,2010.

[200]史梦竹,傅建炜,郭建英. 利用多光谱扫描仪测定空心莲子草冠层光谱的影响因素[J]. 生物安全学报,2011,20(4):291–294.

[201]苏涛,冯绍元,徐英. 基于光能利用效率和多时相遥感的春玉米估产模型[J]. 遥感技术与应用,2013,28(5):824–830.

[202]孙红,李民赞,赵勇,等. 露天煤矿排土场地表的光谱特征和土壤参数分析[J]. 光谱学与光谱分析. 2009,29(12):3365 –3368.

[203]谭昌伟,黄义德,黄文江,等. 夏玉米叶面积指数的高光谱遥感植被指数法研究[J]. 安徽农业大学学报,2004,31(4):392–397.

[204]谭昌伟,王纪华,郭文善,等. 利用遥感红边参数估算夏玉米农学参数的可行性分析[J]. 福建农林大学学报(自然科学版),2006,35(2):123–128.

[205]唐延林,王秀珍,黄敬峰,等. 棉花高光谱及其红边特征(Ⅰ). 棉花学

报,2003,15(3):146–150.

[206] 唐延林. 水稻高光谱特征及其生物理化参数模拟与估测模型研究[D]. 杭州:浙江大学,2004,6.

[207]陶勤南,方萍,吴良欢,等. 水稻氮素营养的叶色诊断研究[J]. 土壤,1990,22(4):190–193,197.

[208]田国良. 水稻光谱反射特性[J]. 自然资源,1992,2:73–81.

[209]田庆久,闵祥军. 植被指数研究进展[J]. 地球科学进展,1998,13(4):327–333.

[210]田永超,张娟娟,姚霞,等. 基于近红外光声光谱的土壤有机质含量定量建模方法[J]. 农业工程学报,2012,28(1):145–152.

[211]王 飞,丁建丽,伍漫春. 基于 NDVI–SI 特征空间的土壤盐渍化遥感模型[J]. 农业工程学报,2010,26(8):168–173.

[212]王长耀,刘正军,颜春燕. 成像光谱数据特征选择及小麦品种识别实验研究[J]. 遥感学报,2006,10(2):249–255.

[213]王海江,张花玲,任少亭,等. 基于高光谱反射特性的土壤水盐状况预测模型研究[J]. 农业机械学报,2014,45(7):133–138.

[214]王宏博,冯锐,纪瑞鹏,等. 干旱胁迫下春玉米拔节–吐丝期高光谱特征[J]. 2012,32(12):3358–3362.

[215]王纪华,黄文江,赵春江,等. 利用光谱反射率估算叶片生化组分和籽粒品质指标研究[J]. 遥感学报,2002,6:92–98.

[216]王静,刘湘南,黄 方,等. 基于 ANN 技术和高光谱遥感的盐渍土盐分预测[J]. 农业工程学报,2009,25(12):161–166.

[217]王珂,沈掌泉,王人潮. 植物营养胁迫与光谱特性[J]. 国土资源遥感,1999,1(39):9–14.

[218]王磊,白由路. 不同氮处理春玉米叶片光谱反射率与叶片全氮和叶绿素含量的相关研究[J]. 中国农业科学,2005,38(11):2268–2276.

[219]王乃斌,周迎春,林耀明,等. 大面积小麦遥感估产模型的构建与调试方法的研究[J]. 环境遥感,1993,8(4):250–259.

[220]王人潮,王珂,沈掌泉,等. 水稻单产遥感估测建模研究[J]. 遥感学报,1998,2(2):119–124.

[221]吴炳方,曾源,黄进良. 遥感提取植物生理参数 LAI/FPAR 的研究进展与应用[J]. 地球科学进展,2004,19(4):585-590.

[222]吴代晖,范闻捷,崔要奎,等. 高光谱遥感监测土壤含水量研究进展[J]. 光谱学与光谱分析,2011,30(11):3067-3071.

[223]吴会胜,刘兆礼. 基于影像光谱特征分析的盐碱地遥感制图研究—以吉林省大安市为例. 农业系统科学与综合研究,2007,23(2):178-182.

[224]许迪,王少丽. 利用 NDVI 指数识别作物及土壤盐碱分布的应用研究[J]. 灌溉排水学报,2003,22 (6):5-8

[225]许改平,刘 芳,吴兴波,等. 低温胁迫下毛竹叶片色素质量分数与反射光谱的相关性[J]. 浙 江农林大学学报,2014,31(1):28-36.

[226]许秀成. 应谨慎预测未来化肥需求量[J]. 磷肥与复肥,2004,19(2):7-10.

[227]薛利红,曹卫星,罗卫红,等. 基于冠层反射光谱的水稻群体叶片氮素状况监测. 中国农业科学,2003,36(7):807-812.

[228]薛利红,曹卫星,罗卫红,等. 光谱植被指数与水稻叶面积指数相关性的研究[J]. 植物生态学报,2004a,28(1):47-52.

[229]薛利红,曹卫星,罗卫红,等. 小麦叶片氮素状况与光谱特征的相关性研究[J]. 植物生态学报,2004b,28(2):172-177.

[230]薛利红,曹卫星,罗卫红. 基于冠层反射光谱的水稻产量预测模型. 遥感学报,2005,9(1):100-105.

[231] 薛利红. 基于冠层反射率光谱的稻麦氮素营养于生长监测研究[D]. 南京:南京农业大学. 2003.

[232]薛绪掌,陈立平,孙治贵,等. 基于土壤肥力与目标产量的冬小麦变量施氮及其效果[J]. 农业工程学报,2004,20(3):59-62.

[233]杨邦杰,裴志远. 农作物长势的定义与遥感监测[J]. 农业工程学报,1999,15(3):214 -218.

[234]杨长明,杨林章,韦朝领,等. 不同品种水稻群体冠层光谱特征比较研究[J]. 应用生态学报,2006,13(6):689-692.

[235]杨武德,宋艳暾,宋晓彦,等. 基于 3S 和实测相结合的冬小麦估产研究[J]. 农业工程学报,2009,25(2):131-135.

[236]姚艳敏,魏娜,唐鹏钦,等. 黑土土壤水分高光谱特征及反演模型[J]. 农业工程学报,2011,27(8):95-100.

[237]张 飞,塔西甫拉提·特依拜,丁建丽,等. 塔里木河中游典型绿洲盐渍化土壤的反射光谱特征[J]. 地理科学进展,2012,31(7):921-931.

[238]张 飞,塔西甫拉提·特依拜,丁建丽,等. 塔里木河中游绿洲盐漠带典型盐生植物光谱特征[J]. 植物生态学报,2012a,36 (7):607-617.

[239]张东彦,张竞成,朱大洲,等. 小麦叶片胁迫状态下的高光谱图像特征分析研究[J].光谱学与光谱分析,2011,31(4):1101-1105.

[240]张芳,熊黑钢,丁建丽,等. 碱化土壤的野外及实验室波谱响应特征及其转换[J]. 农业工程学报,2012,28(5):101-107.

[241]张宏威,康凌云,梁斌,等. 长期大量施肥增加设施菜田土壤可溶性有机氮淋溶风险[J]. 农业工程学报,2013,29(21):99-107.

[242]张继澍. 主编. 植物生理学[M]. 兴界图书出版社. 西安:1999.

[243]张建华. 作物估产的遥感-数值模拟方法[J]. 干旱区资源与环境,2000,14(2):82-87.

[244]张剑亮,何 琴,潘大仁,等. 观赏向日葵花瓣色素成分分析[J]. 广东农业科学,2011,8:125-128.

[245]张金恒. 光谱遥感诊断水稻氮素营养机理与方法研究[D]. 杭州:浙江大学. 2003.

[246]张俊华,张佳宝,贾科利. 不同施肥条件下夏玉米光谱特征与叶绿素含量和 LAI 的相关性[J]. 西北植物学报,2008,28 (7):1461-1467.

[247]张俊华,张佳宝,李立平. 基于冬小麦植被指数的氮肥调控技术研究[J]. 土壤学报. 2007,44(3):550-555.

[248]张俊华,张佳宝,李卫民. 基于夏玉米光谱特征的叶绿素和氮素水平及氮肥吸收利用研究[J]. 土壤,2008,40(4):540-547.

[249]张俊华,张佳宝. 夏玉米光谱特征对其不同色素含量的响应差异研究[J]. 西北农业学报,2010. 19(4):70-76.

[250]张丽,蒋平安,武红旗,等. 北疆典型土壤反射光谱特征研究[J]. 水土保持学报,2013,27(1):273-276.

[251]张喜杰,李民赞. 基于反射光谱的温室黄瓜叶片磷素含量分析与预测

[J]. 光谱学与光谱分析,2008,28(10):2404–2408.

[252]张晓阳,李劲峰. 利用垂直植被指数推算作物叶面积系数的理论模式[J]. 遥感技术与应用,1995.10(3):13–18.

[253]张学霞,葛全胜,郑景云. 遥感技术在植物物候研究中的应用综述[J]. 地球科学进展,2003,18(4):534–544.

[254]赵春江,黄文江,王纪华,等. 不同品种、肥水条件下冬小麦光谱红边参数研究[J]. 中国农业科学,2002,3(8):980–987.

[255]赵德华,李建龙. 高光谱技术提取不同作物叶片类胡萝卜素信息[J]. 遥感信息,2004,3:13–17.

[256]赵久然,郭强,郭景伦. 北京郊区粮田化肥投入和产量现状的调查分析[J]. 北京农业科学,1997,2:7–10.

[257]赵俊芳,房世波,郭建平. 受蚜虫危害与干旱胁迫的冬小麦高光谱判别[J]. 国土资源遥感,2013,25(3):153–158.

[258] 赵其国. 为不断开拓与创新土壤学研究新前沿而努力奋进!——记第18届国际土壤学大会. 2006.

[259]周兰萍,魏怀东,丁峰,等. 石羊河流域下游民勤荒漠植物光谱特征分析[J]. 干旱区资源与环境,2013,27(3):121–125.

[260]周清,周斌,张杨珠,等. 成土母质对水稻土高光谱特性及其有机质含量光谱参数模型影响的初步研究[J]. 土壤学报,2004,41(6):905–911.

[261]朱西存,赵庚星,雷彤,等. 苹果花期冠层光谱探测的规范化技术方法探讨[J]. 光谱学与光谱分析,2010,30(6):1591–1595.

[262]朱叶青,屈永华,刘素红,等. 重金属铜污染植被光谱响应特征研究[J]. 遥感学报,2014,18(2):344–352.

[263]邹维娜,袁琳,张利权,等. 盖度与冠层水深对沉水植物水盾草光谱特性的影响[J]. 生态学报,2012,32(3):706–714.

后 记

本书是我们多年来从事精准农业研究工作的一个阶段性总结。全书系统研究了氮素胁迫下冬小麦和夏玉米不同生育期光谱特征及其与作物氮素、叶绿素、生物量、LAI和产量的相关性，在此基础上建立了作物氮素诊断模型和施氮模型，比较了长期施肥试验地冬小麦和夏玉米在氮磷钾不同胁迫条件下作物光谱特征异同点；量化了不同碱化程度龟裂碱土表层土壤及其上覆植被(油用向日葵和水稻) 光谱特征、主要影响因素，最终建立了基于土壤和作物光谱特征预测龟裂碱土盐碱化信息的模型。一方面为作物快速氮素诊断、生长监测和精准氮肥管理提供理论基础和关键技术，另一方面为盐碱土盐碱化信息的快速、低成本、定量监测与预报提供理论依据。本书主要编写分工是：张俊华、张佳宝撰写第一章，张俊华撰写第二章到第七章，张俊华、张佳宝撰写第八章，张俊华、贾科利撰写第九章、第十章，张俊华撰写第十一章，张俊华、贾科利撰写第十二章，最后张俊华负责全书统稿。

本书是在国家重点基础研究发展计划(973 计划）“我国农田生态系统重要过程与调控对策研究”(2005CB121103)、国家自然科学基金“基于土壤与作物光谱特征的龟裂碱土盐碱化信息预测”(41001129) 和宁夏区自然科学基金“基于作物光谱特征的龟裂碱土盐碱化程度反演研究”(NZ0909) 等基础上整理而成的主要成果。衷心感谢中国科学院南京土壤研究所周凌云研究员、赵炳梓研究员、朱安宁副研究员等、土壤物理组的各位师兄师姐师弟师妹以及中国科学院封丘农业生态实验站全体工作人员的大力支持。在课题研究过程中，得到了宁夏大学环境工程研究院的各位同事的热情帮助，在此一并致谢！

由于编写时间仓促、研究水平有限，难免有错误和疏漏之处，敬请读者批评指正！